Ekkehard Kaier/Edwin Rudolf

Turbo Assembler Wegweiser

PCs sind Vielzweck-Computer (General Purpose Computer) mit vielfältigen Anwendungsmöglichkeiten wie Textverarbeitung, Datei/Datenbank, Tabellenverarbeitung, Grafik und Musik. Gerade für den Anfänger ist diese Vielfalt häufig verwirrend. Hier bieten die Wegweiser-Bücher eine klare und leicht verständliche Orientierungshilfe.

Jedes Wegweiser-Buch wendet sich an Benutzer eines bestimmten PCs bzw. Programmiersystems mit dem Ziel, Wege zu den grundlegenden Anwendungsmöglichkeiten und damit zum erfolgreichen Einsatz des jeweiligen Computers zu weisen.

Bereits erschienen:

BASIC-Wegweiser
- für den IBM Personal Computer und Kompatible
- GFA-Basic Wegweiser Komplettkurs

Turbo-Basic-Wegweiser
- Grundkurs

Turbo-C-Wegweiser
- Grundkurs

Quick C-Wegweiser
- Grundkurs

Turbo-Pascal-Wegweiser
- Grundkurs
- Aufbaukurs
- Übungen zum Grundkurs
- Kompaktkurs mit Diskette (incl.)

Festplatten-Wegweiser
- für IBM PC und Kompatible unter MS-DOS

MS-DOS-Wegweiser
- Grundkurs
- Festplatten-Management, Kompaktkurs mit Diskette (incl.)

dBASE IV-Wegweiser
- Datenbankprogrammierung mit Diskette (incl.)

Multiplan-Wegweiser
- Kompaktkurs mit Diskette (incl.)

Word 5.0-Wegweiser
- Systematische Textverarbeitung mit Diskette (incl.)
- **Turbo Assembler-Wegweiser**

In Vorbereitung
- SQL-Wegweiser

Zu Wegweisern sind die entsprechenden Disketten lieferbar.
(Bestellkarten jeweils beigeheftet)

Ekkehard Kaier
Edwin Rudolfs

Turbo Assembler-Wegweiser

Mit 104 Programmen, 29 Aufgaben und zahlreichen Abbildungen

ISBN 978-3-663-12411-5 ISBN 978-3-663-12410-8 (eBook)
DOI 10.1007/978-3-663-12410-8

Ursprünglich erschienen bei Friedr. Vieweg & Sohn Verlagsgesellschaft mbH, Braunshweig 1990.
Softcover reprint of the hardcover 1st edition 1990

Umschlaggestaltung: Schrimpf + Partner, Wiesbaden

Inhaltsverzeichnis

1

Einführungskurs: Assembler und Maschinensprache

Wie die Software-Pyramide zeigt, kann man mit dem PC auf verschiedenen Ebenen bzw. Niveaus arbeiten: von *systemfern* als Bediener einer individuell gefertigten Anwenderlösung bis hin zu *systemnah* bzw. *maschinennah* als Programmierer mit Assembler.

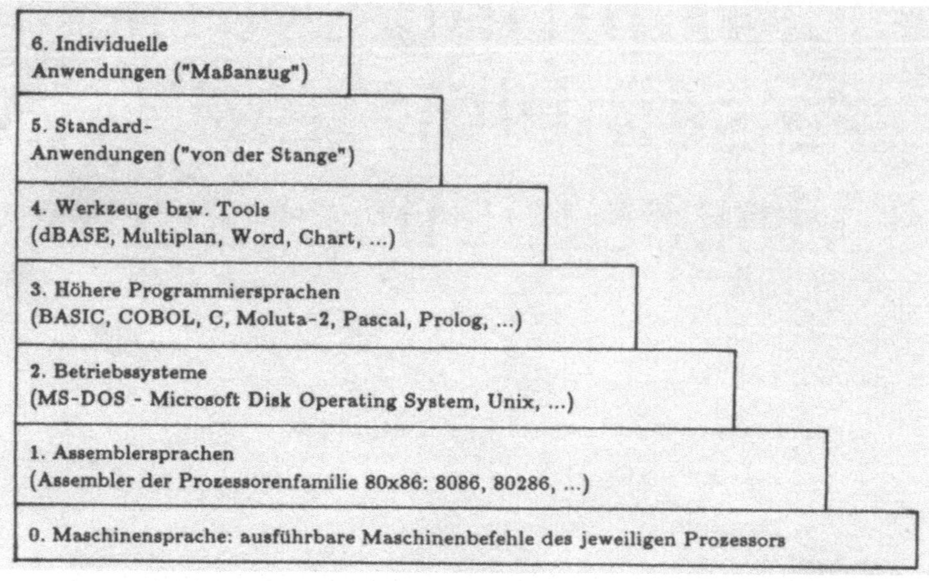

Software-Pyramide mit sieben Ebenen der Nutzung eines PCs

Maschinensprache auf Ebene 0: Es ist nicht ökonomisch, auf dieser Ebene zu arbeiten.

Assemblersprache auf Ebene 1: Befehle lassen sich mit symbolischen Befehlsnamen und Operanden schreiben. Beispiel: MOV AH,4C mit dem Befehlsnamen MOV (für move bzw. übertragen). Die Befehle werden gemäß den Regeln der Assemblersprache in einem Quelltext als Quellprogramm gesammelt und dann durch den Assembler als Übersetzer in Maschinenbefehle als Objektprogramm übersetzt. Es ist somit zu unterscheiden:

- *Assemblersprache:* Befehle (für den Prozessor) und Anweisungen (für das Assemblerprogramm).
- *Assemblerprogramm:* Übersetzungsprogramm, das Assemblerbefehle (Quelltext) in Maschinenbefehle (Objektcode) übersetzt.

In Assemblersprache wird man vornehmlich kleinere Programme schreiben, sofern sie schnell und speicherplatzsparend arbeiten müssen.

Ebene 1 als Schwerpunkt dieses Buches: Im folgenden bewegen wir uns in erster Linie auf der Ebene 1 der Assemblersprache - mit Ausflügen zur Ebene 2 von MS-DOS (z. B. um DOS-Funktionen aufzurufen) und zur Ebene 3 der höheren Programmiersprachen (z. B. um Pascalprogramme zu untersuchen und Maschinencode einzubinden).

Testhilfeprogramm DEBUG.COM: Dieses Programm ist Bestandteil des Betriebssystems MS-DOS. Es umfaßt unter anderem auch einen Assembler (vgl. Abschnitt 1.4). Um die Grundbegriffe des systemnahen Arbeitens am PC zu veranschaulichen, bedienen wir uns zunächst des Programms DEBUG.

1.1 Register und Adressierung

1.1.1 Prozessoren der 80x86-Familie

Für Intel-Prozessoren wie 8088, 8086, 80286, 80386 und 80486 gilt: Sie können allesamt den Code des 8086-Prozessors verarbeiten. Wenn im folgenden von 8086-Prozessor bzw. 8086-Code gesprochen wird, dann gilt dies auch für die anderen CPUs der 80x86-Familie. Den maschinennahen Programmierer interessiern vier Aspekte des Prozessors: die *Register*, der adressierbare *Hauptspeicher (RAM)*, die *Ein-/Ausgabe* und die *Befehle*.

Register des 8086-Prozessors:
Auf die Allzweck-, Adreß-, Segment- und Steuerregister wird in Abschnitt 1.1.2 eingegangen.

Hauptspeicher des 8086-Prozessors:
Der Prozessor kann einen Speicherraum von 1048576 Zeichen bzw. Bytes ansprechen bzw. adressieren, also 1 MB (Megabyte). Die Adressierung des Hauptspeichers bzw. RAM wird in Abschnitt 1.1.3 erklärt.

Ein-/Ausgabe des 8086-Prozessors:
Die Ein-Ausgabe zu Geräten der Peripherie (z.B. Eingabe über Tastatur, Ausgabe auf Bildschirm oder Diskette) geschieht über zwei Schnittstellen:
- Adressen im RAM, die für die Ein-/Ausgabe reserviert sind.
- Spezielle Befehle zur Ein-/Ausgabe.

Befehlssatz des 8086-Prozessors:
Ein Befehl wie zum Beispiel

```
mov ah,2
```

weist immer ein Befehlswort auf (hier: MOV für Bewege, übertrage bzw. kopiere) und zumeist auch Operanden (hier: AH als Register des Akkumulators und 2 als Konstante). MOV befiehlt "übertrage die Zahl 2 in das Register AH" bzw. "Lade AH mit 2".
Der Befehlssatz ist in Abschnitt 2 zusammengefaßt. Die einzelnen Befehle werden im Programmierkurs in Abschnitt 3 erläutert.

1.1.2 Register als spezielle Speicherplätze

Programm DEBUG starten:
Das Betriebssystem stellt den Debugger DEBUG.COM als externen Befehl auf der Betriebssystemdiskette bereit. Durch Eintippen von DEBUG wird das Programm gestartet. Der Debugger meldet sich mit dem "-" als Bereitschaftszeichen.

```
A:\>debug                               DEBUG.COM aufrufen
-                                       "-" als Bereitschaftszeichen
```

Inhalt der Register des Prozessors lesen:
Maschinenprogramme arbeiten mit Registern des Prozessors und mit Speicheradressen. Der Prozessor kann auf seine Register sehr viel schneller zugreifen als auf Daten im RAM. Die wichtigsten Register kann man sich mit DEBUG anschauen.
Durch Eintippen des Befehl R (Register) werden die augenblicklichen Registerinhalte angezeigt. Mit Q (Quit) kann man den Debugger wieder verlassen. Im folgenden wie in allen weiteren Dialogprotokollen sind die Eingaben des Benutzers durch Unterstreichen kenntlich gemacht:

```
-r                                      R als DEBUG-Befehl zum Lesen

AX=0000 BX=0000 CX=0000 DX=0000 SP=FFEE BP=0000  SI=0000  DI=0000
DS=4165 ES=4165 SS=4165 CS=4165 IP=0100  NV UP EI PL NZ NA PO NC
4165:0100 0000          ADD    [BX+SI],AL

-q                                      Q als DEBUG-Befehl zum Beenden
A\:>
```

Vier allgemeine Register AX, BX, CX und DX:
Diese Register sind Hilfsspeicher, in denen der Prozessor seine Zwischenergebnisse bei Rechenoperationen und Entscheidungen ablegt. Man nennt sie deshalb auch *Daten- bzw. Rechenregister.* Wie alle Register sind sie 16 Bits bzw. zwei Bytes breit. Im Gegensatz zu den anderen Registern kön-

Register		Inhalt	
			Vier allgemeine Register:
AX	AH AL	0000h	Akkumulator
BX	BH BL	0000h	Basisregister: Adreß- und Rechenregister
CX	CH CL	0000h	Zählregister
DX	DH DL	0000h	Erweiterung des Akkumulators
			Vier Adreßregister:
	SP	FFEEh	Register für den Stapel, Stack Pointer
	BP	0000h	Register für den Stapel, Base Pointer
	SI	0000h	Indexregister, Source Index
	DI	0000h	Indexregister, Destination Index
			Vier Segmentregister:
	DS	4165h	Daten-Segmentregister
	ES	4165h	Extra-Segmentregister
	SS	4165h	Stack-Segmentregister
	CS	4165h	Code-Segmentregister
			Zwei Steuerregister:
	IP	0100h	Befehlsregister, Instruction Pointer
	Flag		Statusregister mit acht Flags NV,UP,EI,PL,NZ,NA,PO,NC

Register als spezielle Speicherplätze des 80x86-Prozessors (Registererweiterungen des 80386-Prozessor siehe Abschnitt 2.1.5.2)

nen sie jedoch in zwei einzeln benannte und somit ansprechbare 8-Bit-Teilregister untergliedert werden:

- Register AL mit dem unteren Byte bzw. mit den 8 niedrigwertigen (engl. lower) Bits, die von 0 bis 7 numeriert sind.
- Register AH mit dem oberen Byte bzw. mit den 8 höherwertigen (engl. higher) Bits, die von 8 bis 15 numeriert sind.

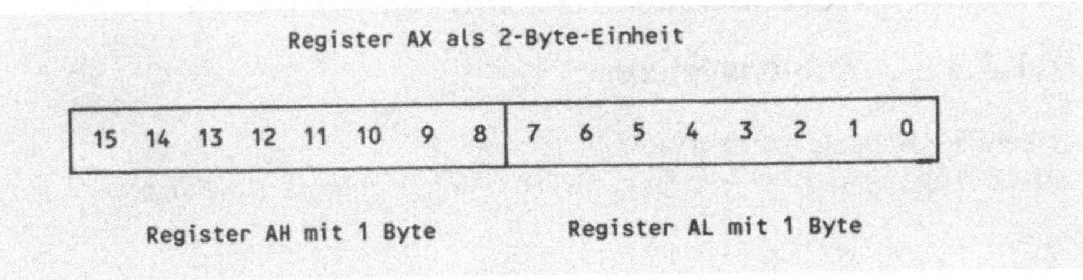

Akkumulator-Register AX mit den Teilregistern AL und AH

Bei Registern gilt also: Rechts die niedrigwertigen Bits, links die höherwertigen Bits.

Vier Adreßregister SP, BP, SI und DI:
Die Speicherstellen des Hauptspeichers (RAM) sind durchnumeriert, zum Beispiel von 0 bis 65535. Die Nummer ist die "Hausnummer" bzw. Adresse der Speicherstelle. Kennt man die Adresse, dann kann man die betreffende Speicherstelle ansprechen bzw. adressieren.
In den Registern SP, BP, SI und DI legt man Adressen ab, um dann später durch Angabe des Registernamens die betreffenden Speicherstellen zu adressieren.

- Die Register SP (Stack Pointer bzw. Stapelzeiger) und BP (Base Pointer bzw. Basiszeiger) adressieren den Stapel (engl. Stack) als besonderen Teil des Hauptspeichers.
- SI und DI sind Indexregister.

Vier Segmentregister DS, ES, SS und CS:
Ein Segment ist ein Speicherbereich mit 65536 Speicherstellen bzw. 64 KB. Sie Segmentregister dienen zur Adressierung solcher Bereiche für die Speicherung von Daten (DS, Data Segment), Extradaten (Extra Segment), Daten auf dem Stapelspeicher (Stack Segment) und Befehlen (Code Segment). Bei der Bildung von 20-Bit-Adressen erklären wir diese Register genauer (vgl. Abschnitt 1.1.4).

Zwei Steuerregister IP und Flag:
In IP als Befehlsregister bzw. Programmzähler wird eine Adresse gespeichert, die auf die Speicherstelle des nächsten Befehls zeigt.
Das Flag-Register unterscheidet sich von den anderen Registern, da seine Bits einzeln benannt sind und als Flaggen (engl. Flags) zur Steuerung des Programmablaufs genutzt werden.

1.1.3 Hexadezimaldarstellung von Adressen

1.1.3.1 Zahlensysteme

Systeme zur Basis 10, 2 bzw. 16:
Das Dezimalsystem ist ein Stellenwertsystem zur Basis 10. Beispiel:

$$317 = 3*10^2 + 1*10^1 + 7*10^0$$

Das Dualsystem ist ein Stellenwertsystem zur Basis 2. Beispiel:

$$101011 = 1*2^5 + 0*2^4 + 1*2^3 + 0*2^2 + 1*2^1 + 1*2^0$$

Das Hexadezimalsystem ist ein Stellenwertsystem zur Basis 16 mit den Ziffern 0 1 2 3 4 5 6 7 8 9 A B C D E F. Beispiel;

```
1AE = 1*16^2 + 10*16^1 + 14*16^0 im Dezimalsystem
```

Umwandlung mittels Divisions-Rest-Verfahren:
Der Computer arbeitet im Dualsystem. Zur Abkürzung werden jeweils vier Dualziffern bzw. vier Bits als eine Hexadezimalziffer dargestellt. Zur Umwandlung von einem Zahlensystem in das andere kann man das Divisions-Rest-Verfahren verwenden. Dabei wird so lange durch die Basis des gewünschten Zahlensystems geteilt, bis 0 als Quotient übrigbleibt. Die Reste in umgekehrter Reihenfolge entsprechen der gewünschten Zahl. Beispiel:

```
317/10 = 31 Rest 7
 31/10 =  3 Rest 1
  3/10 =  0 Rest 3  ergibt 317 als Dezimalzahl.
```

1.1.3.2 DEBUG zeigt Adressen hexadezimal an

Die Adressen werden von DEBUG nicht binär (Basis 2) oder dezimal (Basis 10), sondern hexadezimal (Zahlendarstellung zur Basis 16) dargestellt. Ergänzend dazu zeigt der Benutzer mit dem Anhängen des Zeichens "h" an, daß eine Adresse hexadezimal dargestellt ist; so schreibt man 4165 auch als 4165h, um hinzuweisen, daß dies ein hexadezimaler Wert ist. Für DEBUG ist 4165 stets eine Hexadezimalzahl.

```
binär:         0100 0001 0110 0101      Binärzahl mit 2 Bytes bzw. 16 Bits
hexadezimal:     4    1    6    5       Eine hexadezimale Ziffer für 4 Bits

dezimal:                      16741     5*1 + 6*16 + 1*256 + 4*4096 = 16741
```

Stellenverschiebung um 1: Hängt man an die Adresse 4165h eine 0h als hexadezimale Null an, so multipliziert sich der Adreßwert um 16 von 16741 auf 267856:

```
binär:         0100 0001 0110 0101 0000   Binärzahl mit 5 Halbbytes
hexadezimal:     4    1    6    5    0    Hexadezimalzahl mit 5 Ziffern

dezimal:                     267856       0*1 + 5*16 + 6*256 + 1*4096 + 4*65536
```

Eine solche "Stellenverschiebung um 1" bzw. "Multiplikation mit 16" nimmt man beim Bilden einer 20-Bit-Adresse vor.

Dezimal:	Binär:	Hexadezimal:
0	0000	0
1	0001	1
2	0010	2
3	0011	3
4	0100	4
5	0101	5
6	0110	6
7	0111	7
8	1000	8
9	1001	9
10	1010	A
11	1011	B
12	1100	C
13	1101	D
14	1110	E
15	1111	F

- 16 Hexadezimalziffern 0-F
- Verkürzung 4:1 gegenüber der binären Darstellung
- Eine Hexadezimalziffer entspricht 4 Bits
- Zeichen "h" kennzeichnet 4165h als Hexadezimalzahl
- Suffixe zur Kennzeichung:

4165h	h für hexadezimal
16741d	d für dezimal
0100000101100101b	b für binär

Darstellung binär (Basis 2), dezimal (Basis 10), hexadezimal (Basis 16)

Ein Hauptspeicher von 1 MB bzw. 1048576 Bytes bzw. Speicherplätzen ist von 0 bis 1048575 bzw. 0h bis FFFFFh durchnumeriert

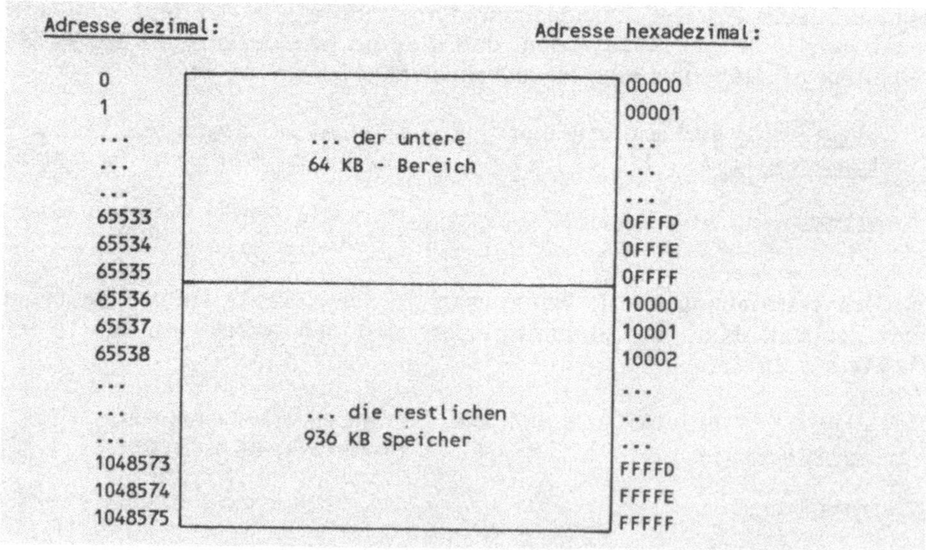

Adresse dezimal:		Adresse hexadezimal:
0		00000
1		00001
...	... der untere	...
...	64 KB - Bereich	...
...		...
65533		0FFFD
65534		0FFFE
65535		0FFFF
65536		10000
65537		10001
65538		10002
...		...
...	... die restlichen	...
...	936 KB Speicher	...
1048573		FFFFD
1048574		FFFFE
1048575		FFFFF

Adreßnumerierung der Speicherstellen einer 1 MB-Speichers

1.1.3.3 16-Bit-Adresse als Wort-Adresse

Wort als Verarbeitungseinheit des Prozessors:
Bei den ersten vier "allgemeinen" Registern kann man das höherwertige und das niederwertige Byte jeweils getrennt ansprechen (Byte mit 8 Bits); diese heißen AH, BH, CH und DH (H für High) bzw. AL, BL, CL und DL (L für Low). Bei den anderen Registern hat man nur Zugriff auf das ganze Wort (Wort als Einheit von 2 Bytes bzw. 16 Bits). Das Wort ist die größte Anzahl von Bits, die der Prozessor in einem Befehl abarbeiten kann. Beim Prozessor Intel 8088/8086 ist die Wortgröße 16 Bits, bei den Nachfolgeprozessoren 32 Bits und mehr.

Das Befehlsregister IP nennt den nächsten Befehl:
Das Befehlsregister IP (Instruction Pointer) enthält die relative Adresse des Maschinenbefehls, der als nächster auszuführen ist; im Beispiel lautet die Adresse 0100h. Dieser Maschinenbefehl wird auch angezeigt, er lautet 0000. Zur besseren Verständlichkeit wird dieser Befehl auch disassembliert in Assemblersprache dargestellt: ADD [BX+SI],AL.

```
-r  - - - - - - - - - - - - - -  (R als DEBUG-Befehl zum Lesen)
AX=0000 BX=0000 CX=0000 DX=0000 SP=FFEE BP=0000  SI=0000  DI=0000
DS=4165 ES=4165 SS=4165 CS=4165 IP=0100  NV UP EI PL NZ NA PO NC
4165:0100 0000          ADD    [BX+SI],AL
```

Die Wortlänge bestimmt den adressierbaren Speicherraum:
Aufgrund der Wortlänge von 16 Bits werden Adressen erzeugt, die 16 Bits bzw. 2 Bytes lang sind. Damit können 65536 (2 hoch 16) Speicherstellen direkt adressiert werden, also ein Speicherraum von 64 KB.

1.1.3.4 20-Bit-Adresse

Segment:Offset als Adreßformat:
Da mit 16 Bit nur 64 KB Speicherplatz adressiert werden kann, sehen Intel-Prozessoren die Möglichkeit vor, 20-Bit-Adressen zu bilden, um damit ein Megabyte Speicherplatz (2 hoch 20) zu adressieren. Dabei fügt man zu den 16 Bit der bestehenden Adresse (als Offset) noch vier weitere Bits (als Segment) aus sogenannten Segmentregistern hinzu. Vergleicht man die Adressierung mit den Telefonnummern, dann entsprechen sich Vorwahl und Segment einerseits sowie Teilnehmernummer und Offset andererseits.

Zur Bildung der wirklichen Adresse wird im einfachsten Fall noch eines der Segmentregister DS, ES, SS, CS herangezogen.

- Die Segmentregister sind ebenfalls 16 Bits breit.
- Eine tatsächliche Adresse wird in der Form *Segment:Offset* geschrieben, wobei der Segmentwert stets vor dem ":" steht. Dabei kann man absolute Adreßwerte oder Registernamen schreiben. Vier Beispiele: 430:100, 970:DI, CS:200 und CS:IP.
- Die Segmentregister DS, ES, SS und CS werden standardmäßig für Daten, Extra, Stack und Code verwendet.

CS:IP als Adresse des nächsten Befehls:
Wird zum Beispiel die Adresse eines Befehls aus dem Inhalt des CS-Registers (Code Segment) und dem des IP-Registers gebildet, so bezeichnet man diese Adresse mit CS:IP. Im obigen DEBUG-Beispiel (vgl. Abschnitt 1.1.3.3) ist dies die Adresse 4165h:0100h.

- CS als Code-Segmentregister benennt das Segment, in dem das jeweilige Programm gespeichert ist.
- IP als Befehlszähler benennt die Adresse des nächsten auszuführenden Befehls.
- CS:IP als Registerpaar adressiert also den zur Ausführung anstehenden Programmbefehl. Anders ausgedrückt: Das CS-Register bildet zusammen mit dem IP-Register einen Zeiger auf den nächsten Befehl. Das Auslesen eines Befehls vollzieht sich an der Adresse, die durch CS:IP angegeben wird.

20-Bit-Adresse berechnen:
Die Adresse CS:IP (Registernamen) bzw. 4165h:0100h (Adreßkonstanten hexadezimal) berechnet sich folgendermaßen:

- Hänge an die erste Zahl (Segment) eine 0: aus 4165h wird 41650h (was einer Multiplikation mit 16 entspricht).
- Addiere die zweite Zahl (Offset) hinzu: man erhält 41750h.

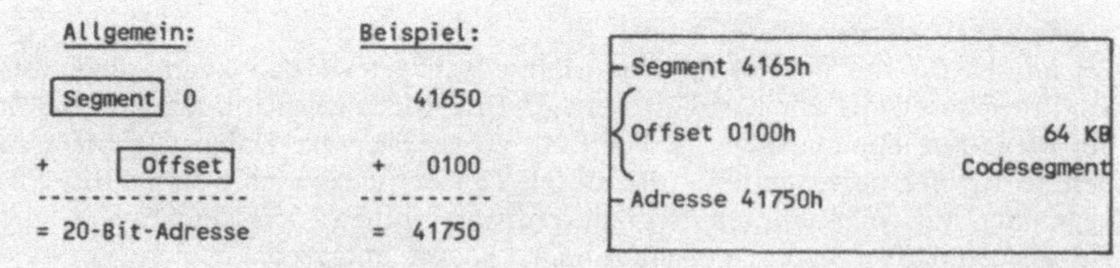

Segmentierung am Beispiel der Adresse CS:IP des nächsten Befehls

Das Segment wird um vier Null-Bits (binär) bzw. einer Null (hexadezimal) erweitert, um dann zum erweiterten Segmentwert den Offsetwert zu addieren.

Codesegment und Datensegment:
Der Adreßbereich CS:0000h..CS:FFFFh = 64 K heißt Codesegment. Ein Segment DS:0000h..DS:FFFFh zur Aufnahme von Daten bezeichnet man dementsprechend als Datensegment.

Paragraphengrenze:
Beim Bilden einer 20-Bit-Adresse erweitert man den Inhalt des Segmentregisters um vier Null-Bits 0000. Jede 16. Adresse hat diese Eigenschaft, d.h. sie ist durch 16 ohne Rest teilbar; man spricht von einer *Paragraphengrenze*. Es ist sinnvoll, ein Programm an einer Paragraphengrenze als 16-Byte-Grenze anfangen zu lassen.

20-Bit-Adressen am Beispiel der Register DS, ES und CS

Die folgende Aufteilung des Hauptspeichers zeigt anhand der Adressen des Datensegmentregisters DS, Extrasegmentregisters ES und Codesegmentregisters CS, wie 20-Bit-Adressen zur Definition der Speichersegmente verwendet werden können:

- Im DS-Register ist 2C86h gespeichert, was der 20-Bit-Adresse 2C860h entspricht. Die 20-Bit-Adresse stellt die abolute Adresse dar.
- Da jedes der Segmentregister DS, ES, CS und SS (letzteres ist hier im Beispiel nicht wiedergegeben) die Untergrenze des jeweiligen Segments bestimmt, beginnt das Datensegment ab Adresse 2C860h.
- Das Datensegment umfaßt FFFFh Speicherplätze bzw. 64 KB, von 2C860h als Segmentadresse bzw. Untergrenze bis 3C85F als Obergrenze. Zwischen diesen Grenzen wird jede absolute Adresse aus seinem Offset in Kombination mit dem Segment 2C86h gebildet.
- Die vier Segmente können sich überschneiden oder hintereinander liegen.
- Die absoluten Adressen der Segmente (2C860h, 35AB0h bzw. 4FCD0h) sind stets durch 16 teilbar, da mit 0 endend.

Im Speichermodell ist 2C86h:01E4h als Beispieladresse im Datensegment wiedergegeben. Die absolute Adresse 2CA44h berechnet sich wie umseitig wiedergegeben.

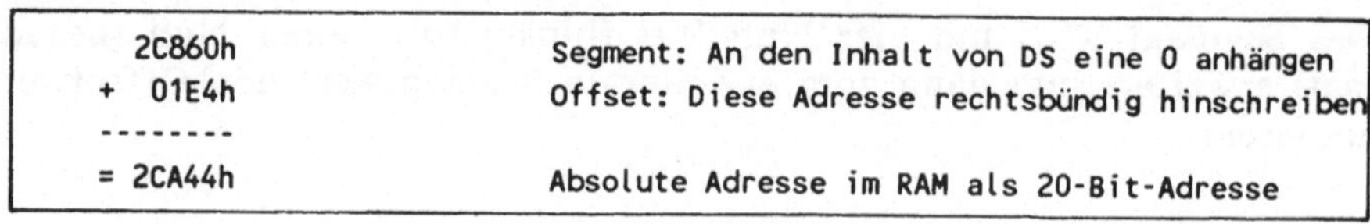

```
  2C860h          Segment: An den Inhalt von DS eine 0 anhängen
+  01E4h          Offset: Diese Adresse rechtsbündig hinschreiben
--------
= 2CA44h          Absolute Adresse im RAM als 20-Bit-Adresse
```

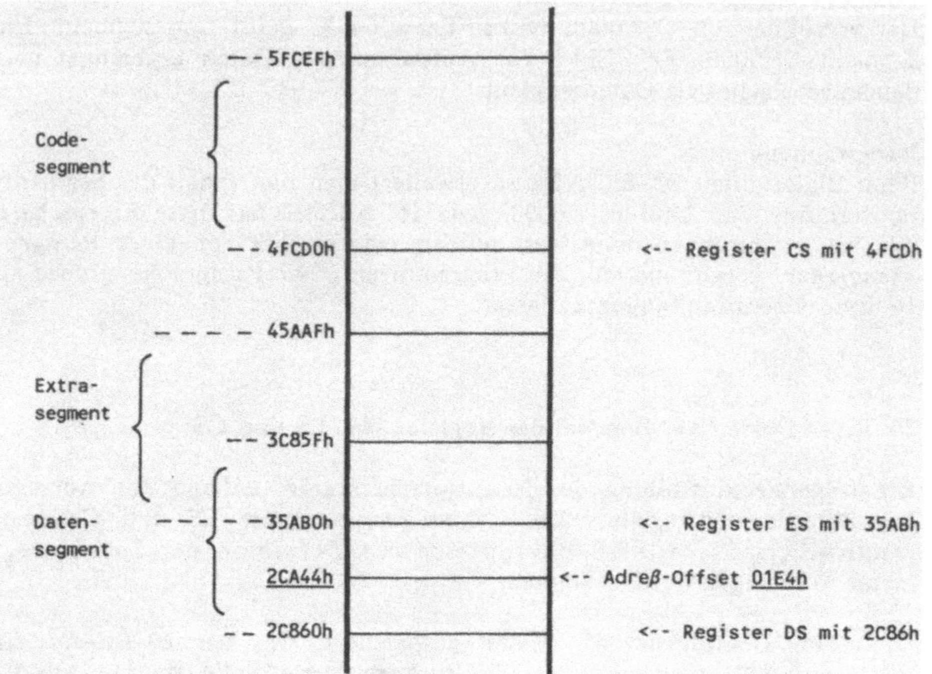

Beispiel zur Speicheraufteilung mit Daten-, Extra- und Codesegment

1.2 Ein Programm mit DEBUG untersuchen

Schritt 1: Programm TEST unter Pascal erstellen

Mit DEBUG lassen sich Maschinenprogramme testen. Um Teile eines Pascal-Programms mit dem Debugger untersuchen zu können, muß es zuerst mit dem Compiler in eine COM-Datei bzw. EXE-Datei umgewandelt werden. Das folgende Programm wird zunächst editiert und unter dem Namen TEST.PAS abgespeichert.

```
BEGIN
  Write('test');
END.
```

Nun wird der Quelltext compiliert und der ausführbare Code unter dem Namen TEST.EXE gespeichert. Dann verläßt man Turbo Pascal.

Schritt 2: Programm TEST unter MS-DOS ausführen

In der Betriebssystemebene kann man das Programm TEST.EXE ausführen lassen, indem man TEST tippt. Auf dem Bildschirm erscheint der Text "test":

```
A:\>test
test
A:\>
```

Läßt man sich mit DIR das Inhaltsverzeichnis der Diskette anzeigen, werden für die Datei TEST.PAS 33 Bytes genannt, für die Datei TEST-.EXE aber 3394 Bytes. Der Compiler hat also noch einigen Code hinzugefügt, um ein ausführbares Maschinenprogramm zu erzeugen.

```
A:\>dir
 Datenträger in Laufwerk A hat keinen Namen
 Verzeichnis von A:\
TEST     PAS        33 06.02.90   21.32  _ _ _ _  PAS-Datei als Quelltext
TEST     EXE      3394 06.02.90   21.32           EXE-Datei ist ausführbar
          2 Datei(en)     357376 Byte frei
A:\>
```

Schritt 3: Programm unter DEBUG untersuchen

Mit einem Assemblerprogramm hätte man dasselbe kürzer haben können. Um das Programm TEST.EXE unter der Kontrolle des Programms DEBUG.COM ablaufen zu lassen, tippt man DEBUG TEST.EXE ein. Der Debuggers meldet sich mit "-". Mit dem Befehl R läßt man sich nun die Registerinhalte anzeigen.

```
B:\>debug test.exe
-r
 AX=0000  BX=0000  CX=0B42  DX=0000  SP=4000  BP=0000  SI=0000  DI=0000
 DS=7E9E  ES=7E9E  SS=7F42  CS=7EAE  IP=0005   NV UP EI PL NZ NA PO NC
 7EAE:0005 9A0000B27E     CALL    7EB2:0000
```

Der Befehl R zeigt die Register an:

- Der erste auszuführende Befehl hat die Adresse CS:IP, das heißt die Adresse 7EAE:0005.

- Der Befehl lautet in Maschinensprache 9A0000B27E.
- In disassemblierter Form wird der Befehl als CALL 7EB2:0000 angegeben; diese Darstellungsform ist besser lesbar. Der CALL-Befehl bewirkt einen Unterprogrammaufruf an der Hauptspeicheradresse 7EB2:0000.

Schritt 4: Programm TEST unter DEBUG ausführen

Es wäre recht mühsam, das gesamte Programm schrittweise nachzuvollziehen. Wir tippen G als Befehl für GO ein, was bewirkt, daß das Programm ab derjenigen Adresse abgearbeitet wird, die durch CS:IP angegeben wird. Es wird der Text "test" ausgegeben. Dann meldet DEBUG "Programm normal beendet". Mit dem Befehl Q kann man den Debugger wieder verlassen.

```
-g                                  Befehl G zur Programmausführung
test
Programm normal beendet
-q                                  Befehl Q zum Verlassen von DEBUG
A:\>
```

1.3 Assemblerbefehle mit DEBUG eingeben

Das folgende Beispiel zeigt, wie mit den DEBUG-Befehlen A, R, P und Q die Assemblerbefehle MOV und INT eingegeben, angezeigt und zur Ausführung gebracht werden.

Assemblerbefehle mit Befehl A eingeben:
Nach der Eingabe von A erscheint die Adresse des ersten ausführbaren Befehls. Hier ist es 3FC3:0100.
Alle Zahlenangaben erfolgen hexadezimal. Man tippt nun die beiden Assemblerbefehle MOV AH,4C und INT 21 ein.

```
C:\>debug
-a
3FC3:0100 mov ah,4C
3FC3:0102 int 21
3FC3:0104
-
```

Registerinhalte mit Befehl R lesen:
Mit dem Befehl R werden die Register angezeigt. Man erkennt im Register CS die Adresse des Codesegments und im Register IP den Offset des ersten Befehls. MOV AH,4C ergibt den Maschinenbefehl B44C, welcher besagt, daß das Register AH mit 4C geladen werden soll. Auf die Assemblerbefehle gehen wir später ausführlich ein.

```
-r
AX=0000  BX=0000  CX=0000  DX=0000  SP=FFEE  BP=0000  SI=0000  DI=0000
DS=3FC3  ES=3FC3  SS=3FC3  CS=3FC3  IP=0100   NV UP EI PL NZ NA PO NC
3FC3:0100 B44C          MOV     AH,4C
-
```

Befehl ausführen mit Befehl P:
P führt diesen Befehl aus und zeigt die Register und den nächsten Befehl erneut an. IP wurde um 2 Bytes weitergezählt. Der Befehl INT 21h bewirkt eine Beendigung des Programms, wenn sich im Register AH der Wert 4C befindet.

```
-p
AX=4C00  BX=0000  CX=0000  DX=0000  SP=FFEE  BP=0000  SI=0000  DI=0000
DS=3FC3  ES=3FC3  SS=3FC3  CS=3FC3  IP=0102   NV UP EI PL NZ NA PO NC
3FC3:0102 CD21          INT     21
-g
C:\>
```

1.4 Direkte und indirekte Assembler

DEBUG als direkter Assembler

Direkt bedeutet, daß jeder Assemblerbefehl wie z.B. MOV AH,4C nach der Eingabe sofort in einen Maschinenbefehl übersetzt und gespeichert wird. Jeder Assemblerbefehl führt zu einem Maschinenbefehl.

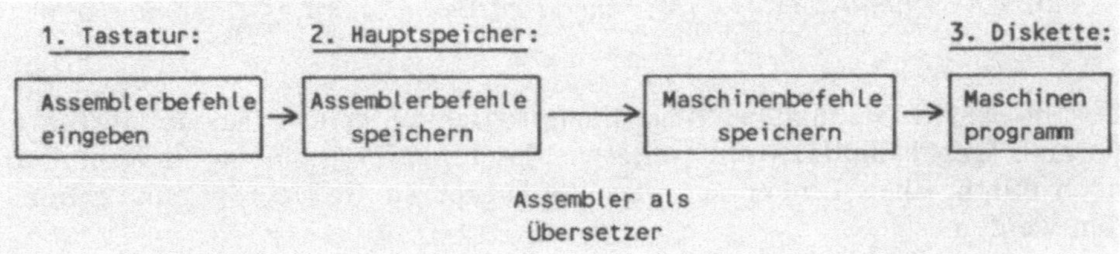

DEBUG: Befehle direkt nach der Eingabe assemblieren

Vorteil des direkten Assemblierens: Es geht sehr rasch.
Nachteile: Die Fehlerkorrektur ist umständlich (alle Befehle ab der Fehlerstelle sind neu einzugeben, da sie ja neue Adressen einnehmen); Vorwärtsverzweigungen sind schwierig vorzunehmen (man kennt die Zieladresse nocht nicht).

MASM und Turbo Assembler als indirekte Assembler

Hier werden die eingegebenen Assemblerbefehle zunächst in einem Quellprogramm zwischengespeichert. Dieser Quelltext ist zwar noch nicht übersetzt, er kann aber jederzeit bequem korrigiert werden. In einem nächsten Schritt wird dann der Quelltext übersetzt und der entstandene Maschinencode auf Diskette gespeichert. Mehrere solcher Code-Module kann man dann zu einem ausführbaren Programm binden (Link-Lauf). MASM-Assembler und Turbo Assembler sind indirekte Assembler.

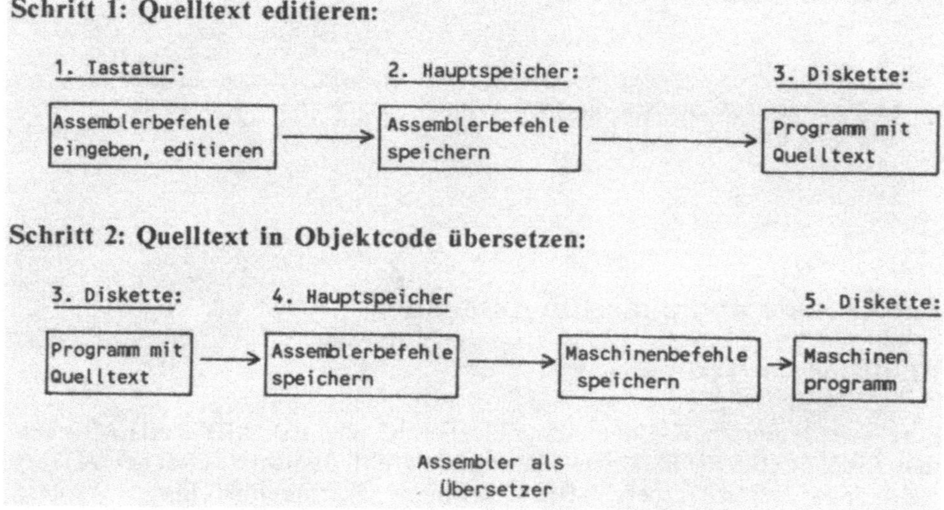

Turbo Assembler und MASM: Zuerst editieren, dann erst assemblieren

Das in Schritt 5 erhaltene Maschinenprogramm ist noch nicht lauffähig. Es muß (gegebenenfalls mit weiteren Maschinenprogrammen als Modulen) noch durch einen Linker zu *einem* ausführbaren EXE-Programm gebunden werden.

2

Referenzen zum maschinennahen Programmieren

2.1.1 Computermodell

Bausteine eines Personalcomputers am Modell:

- *CPU* (Central Processing Unit) bzw. Prozessor als zentraler Baustein zum Steuern, Rechnen, Vergleichen und logischen Entscheiden.
- *RAM* (Random Access Memory, Wahlfrei-Zugriff-Speicher) als Internspeicher, auf den man an jede Speicherstelle lesend oder schreibend zugreifen kann. Als flüchtiger Speicher geht der Speicherinhalt beim Abschalten des PCs verloren.
- *ROM* (Read Only Memory, Nur-Lese-Speicher) als Internspeicher, auf den man nur lesend zugreifen kann. Als permanenter Speicher bleibt der Speicherinhalt andauernd erhalten.
- *Systembus* als Zusammenfassung von parallelen Leitungen, über die Information (Adresse, Daten, Befehle) übertragen wird.

Vergleich zum Bus: Ein Befehl steigt an der Haltestelle RAM ein, fährt mit dem Bus bis zur CPU, um an der dortigen Haltestelle auszusteigen und dann vom Prozessor ausgeführt zu werden.

- *Periphere Geräte* dienen der Eingabe (Tastatur), Ausgabe (Bildschirm, Drucker) und externen Speicherung (Diskette, Festplatte).
- *I/O-Bausteine* steuern den Zugriff auf die Peripherie (Gerätetreiber, Schnittstellen).

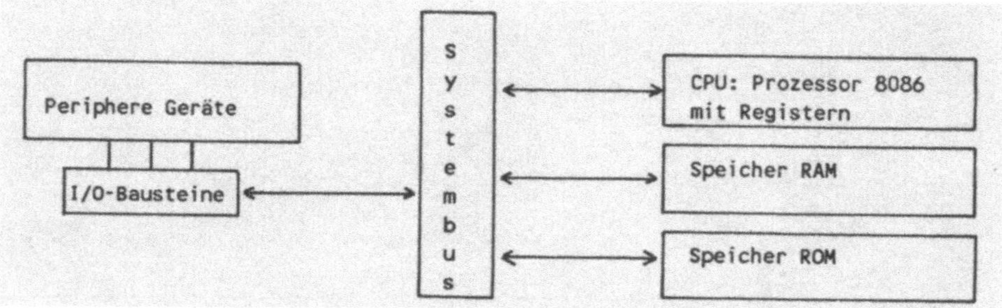

Computermodell mit den Bausteinen CPU, RAM, ROM, Bus, Peripherie

Das Programm als Folge von Befehlen steht irgendwo im Speicher RAM. Der Prozessor holt sich den ersten Befehl, entschlüsselt (decodiert) ihn und führt ihn aus. Dann kommt der zweite Befehl an die Reihe usw. Den Programmierer interessieren dabei besonders zwei Fragen:

1. Speicher RAM und ROM: Wie werden Daten und Befehle im Internspeicher abgelegt?
2. Register in der CPU: Wie organisiert der Prozessor die Speicherung der Daten und Befehle zum Zeitpunkt der Verarbeitung?

Wir wenden uns zunächst den Internspeichern RAM und ROM zu.

2.1.2 Speicherbelegung (Memory Map)

Adreßbereiche des Hauptspeichers:
Wie die Abbildung zeigt, ist der Hauptspeicher von Personalcomputern (PC, XT, AT) in 16 Blöcke zu jeweils 64 KB unterteilt:

- Die zehn Blöcke 0 bis 9 umfassen 640 KB; dies ist der Adreßbereich des Betriebssystems MS-DOS.
- Die folgenden sechs Blöcke 10 bis 15 bezeichnen den erweiterten Speicherbereich.
- Alle 16 Blöcke zusammen stellen den 1 MB großen Adreßbereich der Prozessoren 8086 und 8088 dar.

Block:	Startadresse:	Endeadresse:	
15	F000:0000	F000:FFFF	BIOS-ROM: Urlader, BIOS-Routinen, ROM-BASIC
14	E000;0000	E000:FFFF	Ungenutzt
13	D000:0000	D000:FFFF	Ungenutzt
12	C000:0000	C000:FFFF	Zusätzliches BIOS-ROM: Weitere BIOS-Routinen
11	B000:0000	B000:FFFF	Bildschirmspeicher: Video-RAM (Mono/Color)
10	A000:0000	A000:FFFF	Zusätzliches Video-RAM für Videomodi
9	9000:0000	9000:FFFF	bis 640 KB Benutzer-RAM
8	8000:0000	8000:FFFF	bis 576 KB Benutzer-RAM
7	7000:0000	7000:FFFF	bis 512 KB Benutzer-RAM
6	6000:0000	6000:FFFF	bis 448 KB Benutzer-RAM
5	5000:0000	5000:FFFF	bis 384 KB Benutzer-RAM
4	4000:0000	4000:FFFF	bis 320 KB Benutzer-RAM
3	3000:0000	3000:FFFF	bis 256 KB Benutzer-RAM
2	2000:0000	2000:FFFF	bis 192 KB Benutzer-RAM
1	1000:0000	1000:FFFF	bis 128 KB Benutzer-RAM
0	0000:0000	0000:FFFF	bis 64 KB Interruptvektoren, Gerätetreiber, DOS, Residente Programme, Benutzer-RAM

Speicherbelegung (Memory Map) des PCs:
RAM mit den Speicherbereichen bzw. Segmenten 0 bis A

Benutzer-Speicherbereiche RAM (Blöcke 0 bis 9):
Der vom 8086-Prozessor adressierbare Speicher ist in die Blöcke 0 bis 15 unterteilt, wobei jeder Block ein Segment von 65536 Bytes bzw. 64 KB umfaßt. Der Benutzer-RAM umfaßt die Blöcke 0 bis 9, maximal 640 KB.

Das Segment 0 enthält wichtige Daten:

- Die Interruptvektoren belegen die ersten 1024 Bytes bis zur Adresse 0000:03FF.
- In den 256-Byte-Speicherbereich 0000:0400 - 0000:04FF werden BIOS-Variablen aus dem BIOS-ROM kopiert und zur Verarbeitung bereitgestellt.

- MS-DOS und das Original IBM BASIC belegen weitere 512 Bytes im Bereich 0000:0500 - 0000:06FF.
- Erst danach beginnt der Benutzer-RAM

Bildschirm-Speicherbereiche RAM (Blöcke 10 und 11):
Der Bildschirmspeicher liegt im Segment 11 ab Adresse B0000h. Aus diesem Segment liest der Videokontroller die Daten, die am Bildschirm erscheinen sollen.

- Für die Monochrome-Karte sind die unteren 32 KB und für die Color-Karte die oberen 32 KB reserviert.
- Von der Monochrome-Karte werden nur 4 KB genutzt im Bereich B0000h bis B0FFFh: Zwei Bytes je Zeichen für Code und Attribut; 25 Zeilen zu je 80 Spalten ergeben 2*2000 Bytes; damit sind 4096-4000=96 Bytes ungenutzt).
- Für die Color-Karte beginnt der Speicherbereich erst ab B8000h und reicht mit 16 KB bis BBFFFh.

System-Speicherbereiche ROM (Blöcke 12 bis 15):
Die Segmente 12 bis 15 belegen keinen Schreib-Lese-Speicher RAM, sondern Nur-Lese-Speicher ROM. Der Benutzer kann den Inhalt dieser Speichersegmente somit nicht verändern, aber lesen bzw. in andere Segmente kopieren.

- Der Speicherbereich 11 kann zusätzliche BIOS-Routinen enthalten, die nicht im BIOS-Kern untergebracht sind.
- Die Speicherbereiche 12 und 13 sind großenteils ungenutzt (ggf. für ROM-Cartridges reserviert).
- Im Speicherbereich F6000h bis FDFFFh ist beim Original IBM-PC (aus urheberrechtlichen Gründen) das ROM-BASIC untergebracht.
- Im Bereich FE000h bis FFFFFh liegt das BIOS-ROM; u.a. mit der Boot-Routine (Urlader) und Betriebssystemprogrammen zur Steuerung von Tastatur, Platte und Bildschirm.

2.1.3 Register des 8086-Prozessors

2.1.3.1 Vier Gruppen von Registern

Register sind spezielle Speicher auf dem Prozessor-Chip, die 16 Bits (zwei Bytes bzw. ein Wort) breit sind, und auf die der Prozessor sehr schnell zugreifen kann.

Register:		Inhalt:
	FEDCBA9876543210	
		Vier allgemeine Register:
AX	AH AL	Multipl./Division, Ein-/Ausgabe, Move
BX	BH BL	Basisregister: Zeiger auf Basis (Data-Segment)
CX	CH CL	Zählregister (Schleife, Shift, Rotation)
DX	DH DL	Erweiterung des Akkumulators
		Vier Adreßregister:
	SP	Register für Stapel-Zeiger, Stack Pointer
	BP	Register: Zeiger auf Basis (Stacksegm.), Base Pointer
	SI	Indexregister, Source Index
	DI	Indexregister, Destination Index
		Vier Segmentregister:
	DS	Daten-Segmentregister
	ES	Extra-Segmentregister
	SS	Stack-Segmentregister
	CS	Code-Segmentregister
		Zwei Steuerregister:
	IP	Befehlsregister, Instruction Pointer
	Flags	Statusregister mit acht Flags NV,UP,EI,PL,NZ,NA,PO,NC

Register als spezielle Speicherplätze des 80x86-Prozessors

Vier allgemeine Register:

AX	Akkumulator zur Durchführung arithmetischer und logischer Befehle. Auf die 8-Bit-Teilregister AH und AL kann man gesondert zugreifen. Verschlüsselung eines Textzeichens paßt in ein 8-Bit-Teilregister.
BX	Basis-Register als Zeiger (Pointer) in bestimmte Speicherbereiche. Indexregister (Element eines Arrays adressieren) oder Hilfsspeicher.
CX	Zählregister z.B. zur Steuerung von Programmschleifen (LOOP).
DX	Zur Kommunikation mit Ports (Schnittstellen) für Befehle IN und OUT. Als Erweiterung von AX (z.B. bei 32-Bit-Ergebnis für Bits 17 - 31).

Vier Adreßregister:

SP	Verwaltung des Stacks über Stapelzeiger gemäß LIFO-Prinzip steuern. Der Stack wächst von oben nach unten; zeigt also auf das (untere) Stackende, und SS auf den (oberen) Stackanfang.
BP	Verwaltung des Stacks: Basiszeiger BP arbeitet relativ zu SS. Sonst wie Register BX verwendbar.
SI	Indexregister mit allgemeinen Aufgaben, z.B. Transfer von Speicherblöcken: SI zeigt auf Quelle (Source) und DI auf Ziel (Destination).
DI	Indexregister, auch speziell für Stringbefehle oder schnelles Kopieren (z.B. gesamter Bildschirm als Speicherbereich).

Vier Segmentregister:

DS	Anfangsadresse für das Datensegment. DS:Offset als 20-Bit-Adresse. Im Datensegment werden Variablen und konstante Daten abgelegt. Reine Adreßangaben sowie die Register BX, SI und DI arbeiten stets relativ zum Register DS.
ES	Anfangsadresse für das Extrasegment. ES:Offset als 20-Bit-Adresse. Das ES-Register wird zur Stringverarbeitung verwendet.
SS	Anfangsadresse für das Stacksegment. SS:Offset als 20-Bit-Adresse. PUSH bringt Daten auf den Stack, POP holt Daten vom Stack ab. Bei Unterprogrammaufrufen werden die Rückkehradressen auf dem Stack abgelegt.
CS	Anfangsadresse für das Codesegment. CS:Offset als 20-Bit-Adresse. Beim Laden des Programms sucht DOS einen freien Speicherbereich und lädt CS mit der Anfangsadresse. Je nach der DOS-Version und der Anzahl bereits geladener speicherresidenter Programme ist die Adresse von CS verschieden.

Zwei Steuerregister:

IP	Programm- bzw. Befehlszähler. CS:IP adressiert den nächsten Befehl. Sprungbefehl "Gehe zu Adresse" beinhaltet "Lade das IP mit Adresse". Der Benutzer kann das IP nicht direkt mit einem Wert laden. Der Prozessor erhöht das IP nach jedem Befehl um die Befehlslänge bzw. lädt das IP mit der in einem Sprungbefehl angegebenen Adresse.
Flags	Statusregister mit einzeln adressierbaren Bits/Flags. Beschreibung siehe Abschnitt 2.1.3.2).

Standardmäßige Zuordnungen der Segmentregister:

Eine 20-Bit-Adresse wird aus dem Segment und dem Offset gebildet und im Format *Segment:Offset* geschrieben. Die folgende Übersicht zeigt, welche Segmentregister automatisch den jeweiligen Offsets zugeordnet werden.

Für Adreßoffset in ...	das Adreßsegment aus folgendem Register nehmen:
direkter Adreßangabe Register SI	Datensegmentregister DS (MOV AX,3)
Register DI	Extrasegmentregister ES
Register SP Register BP	Stapelsegmentregister SS
Programmzähler IP	Codesegmentregister CS

Beispiel: dem Offset 704Bh als Segment den Wert von DS zur Adresse DS:704Bh zuordnen

2.1.3.2 Statusregister als PSW

Im Statusregister bzw. Flagregister des 8086-Prozessors sind von 16 Bits nur neun Bits besetzt; diese werden dem Programmierer zu Steuerungszwecken bereitgestellt. Der Registerinhalt wird auch als Prozessor-Status-Wort bzw. PSW bezeichnet.

- Die Flags werden zur Steuerung des Prozessors und zum Anzeigen des Systemzustandes verwendet.
- Im Gegensatz zu den anderen Registern wird das Statusregister somit nicht als Speicherplatz für Daten verwendet, sondern es enthält einzeln adressierbare Bits.

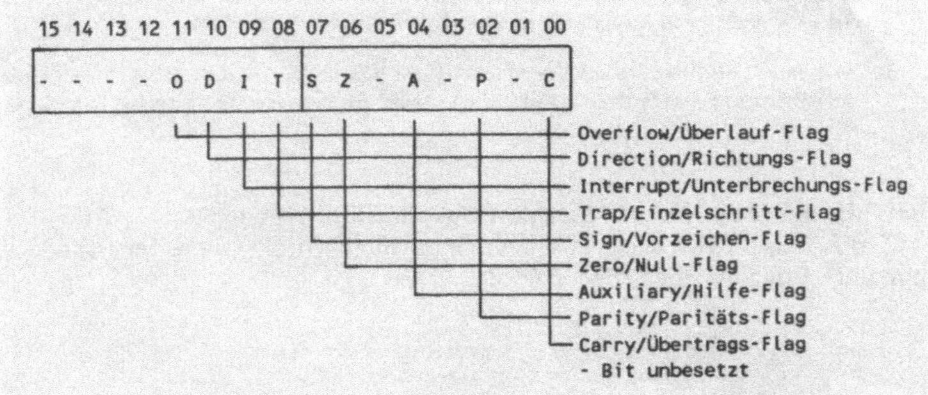

Statusregister mit neun besetzten und sieben unbesetzten Bits

Bedeutung der neun als Flags genutzten Bits des Statusregisters:

C Carry: Den Übertrag aus dem höherwertigen Bit nach einer arithmetischen Operation anzeigen. Zudem verändern Verschiebebefehle den Wert des C-Flags.

P Parity: Bit auf 1 setzen, wenn die acht niederwertigen Bits nach einer beliebigen Operation eine gerade Zahl von Einsen aufweisen. Sonst das Bit auf 0 setzen.

A Auxiliary: Den Übertrag von Bit 3 nach 8 Bit breiten Operationen anzeigen.

Z Zero: Bit auf 1 setzen, wenn das Ergebnis einer bestimmten Operation Null ist.

S Sign: Das Vorzeichen als Wert des höchstwertigen Bits bei einer arithmetischen Operation anzeigen (0 = positiv, 1 = negativ).

T Trap: Ist das Bit auf 1 gesetzt, wird die Betriebsart "Testen von Programmen bei Ausführung in Einzelschritten" zum Debugging eingeschaltet.

I Interrupt: Dieses Flag verhindert alle externen Unterbrechungen - ausgenommen solche, die durch Speicherungsfehler auftreten.
Ist das Bit auf 1 gesetzt, sind sperrbare Unterbrechungsanforderungen zugelassen (Schalter für die Unterbrechungslogik); Geräte wie Tastatur und Bildschirm können die Programmausführung dann sofort unterbrechen bzw. sie werden sofort bedient.
Ist das Unterbrechungs-Bit auf 0 gesetzt, können keine externen Interrupts auftreten.

D Direction: Setzt man das Bit auf 1, dann werden die Inhalte der Indexregister SI bzw. DI beim Aufruf von Stringbefehlen abwärts gezählt (sonst aufwärts).

O Overflow: Den Übertrag aus den höherwertigen Bits durch "exklusiv ODER" nach einer arithmetischen Operation anzeigen. Damit wird die Verwendung zu großer Zahlen gemeldet.

Befehle zum Zugriff auf einzelne Flags im Statusregister:
Auf die Flags bzw. Statusbits kann man nicht direkt zugreifen, sondern nur über folgende speziellen Befehle.

```
CLD       Direction-Flag löschen (Clear Direction)
STD       D-Flag setzen (Set Direction)
CLI       I-Flag (Interrupt) löschen (Clear Interrupt)
STI       I-Flag setzen (Set Interrupt)
CLC       C-Flag (Carry) löschen (Clear Carry)
STC       C-Flag setzen (Set Carry)
CMC       C-Flag komplementieren (Complement Carry)

PUSHF     Inhalt des Flagregisters auf den Stack übertragen
POPF      Inhalt der Stackspitze ins Flag-Register übertragen

LAHF      Inhalt des Lowerbytes des Flagregisters (also C, P, A, Z und
          S) in das AH-Register übertragen (Load AH from Flags)
SAHF      Inhalt des AH-Registers in das Lowerbyts des Flagregisters
          übertragen (Store AH to Flags)
```

Befehle ohne Einfluß auf das Statusregister:
Die meisten Befehle beeinflussen eines oder mehrere Statusbits. Nur die folgenden Befehle lassen das PSW bzw. die Flags des Statusregisters unverändert:

Bedingte Sprünge, CALL, CBW, CWD, ESC, HLT, IN, JCXZ. JMP, LAHF, LDS, LEA, LES, LOCK, LODS, LOOP-Befehle,

MOV, MOVS, NOT, OUT, POP, PUSH. PUSHF, REP, RET, STOS, WAIT, XCHG und XLAT.

Beeinflussung der Flags des Statusregisters durch Befehle:
Bedeutungen in der Übersicht: Flag wird beeinflußt (+), Flag wird gelöscht (-), Flag wird willkürlich beeinflußt (!) und Flag bleibt unbeeinflußt ( ).

Befehl ...:	... beeinflußt die Flags:								
	O	D	I	T	S	Z	A	P	C
ADC, ADD, CMP, CMPS, NEG, SBB, SCAS, SUB	+				+	+	+	+	+
DEC, INC	+				+	+	+	+	
AAA, AAS	!				!	!	+	!	+
DAA, DAS	!				+	+	+	+	+
IMUL, MUL	+				!	!	!	!	+
AND, OR, TEST, XOR	-				+	+	!	+	-
SAR, SHL, SHR	+				+	+	!	+	+
RCL, RCR, ROL, ROR	+								+
AAD, AAM	!				+	+	!	+	!
DIV, IDIV	!				!	!	!	!	!
SAHF					+	+	+	+	+
RET, POPF	Statusregister vom Stack								
INT, INTO			-	-					

Beeinflussung der Flags des Statusregisters

2.1.3.3 Adreßformat Segment:Offset

Adressbildung aus Segmentregister und Offset:

- Der Internspeicher des PCs ist von 0 bis zum Speicherende numeriert. Die Nummern 0, 1, 2, 3, ... bezeichnet man als Adressen.
- Über die 20 Adreßleitungen kann der 8086-Prozessor 1 MB (also 1048576 Byte bzw. 2 hoch 20 Byte) Adressieren.
- Über die 16 Bit breiten Register kann der 8086-Prozessor jedoch nur 64 KB (65536 Byte bzw. 2 hoch 16) adressieren.
- Segmentierung des Internspeichers: Der 1 MB-Adreßraum wird in 64 KB-Blöcke als Segmente unterteilt. Ein erstes Segmentregister zeigt auf den Anfang eines Segments und ein zweites Offsetregister zeigt auf die Speicherstelle im jeweiligen Segment.
- Man schreibt die Adresse im Format *Segment:Offset*. Die Adresse setzt sich aus dem Segment (Wert des Segmentregisters) und dem Offset als dem Abstand vom Segmentanfang bis zur jeweiligen

Speicherstelle zusammen. Als Segmentbasis und als Offset können beliebige Werte zwischen 0 und 65535 angegeben werden.

Logische Adresse und physikalische Adresse:
Im Programm gibt man stets die logische Adresse in der Schreibweise *Segment:Offset* an. *Segment* gibt die Basis und *Offset* den Abstand zur jeweiligen Speicherstelle an.

Die Umrechnung von der logischen zur physikalischen Adresse übernimmt der Prozessor gemäß der *16er-Regel*:

1. Man multipliziert den Segmentwert mit 16, was einer Verschiebung um 4 Bits nach links bzw. einem Anhängen von 0h entspricht. Damit hat man die Adresse auf 20 Bit als der Breite des Adreßbus verlängert.
2. Dazu addiert man den Offsetwert.

logische Adresse: 0002:00E0h		16-Bit-Adresse als Ausgang
Segmentwert * 16	00020h	Eine 0 an den Segmentwert anhängen
+ Offset	00E0h	Das Offset addieren
= physikalische Adresse	00100h	20-Bit-Adresse als Ergebnis

*16er-Regel: Aus der logischen Adresse die physikalische Adresse berechnen gemäß "Segmentwert * 16 + Offset"*

Die Anfangsadressen zweier Segmente sind mindestens 16 Byte entfernt:
Die 16er-Regel "Segmentwert * 16 + Offset" hat zur Folge, daß der Abstand von zwei benachbarten Segmenten mindestens 16 beträgt. Gleichwohl kann der Programmierer den Segmentwert beliebig zwischen 0 und 65535 wählen. Die logischen Adressen 0:256, 1:240, 2:224, 3:208, ... sind somit identisch und bezeichnen die physikalische Adresse 256 bzw. 0100h.

Logische Adresse = Segment:Offset		Berechung der physikalischen Adresse
Dezimal:	Hexadezimal:	Segment*16 + Offset:
2:224	0002h:00D0h	0020 + 00E0 = 0100h
1:240	0001h:00F0h	0010 + 00F0 = 0100h
0:256	0000h:0100h	0000 + 0100 = 0100h

Drei Schreibweisen zur physikalischen Adresse 256 bzw. 0100h

Höchste Adresse in einem Segment:
Die logische Adresse 0100h:FFFFh bezeichnet die letzte Speicherstelle FFFFh (65535 = 15*4096 + 15*256 + 15*16 + 15*1) im Segment 0100h. Man kann sie z.B. mit einer um 16 erhöhten Segmentbasis auch in der Form 0101h:FFEFh schreiben.
Als physikalische Adresse erhält man in beiden Fällen 10FFFh:

```
  01000h   Segmentwert um 0 verlängern                     01010h
+  FFFFh   Offset zur 20-Bit-Basis addieren              +  FFEFh
---------                                                --------
= 10FFFh   20-Bit-Adresse als physikalische Adresse      =  0FFFh
```

2.1.4 Adressierungsarten

Der MOV-Befehl (von to move = bewegen) überträgt Daten von einem Quellbereich in einen Zielbereich:

```
MOV Ziel,Quelle                      Kopieren von Quelle in Ziel
```

Übertragen bedeutet Kopieren: Die Daten des Quellbereichs bleiben erhalten, während die bisherigen Daten des Zielbereichs überschrieben werden. Der Befehl MOV Ziel,Quelle entspricht also den Anweisungen LET Ziel = Quelle (Basic), Ziel = Quelle (dBASE) bzw. Ziel:=Quelle; (Pascal).

2.1.4.1 Unmittelbare Adressierung

Eine Konstante (als const bezeichnet) wird unmittelbar in ein Register (reg) als Speicher geschrieben.

```
MOV reg,const
     |    |
     |____|__________ Ziel:   Register
          |__________ Quelle: Konstanter Wert
```

8 Bit übertragen:

	Inhalt vorher:	Inhalt nachher:
MOV AH,00	AH=10010101	AH=00000000
MOV AH,01	AH=10010101	AH=00000001
MOV AL,03	AL=10101010	AL=00000011
MOV AL,12	AL=10101010	AL=00001100
MOV AL,12h (h=hexadezimal)	AL=10101010	AL=00010010

16 Bit übertragen:

MOV AX,0FFFFh	AX=0000000000000000	AX=1111111111111111

```
MOV AX,301      AX=0000000000000000   AX=0000000100101101
MOV AX,301h     AX=0000000000000000   AX=0000001100000001
```

h steht für hexadezimal. FFFFh ist als 0FFFFh zu schreiben, da bei Turbo Assembler (im Gegensatz zu DEBUG) eine Adreßangabe stets mit einer Ziffer beginnen muß.

Vier identische Bezeichnungen für den Befehl MOV AX,301:
- Das AX-Register mit dem konstanten Wert 301 laden.
- Den Wert 301 in das Register AX kopieren.
- Die Konstante 301 in das AX-Register schreiben.
- Übertragung von 301 nach AX.

2.1.4.2 Register-Adressierung

Bei dieser Adressierungsart ist der zu speichernde Wert bereits im System vorhanden - entweder in einem Register oder an einer bestimmten Stelle im Speicher: Der Wert eines Quellregisters oder einer Speicherstelle wird in ein Zielregister geschrieben.

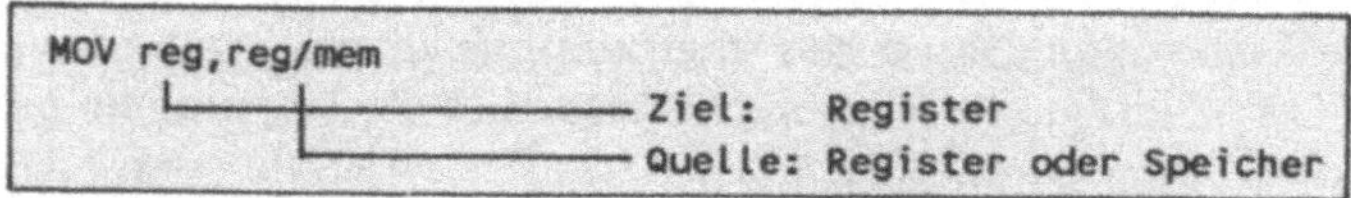

Zwei Beispiele:

```
                      vorher:                  nachher:
MOV DS,AX             AX=0000001100000001      AX=0000001100000001
                      DS=0000000000000000      DS=0000001100000001
MOV AH,AL             AH=00000000              AH=10101010     (8 Bit)
                      AL=10101010              AL=10101010
MOV AX,DS:1000h  DS:1000=00000000FFFFFFFF      unverändert
                      AX=0000001100000001      AX=00000000FFFFFFFF
```

2.1.4.3 Direkte Adressierung

Die direkte Adressierung bezieht sich auf das Segmentregister DS. Das als Quelle angegebene Offset wird gemäß der 16er-Regel zum Segment zu einer 20 Bit-Adresse hinzuaddiert.

```
MOV mem/reg,reg
 └──────┴──────────Ziel:   Speicherstelle (Memory) bzw. Register
        └──────────Quelle: Register
```

Den Inhalt des AX-Registers an die Adresse 02 (genauer: an die beiden Bytes ab Adresse 02) laden. [ ] steht für "Adresse von ...":

	vorher:	nachher:
MOV [02h],AX	AX=0000001100000001	AX=0000001100000001
	02=0000000000000000	02=0000001100000001

Das AX-Register mit dem Inhalt der Adresse, auf die der Label Dat zeigt, laden:

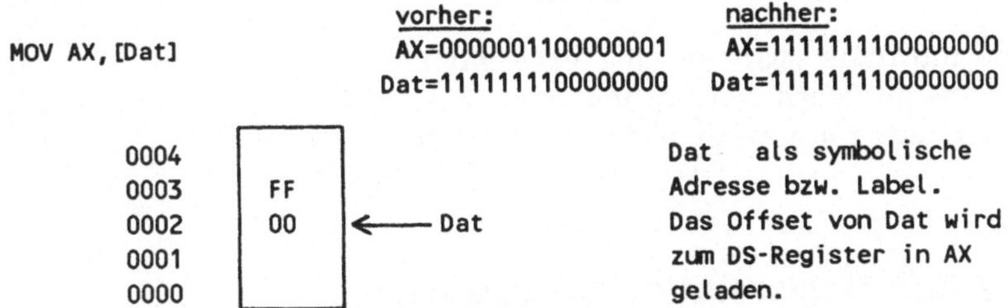

Im Register "Highbyte-Lowbyte", im Speicher Adresse "niedrig-höher": Im Speicher steht unter dem Label Dat zuerst 00 (niedrige Adresse 0002) und dann FF (höhere Adresse 0003). Im Register AX hingegen steht zuerst FF (Highbyte) und dann 00 (Lowbyte).

- Im Speicher: Adressen "von links nach rechts" aufsteigend.
- Im Register: Adressen "highbyte,Lowbyte".

2.1.4.4 Indirekte Adressierung

Bei der indirekten Adressierung wird der Inhalt der Speicherstelle, auf die das Quellregister zeigt, in das Zielregister kopiert. Dazu muß man Quellregister in [] schreiben. Im Gegensatz zur direkten Adressierung wird die Quelladresse nicht durch einen Label angezeigt, sondern durch eines der Basisregister BX und BP oder Indexregister DI und SI.

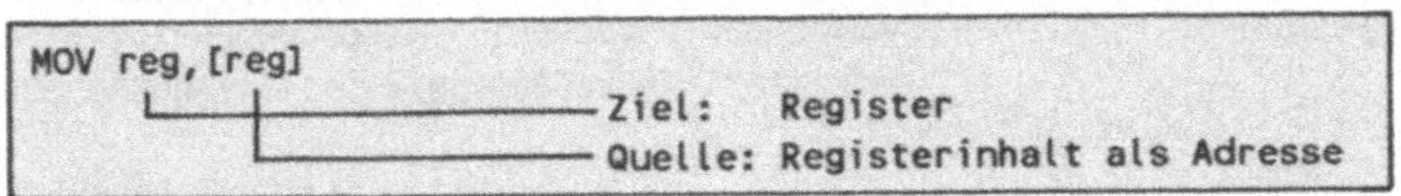

Zuerst lädt man BX mit dem Adreßoffset von Dat; in BX ist jetzt die Adresse 02 abgelegt. In einem zweiten Schritt wird dann der Inhalt der Adresse, auf die das BX-Register zeigt, in das AX-Register kopiert.

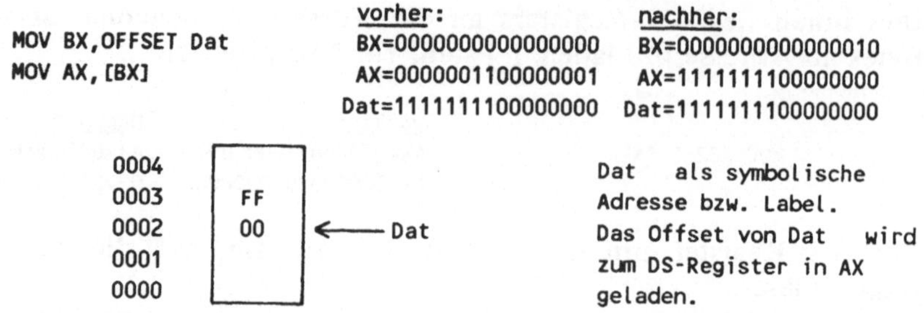

Die indirekte Adressierung verwendet man in Schleifen: Um Strings oder Arrays zu bearbeiten, erhöht man wiederholt den Inhalt des BX-Registers um 1, um zur jeweils nächsten Adresse zu gelangen.

2.1.4.5 Basisrelative Adressierung

Die Quelladresse wird aus den Registern BX oder BP gebildet, wobei zusätzlich eine Konstante als *Displacement* addiert wird. Man verwendet diese Adressierungsform häufig, um komplexe Datenstrukturen wie Records (Datensätze) zu adressieren.

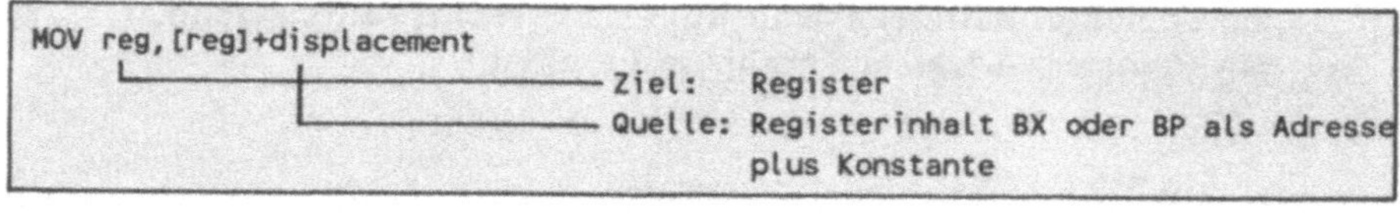

Beispiel mit Displacement 1:
[BX] zeigt auf Adresse 02, während [BX]+1 auf die um 1 (Displacement) erhöhte Adresse 03 zeigt. Damit wird nun FF00 in AX geladen, und zwar FF als Lowbyte und 00 als Highbyte.

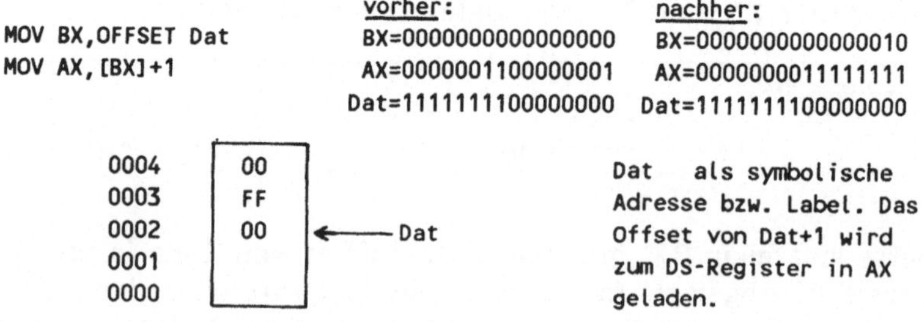

Anstelle von [BX]+1 kann man auch schreiben: 1+[BX], [BX+1], [1+BX].

Beispiel mit Displacement 3:
Der Label Stadt zeigt auf die Adresse 0000 als den Anfang eines Strings. Mit dem ersten MOV-Befehl wird der Offset von Stadt in das BX-Register kopiert. Mit [BX]+3 wird das 4. Zeichenelement des Strings adressiert, also 'd' bzw. 64h gemäß ASCII ('d'=64h=100d=1100100h). Der zweite MOV-Befehl lädt dieses Zeichen dann in das 8 Bit-Register AL.

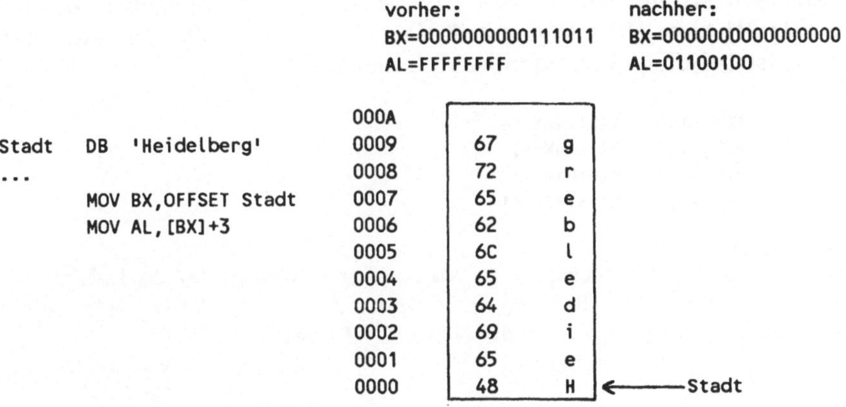

2.1.4.6 Direktindizierte Adressierung

Abweichend von der basisrelativen Adressierung verwendet man anstelle der Register BX und BP die Indexregister SI und DI. Diese Adressierungsart "Displacement plus SI oder DI" dient zum Beispiel dazu, um die Elemente eines Arrays zu erreichen.

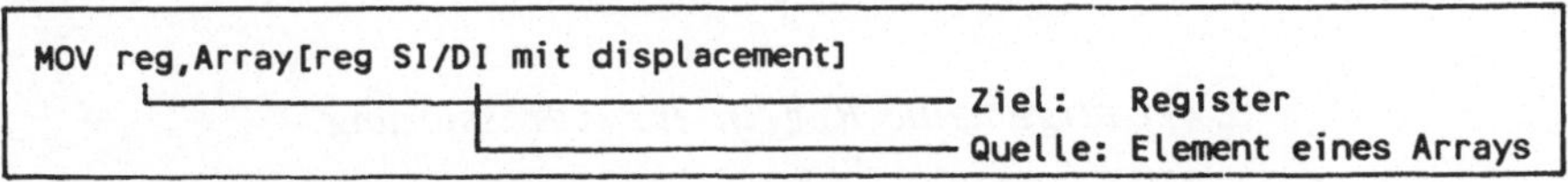

Um auf den Array Stadt Element für Element zuzugreifen, ist nur das Displacement (hier 3) bzw. der Inhalt des SI-Indexregisters zu ändern:

```
MOV SI,3
MOV AX,Stadt[SI]
```

2.1.4.7 Basisindizierte Adressierung

In dieser Adressierungsart werden die basisrelative und die direktindizierte Adressierung so kombiniert, daß über den Ausdruck *"Basisregister (BS, BP) + Indexregister (SI, DI) + Displacement"* adressiert wird.

```
MOV reg,Array[SI/DI + BX/BP + displacement]
    └──────────────────┬──────────────────── Ziel:   Register
                       └──────────────────── Quelle: Element eines Arrays
```

Es darf jeweils nur ein Index- bzw. Basisregister angegeben werden (so sind [SI+DI] bzw. [BP+BX] unzulässig). Die Reihenfolge zur Adreß-Indizierung ist beliebig. Vier identische Ladebefehle:

```
MOV AX,Stadt[SI][BX]+4
MOV AX,Stadt[SI+BX+4]
MOV AX,Stadt[4+BX+SI]
MOV AX,[Stadt+SI+BX+4]
```

Regel 1: Ein Segmentregister ist stets über ein Register zu laden:
Das Segmentregister DS kann man nicht direkt mit einer Anfangsadresse laden (@ für "Daten von ..." mit Data als Label):

```
Unzulässig:   MOV DS,3B00h          Zulässig:   MOV AX,3B00h
                                                MOV DS,AX
Unzulässig    MOV DS,@Data          Zulässig:   MOV BX,@DATA
                                                MOV DS,BX
```

Regel 2: Eine Adressierung ist stets über ein Register vorzunehmen:
Direkte Adressierungen der Form "memZiel - memQuelle" von Speicheradresse zu Speicheradresse werden abgewiesen:

```
Unzulässig:   MOV [0100],[00D0]     Zulässig:   MOV BX,[00D0]
                                                MOV [0100],BX
Unzulässig:   MOV [0C00],[FF0A]     Zulässig:   MOV AX,[0C00]
                                                MOV AX,[FF0A]
```

Zwei allgemeine Regeln zur Adressierung

2.1.5 Befehlssatz und Prozessor

2.1.5.1 Befehlssatz bis Prozessor 80386

- AAA, AAD, AAM, AAS ADC, ADD, AND, ARPL,
- BOUND, BSF, BSR, BT, BTC, BTR, BTS,
- CALL, CBW, CDQ, CLC, CLD, CLI, CLTS, CMC, CMP, CMPS, CMPSB, CMPSD, CMPSW, CWD, CWDE,
- DAA, DAS, DEC, DIV,
- ENTER,

- F2XM1, FABS, FADD, FADDP, FBLD, FBSTP, FCHS, FCLEX, FCOM, FCOMP, FCOMPP, FCOS, FDECSTP, FDIV, FDIVP, FDIVR, FDIVRP, FFREE, FIADD, FICOM, FICOMP, FIDIV, FIDIVR, FILD, FIMUL, FINCSTP, FINIT, FIST, FISTP, FISUB, FISUBR, FLD, FLD1, FLDCW, FLDENV, FLDL2E, FLDL2T, FLDLG2, FLDLN2, FLDPI, FLDZ, FMUL, FMULP, FNCLEX, FNINIT, FNOP, FNSAVE, FNSTCW, FNSTENV, FNSTSW, FNSTSW AX, FPATAN, FPREM, FPREM1, FPTAN, FRNDINT, FRSTOR, FSAVE, FSCALE, FSIN, FSINCOS, FSORT, FST, FSTCW, FSTENV, FSTP, FSTSW, FSTSW AX, FSUB, FSUBP, FSUBR, FSUBRP, FTST, FUCOM, FUCOMP, FUCOMPP, FXAM, FXCH, FXTRACT, FYL2X, FYL2XP1,
- HLT,
- IDIV, IMUL, IN, INC, INS, INSB, INSD, INSW, INT, INTO, IRET,
- JA, JAE, JB, JBE, JC, JCXZ, JE, JECXZ, JG, JGE, JL, JLE, JMP, JNA, JNAE, JNB, JNBE, JNC, JNE, JNG, JNGE, JNL, JNLE, JNO, JNP, JNS, JNZ, JO, JP, JPE, JPO, JS, JZ,
- LAHF, LAR, LDS, LEA, LEAVE, LES, LFS, LGDT, LGS, LIDT, LLDT, LMSW, LOCK, LODS, LODSB, LODSD, LODSW, LOOP, LOOPE, LOOPNE, LOOPNZ, LOOPZ, LSL, LSS, LTR,
- MOV, MOVS, MOVSB, MOVSD, MOVSW, MOVSX, MOVZX, MUL,
- NEG, NOP, NOT,
- OR, OUT, OUTS, OUTSB, OUTSD, OUTSW,
- POP, POPA, POPAD, POPF, PUSH, PUSHA, PUSHAD, PUSHF, PUSHFD,
- RCL, RCR, REP, REPE, REPNE, REPNZ, REPZ, RET, ROL, ROR,
- SAHF, SAL, SAR, SBB, SCAS, SCASB, SCASD, SCASW, SETA, SETAE, SETB, SETBE, SETC, SETE, SETG, SETGE, SETL, SETLE, SETNA, SETNAE, SETNB, SETNBE, SETNC, SETNE, SETNG, SETNGE, SETNL, SETNLE, SETNO, SETNP, SETNZ, SETO, SETP, SETPE, SETPO, SETS, SETZ, SGDT, SHL, SHLD, SHR, SHRD, SIDT, SLDT, SMSW, STC, STD, STI, STOS, STOSB, STOSD, STOSW, STR, SUB,
- TEST,
- VERR, VERW,
- WAIT,
- XCHG, XLAT, XLATB, XOR

2.1.5.2 Neue Befehle ab Prozessor 80286

Der 80286-Prozessor unterscheidet sich vom 8086-Prozessor wie folgt:

- Der externe 8 Bit-Datenbus des 8086 wird zu einem externen 16 Bit-Datenbus vergrößert.
- Die 1 MB-Speichergrenze entfällt.
- Die Verwaltung von virtuellem Speicher ist möglich.

Der 80286 verarbeitet alle Befehle der 8086. Darüberhinaus sind folgende Befehle zusätzlich bzw. in erweiterter Form verfügbar.

Befehle, die ab 80286 geändert bzw. erweitert sind:

IMUL, PUSH, RCL, RCR, ROL, ROR, SAL, SAR, SHL und SHR.

Befehle, die erst ab 80286 verfügbar sind:

BOUND	Bereichsprüfung für einen 16-Bit-Wert
ENTER	Eine lokale Stackumgebung aufbauen
IMUL reg/data	Multiplizieren mit einer Konstanten
IMUL reg,reg/mem,data	Multiplizieren mit einer Konstanten
INS	Einen String über einen Port einlesen
LEAVE	Eine lokale Stackumgebung wieder zurücknehmen
OUTS	Einen String über einen Port ausgeben
POPA	Pop für alle Allzweckregister
PUSHA	Push für alle acht Allzweckregister
RCL reg/mem,data	Rotate-Left über eine Konstante
RCR reg/mem,data	Rotate-Right über eine Konstante
ROL reg/mem,data	Rotate-Left über eine Konstante
ROR reg/mem,data	Rotate-Right über eine Konstante
SAL reg/mem,data	Verschiebung-Left über eine Konstante
SAR reg/mem,data	Verschiebung-Right über eine Konstante
SHL reg/mem,data	Verschiebung-Left über eine Konstante
SHR reg/mem,data	Verschiebung-Right über eine Konstante

Zwei Betriebsmodi des 80286-Prozesors:

- *Real-Modus:* In dieser Betriebsart kann das System unter MS-DOS laufen. Der Prozessor exakt wie ein 80186-Prozessor.
- *Protected-Modus:* In dieser Betriebsart kann das System unter dem Betriebssystem OS/2 laufen; der Speicherraum wird auf über 1 MB ausgedehnt, die erweiterte Speicherverwaltung und der Mehrprogrammbetrieb sind verfügbar. Zusätzliche Befehle: CLTRS, LGDT, LIDT, LLDT, LMSW und LTR.

2.1.5.3 Neue Befehle ab Prozessor 80386

Mit dem 80386-Prozessor wird die Registerbreite von 16 Bit (Wort, 2 Byte) auf 32 Bis (Doppelwort, 4 Byte) verdoppelt. Zudem sind zwei neue Segmentregister FS und GS verfügbar. Wie die folgende Abbildung zeigt, sind die 8088/8086/80286-Register AX, BX, CX, DX, SI, DI, BP, SP, IP und FLAGS auch beim 80386 vorhanden (vgl. auch Abschnitt 2.2.2.1).

- Die zusätzlichen Register sind EAX, EBX, ECX, EDX, ESI, EDI, EBP und ESP.
- Die unteren Bit dieser Register sind identisch mit den entsprechenden 8086-Registern.
- Beispiel: Das 32 Bit-Register EAX mit AX als unterem 16 Bit-Register und den 8 Bit-Registern AH und AL.

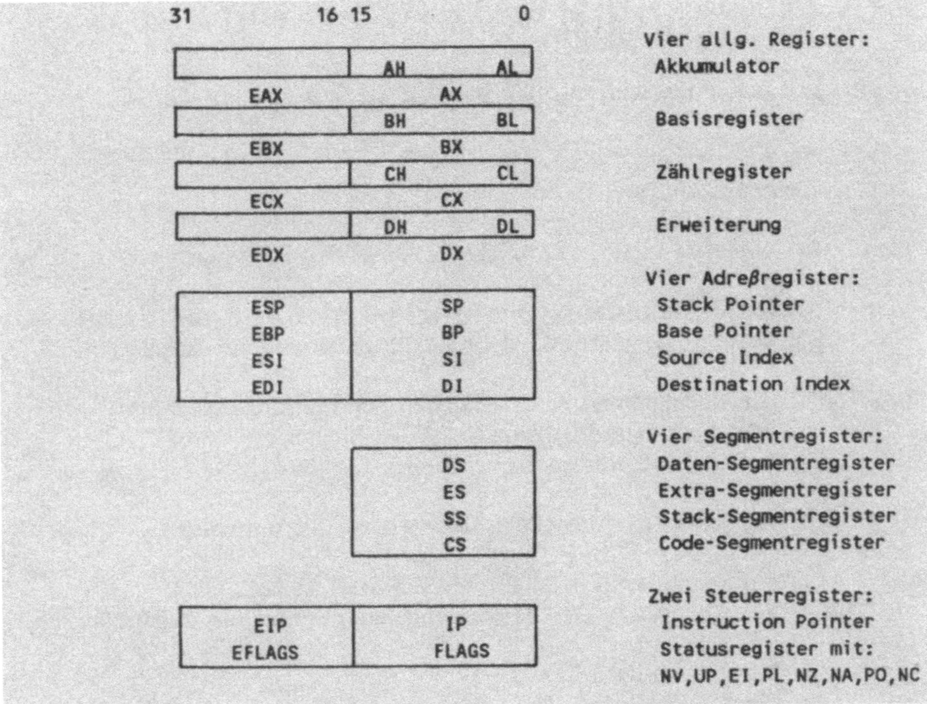

Register als spezielle Speicherplätze des 80386-Prozessors

Befehle, die erst ab dem Prozessor 80386 verfügbar sind:

LSS/LFS/LGS	Segmentregister SS, FS bzw. GS laden
BSF/BSR	Bitorientierte Operationen (Bits durchsuchen)
BT/BTC/BTR/BTS	Bitorientierte Operationen (Bits testen)
SHRD/SHLD	Verschiebung über mehrere Worte (doppeltes Shift)
SET	Bedingtes Setzen eines Byte
MOVSX/MOVZX	Übertragen von 8/16-Bit in ein 32-Bit-Allzweckregister
IMUL reg,reg/mem	Allzweckregister mit Allzweckregister bzw. Speicher multiplizieren
MOV DRx,reg;reg,DRx	Übertragen in bzw. von ein(em) Debugregister
MOV CRx,reg;reg,CRx	Übertragen in bzw. von ein(em) Kontrollregister
FS	Segmentregister FS
GS	Segmentregister GS

Befehle, die ab dem Prozessor 80386 geändert bzw. erweitert sind:

CMPS, IMUL, INS, IRET, JA, JAE, JB, JBE, JC, JCXZ, JE, JG, JGE, JL, JLE, JNA, JNAE, JNB, JNBE, JNC, JNE, JNG, JNGE, JNL, JNLE, JNO, JNP, JNS, JNZ, JO, JP, JPE, JPO, JS, JZ, LODS, LOOP, MOV, MOVS, OUTS, POPA, POPF, PUSHA, PUSHF, SCAS und STOS.

2.1.6 Befehlsübersicht der Prozessoren 8086, 80286 und 80386

Abkürzungen zur Darstellung der Befehle bzw. Befehlsformate:

op1	Erster Operand
op2	Zweiter Operand
reg	für Register. reg8, reg16, reg32 für 8-Bit-Register, ...
mem	für Speicheradresse (Memory). mem8 (Speicherbyte), mem16 (Speicherwort), mem32 (Speicherdoppelwort) für Längen
imm	für direkt angegebene Konstanten (Immediate Constants). imm8 (Bytekonstante), imm16 (Wortkonstante), imm32 (Doppelwortkonstante) für spezielle Längen
disp	Displacement (Adreßverschiebung bzw. Sprungweite)
seg	für ein Segmentregister DS, ES, CS und SS
ofs	für ein Adreßoffset (Abstand von Segmentanfang zu Speicher)
+	für "Flag beeinflußt"
?	für "Flag undefiniert"
/	entweder/oder (z.B. reg/mem für Register oder Speicherbyte)
;	Kommentarzeichen
->	"wird zu" (z.B. AL=01 -> AL=0A für "AL=01 wird zu AL=0A")

AAA
Nach der Addition von ungepackten BCD-Zahlen eine Dezimalkorrektur durchführen (ASCII Adjusts AL after Addition).
Flags: O=?, S=?, Z=?, A=+, P=?, C=+
Maschinencode 37.
Beispiel für AX=0006h und BL=09h:

```
add al,bl          1. AL=06h wird zu AL=0Fh (6+9 = 15d = 0Fh)
aaa                2. Es ist AX=0105h (01h in AH und 05h in AL)
                      und C-Flag=1
```

AAD
Vor der Division ungepackter BCD-Zahlen eine Dezimalkorrektur vornehmen (ASCII Adjust AX before Division).
Flags: O=?, S=+, Z=+, A=?, P=+, C=?
Maschinencode D5 0A.

Beispiel für Division mit AX=0506h und BL=7:

```
aad                          Umwandlung von AX=0506h in AX=0038h (für 56d)
div bl                       AL=08h für 56:7=8 (Rest 0, sonst in AH gespeichert)
```

AAM
Nach der Multiplikation ungepackter BCD-Zahlen eine Dezimalkorrektur vornehmen (ASCII Adjust AX after Multiplication).
Flags: O=?, S=+, Z=+, A=?, P=+, C=?
Maschinencode D5 0A.

```
mul bl                       Für AL=04h und BL=03h und beliebiges AH erhält
aam                          man AX=0102h, da 4*3=12.
```

AAS
Nach der Subtraktion ungepackter BCD-Zahlen eine Dezimalkorrektur vornehmen (ASCII Adjust AL after Subtraction).
Flags: O=?, S=?, Z=?, A=+, P=?, C=+
Maschinencode 3F.

```
sub al,bl                    Für AX=0204h und BL=09h ergibt AAS AX=0105h
aas                          aufgrund von 24-9=15. Das C-Flag hat den Wert 1.
```

ADC Ziel,Quelle
Den Quelle-Operanden und das C-Flag um Ziel-Operanden addieren (ADd with Carry).
Flags: O=+, S=+, Z=+, A=+, P=+, C=+
Formen mit Maschinencodes und Beispielen:

```
ADC AL,imm8                  Code 14            adc al,15h
ADC AX,imm16                 Code 15            adc ax,1511h
ADC mem8/reg8,imm8           Code 80 bzw. 82    adc byte ptr ds:2000h,15h
ADC mem16/reg16,imm16        Code 81            adc word ptr ds:2000h,1511h
ADC mem16/reg16,imm8         Code 83            adc dx,15
ADC mem8/reg8,reg8           Code 10            adc bl,dh
ADC mem16/reg16,reg16        Code 11            adc cx,dx
ADC reg8,men8/reg8           Code 12            adc cl,[si]
ADC reg16,mem16/reg16        Code 13            adx cx,ds:2000h

adc al,ah                    AL=B9 -> AL=1A und AH=60 -> AH=60 und C-Flag=1
adc ax,F1B2h                 AX=3F3A -> AX30ED und imm=F1B2 und C-Flag=1
```

ADD Ziel,Quelle
Den Quelle-Operanden zum Ziel-Operanden addieren (ADDition).
Flags: O=+, S=+, Z=+, A=+, P=+, C=+

Formen mit Maschinencodes und Beispielen:

```
ADD AL,imm8              Code 04             add al,15h
ADD AX,imm16             Code 05             add ax,1511h
ADD mem8/reg8,imm8       Code 80 bzw. 82     add byte ptr ds:2000h,15h
ADD mem16/reg16,imm16    Code 81             add word ptr ds:2000h,1511h
ADD mem16/reg16,imm8     Code 83             add dx,15h
ADD mem8/reg8,reg8       Code 00             add bl,dh
ADD mem16/reg16,reg16    Code 01             add cx,dx
ADD reg8,men8/reg8       Code 02             add cl,ds:2000h
ADD reg16,mem16/reg16    Code 03             add cx,ds:2000h
```

Beispiele:

```
add al,ah                     AL=B9 -> AL=19, AH=60 -> AH=60 und C-Flag=1
add cl,ds:2000h               CL=05 -> CL=0A, DS:2000=0500
add ax,F1B2h                  AX=3F3A -> AX=30EC, imm=F1B2 und C-Flag=1
add word ptr ds:2000h,dx      Wort-Addition
add byte ptr ds:2000h,14h     Byte-Addition
```

AND op1,op2
Die Operanden durch logisch UND verknüpfen und das Ergebnis in op1 ablegen (And).
Wahrheitstafel: 1 AND 1 = 1, 1 AND 0 = 0, 0 AND 1 = 0, 0 AND 0 = 0
Flags: O=0, S=+, Z=+, A=?, P=+, S=0
Formen mit Maschinencodes und Beispielen:

```
AND AL,imm8              Code 24             and al,15h
AND AX,imm16             Code 25             and ax,1511h
AND mem8/reg8,imm8       Code 80 bzw. 82     and byte ptr ds:2000,15h
AND mem16/reg16,imm16    Code 81             and ds:2000h,1511h
AND mem8/reg8,reg8       Code 20             and dl,bh
AND mem16/reg16,reg16    Code 21             and cx,dx
AND reg8,men8/reg8       Code 22             and bl,ds:2000h
AND reg16,mem16/reg16    Code 23             and cx,ds:2000h

and al,7Eh               AL=C2 -> AL=42, imm=7E      C2=1100 0010
                                                   + 7E=0111 1110
                                                   = 42=0100 0010
```

CALL seg:ofs
Direkter Far-CALL eines Unterprogramms. Befehl, um die Ausführung im angegebenen Segment am angegebenen Offset fortzusetzen (CALL intersegment direct).
Maschinencode 9A.
Flags: Je nach Sprungziel.

1. Adresse des nächsten Befehls CS:IP oben auf den Stack speichern.
2. Befehlszeiger IP mit dem 2. und 3. Befehlsbyte laden.
3. Codesegment CS mit dem 4. und 5. Befehlsbyte laden.

4. Absolute Adresse aus CS:IP berechnen und den ersten Befehl des Unterprogramms ausführen.
5. Nach Abarbeitung aller Befehle des Unterprogramms wird CS:IP mit den beiden oberen Bytes des Stacks geladen das Programm mit dieser Rückkehradresse fortgesetzt.

CALL disp16
Near-CALL relativ zum Befehlszeiger (CALL intrasegment).
Maschinencode E8.
1. CS:IP als Rückkehradresse oben auf den Stack sicherstellen.
2. Befehlszeiger IP um 3 erhöhen.
3. disp16 als Inhalt des 2. und 3. Befehlsbytes als vorzeichenlose 16-Bit-Binärzahl zum Inhalt von IP addieren und den Befehl CS:IP ausführen. ...

```
         call Upro1          Adresse von Upro1 in Programmzeiger IP übernehmen
         and al,7Eh          Adresse von AND zur Rückkehr auf den Stack ablegen
         ...
Upro1:
         push ax             Nach CALL wird PUSH ausgeführt
         ...
```

CALL mem32
Indirekter Far-CALL des Unterprogramms (juMP intersegment indirect).
Maschinencode FF.
1. Den Inhalt des durch mem32 angegebenen Speicherdoppelwortes in den Befehlszeiger IP laden.
2. Den Inhalt der beiden darauffolgenden Speicherworte in das Segmentregister CS laden.
3. Absolute Adrese CS:IP berechnen und den 1. Befehl ausführen.

Beispiel mit dem Wert 1000h in Adresse 20309h und dem Wert 8D00h in Adresse 2030Bh (DI adressiert den Anfang eines Doppelwortes):

```
call dword ptr [di]       DS=2000h und DI=309h ergibt 20309h als 20-Bit-
                          Adresse. JMP lädt IP mit 1000h und CS mit 8D00h und
                          führt den Befehl in 8D00h:1000h (logische Adresse)
                          bzw. 8F000h (physikalische Adresse) aus.
```

CALL mem16/reg
Direkter oder indirekter Near-CALL eines Unterprogramms.
Maschinencode FF.

```
call bx                   Sprung zur Adresse, deren Offset in BX steht
                          (direkter Near-CALL)
```

```
call [bx]                Sprung zur Adresse, deren Offset im Speicherwort
                         steht, das bei Adresse DS:BX beginnt (indirekt)
```

CBW
Das Vorzeichen in AL in das AH bzw. das Highbyte von AX kopieren (Convert Byte into Word). Bei positivem Vorzeichen werden die Bits in AH auf 0 bei negativem Vorzeichen hingegen auf 1 gesetzt.
Maschinencode 98.

```
cbw                      AL=3E -> AL=3E und AX=xx3E -> AX=003E
```

CLC
Das C-Flag bzw. Übertragstatusbit auf 0 setzen (Clear Carry Flag).
Maschinencode F8.

```
clc                      C=0 -> C=0  bzw.  C=1 -> C=0
```

CLD
Das D-Flag auf 0 setzen (Clear Direction Flag). Für D=0 wird beim Indizieren von Strings über SI bzw. DI in den Registern aufwärts gezählt.
Maschinencode FC.

```
cld                      D=0 -> D=0  bzw.  D=1 -> D=0
```

CLI
Das I-Flag auf 0 setzen, um damit Unterbrechungsanforderungen über die Leitung INTR zu ignorieren (Clear Interrupt Flag).
Maschinencode FA.

```
cli                      I=0 -> I=0  bzw.  I=1 -> I=0
```

CMC
Das C-Flag komplementieren, d.h. von 0 auf 1 bzw. von 1 auf 0 setzen (CoMplement Carry Flag).
Maschinencode F5.

```
cmc                      C=0 -> C=1  oder  C=1 -> C=0
```

CMP reg/mem,reg/mem/imm
Die Operanden durch Subtraktion des zweiten vom ersten Operanden vergleichen und die Statusflags entsprechend setzen (CoMPare).
Flags: O=+, S=+, Z=+, A=+, P=+, C=+
Formen des CMP-Befehls mit Maschinencodes und Beispielen:

```
CMP AL,imm8              Code 3C: cmp al,15h
CMP AX,imm16             Code 3D: cmp ax,1511h
```

```
CMP reg16,reg16/mem16         Code 3B: cmp cx,dx
CMP reg16,reg16/mem16         Code 3B: cmp cx,word ptr ds:1000h
CMP mem8/reg8,imm8            Code 83: cmp al,0Eh
CMP mem8/reg8,immm8           Code 80  cmp byte ptr ds:2000h,15h
CMP mem8/reg8,reg8            Code 38: cmp byte ptr ds:2000h,bl
CMP mem16/reg16,reg16         Code 39  cmp dx,cx
CMP reg8,mem8/reg8            Code 3A: cmp dl,[bx]
CMP mem16/reg16,imm16         Code 81: cmp ds:1000,4321h

cmp al,0Eh                    Für AL=0Eh wird das Z-Flag gesetzt, sonst gelöscht
```

CMPSB / CMPSW

Das Byte/Wort an der Adresse DS:SI mit dem Byte/Wort an der Adresse ES:DI vergleichen und die Offsetwerte DI und SI je nach Wert des D-Flags ändern (CoMpare String operands Byte or Word). Siehe SCAS.
Flags: O=+, S=+, Z=+, A=+, P=+, C=+
Maschinencodes A6 bzw. A7.

CWD

Ein Wort in AX in ein Doppelwort in DX:AX umwandeln (Convert Word to Doubleword). DX wird mit 0000 geladen, wenn das höchste Bit von AX 0 ist (positive Zahl); andernfalls (negative Zahl) erhält DX FFFFh.
Flags: -
Maschinencode 99.

```
cwd                           AX=E002h -> AX=E002h und DX=xxxxh -> DX=FFFFh
cwd                           AX=7002h -> AX=7002h und DX=xxxxh -> DX=0000h
```

DAA

Nach der Addition von gepackten BCD-Zahlen eine Dezimalkorrektur in AL durchführen (Decimal Adjust AL after Addition).
Flags: O=?, S=+, Z=+, A=+, P=+, C=+
Maschinencode 27.

```
add al,ah                     AL=27 + AH=59 ergibt AL=80 als Ergebnis
daa                           Nun korrigiert der DAA-Befehl AL=80 zu AL=86
```

DAS

Nach der Subtraktion von gepackten BCD-Zahlen eine Dezimalkorrektur in AL vornehmen (Decimal Adjust AL after Subtraction).
Flags: O=?, S=+, Z=+, A=+, P=+, C=+
Maschinencode 2F.

```
sub al,bl                     AL=85 minus BL=6 ergibt AL=7F als Ergebnis
das                           Der DAS-Befehl korrigiert AL=7F zu AL=79
```

DEC reg/mem
Vom Registerinhalt bzw. Speicherplatz 1 abziehen (Decrement).
Flags: O=+, S=+, Z=+, A=+, P=+

Maschinencodes mit festgelegten Registern:
DEC AX 48, DEC CX 49, DEC DX 4A, DEC BX 4B, DEC SP 4C, DEC BP 4D, DEC SI 4E. DEC DI 4F.

```
DEC mem8/reg8        Code FE für 8-Bit-Decrement   dec byte ptr ds:2000h
DEC mem16/reg16      Code FF für 16-Bit-Decrement  dec word ptr ds:2000h

dec ah               Inhalt von AH um 1 vermindert: AH=6B -> AH=6A
dec bh               Nach Null wieder der größte Wert: BH=00 -> BH=FF
dec cx               16-Bit-Register vermindern: CX=3000 -> CX=2FFF
```

DIV reg/mem
Eine vorzeichenfreie Zahl dividieren mit AX (8-Bit-Operation) bzw. mit DX:AX (16 Bit) als Dividend (Division). Ergebnis und Rest werden bereitgestellt in AL und AH (8 Bit) bzw. in AX und DX (16 Bit).
Flags: O=?, S=?, Z=?, A=?, P=?, C=?

Maschinencode F6 für die 8-Bit-Divison mit 8 Bit-Register oder Speicherbyte als Divisor:

```
div bl               AX=0B dividiert durch BL=03 ergibt AL=03 als Ergeb-
                     nis und AH=02 als Rest.
div bl               AX=1000h bzw. 4096d durch BL=03 hingegen ergibt
                     "Divide overflow", da das Ergebnis nicht in ein
                     Byte paßt. Aus diesem Grunde 16-Bit-Division
```

Maschinencode F7 für die 16-Bit-Division mit 16 Bit-Register oder Speicherwort als Divisor:

```
div bx               BX als Divisor und 32-Bit-Wort DX:AX als Divident
                     (höherwertige Bits in DX, niederw. Bits in AX)
```

ESC 6-Bit-Zahl,mem16
Ein Speicherwort zum Datenbus mit einem Coprozessor (z.B. 80287) bringen. Je nach Vorgabe der 6-Bit-Zahl werden verschiedene Maschinencodes an den arithmetischen Coprozessor gesendet. Siehe LOCK.
Maschinencode DX.

HLT
Die CPU bis zum nächsten Interrupt oder Reset anhalten (Halt Processing). Maschinencode F4. Flags: -

```
hlt                         Nach dem Interrupt zeigt CS:IP auf Befehl nach HLT
```

IDIV reg/mem
Zahlen mit Vorzeichen dividieren mit Register bzw. Speicherbyte oder Speicherwort als Dividend und AX bzw. DX,AX als Divisor. Siehe IMUL.

```
IDIV mem7/reg7              Code F6 für 8-Bit-Operation:  idiv bl
IDIV mem16/reg16            Code F7 für 16-Bit-Operation: idiv word ptr DS:2000
```

IMUL reg/mem
Vorzeichenbehaftete Zahlen multiplizieren mit dem zweiten Operanden aus AL bzw. AX (Integer Multiplication). Das höchste Bit im AH (8 Bit) bzw. DX (16 Bit) ist das Vorzeichenbit.
Flags: O=+, S=?, Z=?, A=?, P=?, C=+
Die Flags C und O werden auf 0 gesetzt, wenn alle Bits in AH bzw. BX den gleichen Wert aufweisen wie das Vorzeichenbit; andernfalls auf 1.

8-Bit-Operation: Den Wert von AL mit dem Inhalt des angegebenen 8 Bit-Registers oder Speicherbytes multiplizieren und das 16-Bit-Ergebnis in AX bereitstellen.

```
IMUL mem9/reg8              Code F6 für 8-Bit-Operation
imul byte ptr ds:2000h      Speicherbyte angegeben
imul bl                     AL=06 mal BL=0A ergibt AX=003C als Produkt.
imul bl                     AL=FF mal BL=FF ergibt AX=0001, da mit Zweier-
                            komplementen -1 für FFh gerechnet wird.
```

16-Bit-Operation: Den Wert von AX mit dem Inhalt des angegebenen 16-Bit-Registers oder zweier Speicherbytes multiplizieren und das 32-Bit-Produkt in DX (höherwertige Bits) und AX (niederwertige Bits) bereitstellen.

```
IMUL mem16/reg16            Code F7 für 16-Bit-Operation
imul bx                     2*256=512: AX=0002
                            mal BX=0100 ergibt AX=0200 und DX=0000.
```

IMUL reg,reg/mem/imm
Mit Vorzeichen multiplizieren und das Produkt in einem Allzweckregister als erstem Operanden ablegen.

```
imul ax,[bx]                In DX und AX das Produkt aus AX und dem Inhalt des
                            Speicherwortes, auf das BX zeigt, speichern.
```

IMUL reg,reg/mem,imm
Den 2. und 3. Operanden mit Vorzeichen multiplizieren und das Ergebnis im 1. Operanden (das ein Allzweckregister sein muß) ablegen.

```
imul ax,bx,4                    Das Produkt BX * 4 im AX-Register ablegen.
```

IN Ziel,Port
Ein Byte bzw. Wort von einem Port, dessen I/O-Adresse als in DX steht, in AL bzw. AX als Zielregister einlesen (Input).
Flags: -
Vier Maschinencodes:

```
IN AX,DX                        Code ED: Den Wert des I/O-Puffers, auf den DX
                                zeigt, in das AX-Register einlesen (Wort).
IN AL,DX                        Code EC: Von DX nach AL einlesen.
IN AL,imm8                      Code E4: Von Konstante nach AL einlesen.
IN AX,imm16                     Code E5: Von Konstante nach AX einlesen.
```

INC mem/reg
Den Operanden um 1 erhöhen (Increment by 1). Siehe DEC.
Flags: O=+, S=+, Z=+, A=+, P=+

```
INC mem8/reg8                   Code FE
INC mem16/reg16                 Code FF
inc bx                          BX=0FFF wird zu BX=1000
inc ax                          AL=FF wird zu AL=00 (da größter Wert überschritten)
```

Den Wert der Speicherstellen 2028F und 20290 um jeweils 1 erhöhen:

```
inc [bx+si]                     Für DS=2000 und BX=0270 erhält man die 20-Bit--Ad
                                resse 2028F, wenn SI=001F ist.
```

INT NummerDesInterruptvektors
Eine Unterbrechung anfordern (Interrupt). Analogie "Telefon läutet - INT fordert Unterbrechung an". Alle Unterprogramme bzw. Routinen des DOS und BIOS werden über Software-Interrupts mit INT aufgerufen.
Maschinencode CD.
Ablauf in sechs Schritten:

1. Statusregister mit allen Flags auf den Stack speichern.
2. Die Flags I und T auf 0 setzen.
3. Inhalt von CS:IP (Adresse des nächsten Befehls) als Rückkehradresse auf den Stack speichern.
4. Über die angegebene Nummer auf den gewünschten Interruptvektor (ab 0000C im RAM) zugreifen und die dort abgelegten Adressen in CS:IP laden.
5. CS:IP zeigt nun auf den Anfang der gewünschten Interruptroutine. Dieses Unterprogramm wird nun Befehl für Befehl ausgeführt zum Beispiel, um ein Zeichen am Bildschirm auszugeben, siehe unten).

6. Der Befehl IRET beendet die Interruptroutine und führt zum Programm zurück (Rückkehradresse vom Stack holen und ausführen).

Flags: I=0, T=0

Software-Interrupt 21h umfaßt über 100 DOS-Funktionen; die gewünschte Funktionsnummer ist in AH abzulegen). Zwei Beispiele:

```
mov dl,'A'      Register DL mit dem Zeichen 'A' laden.
mov ah,2        Die Funktion 2 von Interrupt 21h bzw. 33 aufrufen,
int 21h         um das Zeichen 'A' auszugeben.

mov ah,4Ch      Die Funktion 4Ch bzw. 76 von Interrupt 21h aufru
int 21h         fen, um das Programm ordnungsgemäß zu beenden.
```

Andere Software-Interrupts führen zu genau einem Unterprogramm. Beispiel:

```
int 12          Die Speichergröße abfragen (in AX bereitgestellt)
```

INTO

Identisch zu Befehl INT 4: Die Unterbrechung nur ausführen, wenn das Überlaufstatusbit=1 ist (Interrupt on Overflow).
Maschinencode CE.

IRET

Aus einer mit dem INT-Befehl aktivierten Programmunterbrechung zurückkehren (Interrupt RETurn).

1. Die 2 obersten Byte vom Stack in den Programmzähler IP laden.
2. Die 2 folgenden Byte vom Stack in das Codesegment CS laden.
3. Die 2 folgenden Byte vom Stack in das Statusregister laden.
4. Aus IP:CS die absolute Rückkehradresse bilden und den dort abgelegten Befehl (das ist der auf INT folgende Befehl) ausführen.

Flags: wiederhergestellt
Maschinencode CF.

J-Bedingung Sprungziel

Unter der angegebenen Bedingung zu dem als Label bzw. Adresse genannten Sprungziel verzweigen (Jump short if condition met).

Befehl:	Bedeutung:	Maschinencode:	Sprung wenn ...:
JA	Jump if above	77	C=0 und Z=0
JAE	Jump if above or equal	73	C=0
JB	Jump if below	72	C=1
JBE	Jump if below or equal	76	C=1 und Z=1
JC	Jump if carry	72	C=1
JCXZ	Jump if CX register is 0	E3	CX=0

JE	Jump if equal	74	Z=1
JG	Jump if greater	7F	O=S und Z=0
JGE	Jump if greater or equal	7D	O=S
JL	Jump if less than	7C	O<>S
JLE	Jump if less than or equal	7E	Z=1 oder O<>S
JNA	Jump if not above	76	C=1 und Z=1
JNAE	Jump if not above or equal	72	C=1
JNB	Jump if not below	73	C=0
JNBE	Jump if not below or equal	77	C=0 und Z=0
JNC	Jump if not Carry	73	C=0
JNE	Jump if not equal	75	Z=0
JNG	Jump if not greater	7E	Z=1 oder O<>S
JNGE	Jump if not greater or equal	7C	O<>S
JNL	Jump if not less	7D	O=S (Overflow = Sign-Flag)
JNLE	Jump if not less or equal	7F	O=S und Z=0
JNO	Jump if not overflow	71	O=0
JNP	Jump if not parity	7B	P=0
JNS	Jump if not sign	79	S=0
JNZ	Jump if not zero	75	Z=0
JO	Jump if overflow	70	O=1
JP	Jump if parity	7A	P=1
JPE	Jump if parity even	7A	P=1 (bei Shift gerade bzw.
JPO	Jump if parity odd	7B	P=0 ungerade Bitanzahl)
JS	Jump if sign	78	S=1
JZ	Jump if zero	74	Z=1

Werte der Flags Zero und Carry nach Vergleichen mit CMP:

```
Wenn Operand 1 =  Operand 2, dann Flag Z=1
Wenn Operand 1 <> Operand 2, dann Flag Z=0
Wenn Operand 1 <  Operand 2, dann Flag C=1
Wenn Operand 1 >= Operand 2, dann Flag C=0
```

Einseitige Auswahl mit dem Befehl JC (oder JB):

```
            jc Weiter              Sprung zum Weiter-Label mit MOV, wenn
            inc dl                 das C-Flag den Wert 1 hat (wenn bei CMP
            ...                    op1<op2 war).
Weiter:                            Folgebefehl INC, wenn C=1 war.
            mov al,1
```

JMP seg:ofs

Direkter Far-JMP. Sprungbefehl, um die Ausführung im angegebenen Segment am angegebenen Offset fortzusetzen (JuMP intersegment direct). Maschinencode EA.
Flags: Je nach Sprungziel.

Befehlsausführung in drei Schritten (siehe auch CALL-Befehl):

1. Befehlszeiger IP mit dem 2. und 3. Befehlsbyte laden.
2. Codesegment CS mit dem 4. und 5. Befehlsbyte laden.
3. Absolute Adresse aus CS:IP berechnen und den Befehl ausführen.

JMP disp8
Short-JMP relativ zum Befehlszeiger. disp8 als 7-Bit-Binärzahl mit Vorzeichen bewirkt, daß maximal 126 Byte vor oder zurück gesprungen werden kann.
Maschinencode EB.

1. Befehlszeiger IP um 2 erhöhen.
2. disp8 als Inhalt des 2. Befehlsbytes zum Inhalt von IP addieren und den Befehl CS:IP ausführen.

JMP disp16
Near-JMP relativ zum Befehlszeiger (JuMP intrasegment).
Maschinencode E9.

1. Befehlszeiger IP um 3 erhöhen.
2. disp16 als Inhalt des 2. und 3. Befehlsbytes als vorzeichenlose 16-Bit-Binärzahl zum Inhalt von IP addieren und den Befehl CS:IP ausführen.

```
jmp Weiter          Sprung zur Adresse, die der Weiter-Label bezeichnet
```

JMP mem32
Indirekter Far-JMP (juMP intersegment indirect).
Maschinencode FF.

1. Den Inhalt des durch mem32 angegebenen Speicherdoppelwortes in den Befehlszeiger IP laden.
2. Den Inhalt der beiden darauffolgenden Speicherworte in das Segmentregister CS laden.
3. Absolute Adrese CS:IP berechnen und den 1. Befehl ausführen.

DWORD PTR besagt, daß in BX die Adresse eines Doppelwortes steht:

```
jmp dword ptr [bx]       Adressierung von zwei Speicherworten
```

Beispiel mit dem Wert 1000h in Adresse 20309h und dem Wert 8D00h in Adresse 2030Bh:

```
jmp dword ptr [di]       Für DS=2000 und DI=309 erhält man 20309 als 20-Bit-
                         Adresse. JMP lädt IP mit 1000h und CS mit 8D00h und
                         führt den Befehl in 8D00h:1000h (logische Adresse)
                         bzw. 8F000h (physikalische Adresse) aus.
```

JMP reg
Sprungbefehl für einen direkten oder indirekten Near-JMP.
Maschinencode FF.

```
jmp bx                      Sprung zur Adresse, deren Offset in BX steht
                            direkter Near-JMP)
jmp [bx]                    Sprung zur Adresse, deren Offset im Speicherwort
                            steht, das bei Adresse DS:BX beginnt (indirekt)
```

LAHF
Die acht niederwertigen Bits des Statusregisters in das AH-Registers kopieren (Load AH from Flags).
Maschinencode 9F.

```
lahf                        In AH:  S Z x A x P x C   mit S,Z,A,P,C als Flags
                                    7 6 5 4 3 2 1 0
```

LDS reg,mem
Den Inhalt zweier aufeinanderfolgender Speicherplätze (zuerst Offsetwert, dann Segmentwert) in das angegebene Register (Offsetwert) und das DS-Register (Segmentwert) laden (Load DS Register).
Maschinencode C5.

```
lds si,cs:[bx]              Das durch CS:[BX] indirekt adressierte Speicherwort
                            in SI und das nächste Speicherwort in DS laden.
```

LEA reg,mem
Die effektive Adresse mem bilden und diese dann in das Register reg kopieren (Load Effective Address).
Maschinencode 8D.
Summe aus zwei Registerinhalten und Displacement:

```
lea bx,[bx+si+2B0Fh]        Für BX=0600h und SI=005Fh erhält man BX=315F
```

LES reg,mem
Den Inhalt des Speicherplatzpaares mem in eines der Register AX, CX, DX, BX, SP, BP, SI, DI und das folgende Speicherplatzpaar in das ES-Register laden (Load ES Register). Entsprechend LDS-Befehl.
Maschinencode C4.

```
les di,ds:800               Das Speicherwort an Adresse DS:800 in DI und das
                            Speicherwort an Adresse DS:802 in ES kopieren.
```

LOCK
Ein Signal auf der Steuerleitung LOCK senden. Damit wird verhindert, daß beim nächsten Befehl der Coprozessor den Systembus kontrolliert. Siehe ESC. Maschinencode F0.

LODSB mem8 / LODSW mem16 / LODSD mem32
Den Wert des Bytes/Wortes/Doppelwortes an Adresse DS:SI in das Register AL/AX/EAX laden und den Wert des Registers SI bzw. ESI entsprechend dem D-Flag ändern (Load Byte, Word or Doubleword String). Maschinencode AC und AD.

LOOP disp
Den Inhalt des CX-Registers um 1 vermindern und dabei die Flags unverändert lassen (LOOP control with CX counter). Es wird gemäß Displacement verzweigt (vergleichbar mit JMP disp), solange CX <> 0 ist. Maschinencode E2.
Elementare Zählerschleife mit LOOP:

```
            mov cx,Zaehler       Wert von Zaehler nach CX laden
Schleife:
            ...                  Befehlsfolge Zaehler mal wiederholen
            ...
            loop Schleife        CX=CX-1 und für CX<>0 zum Label Schleife
```

LOOPZ disp
Wie LOOP. Es wird verzweigt, solange CX <> 0 und das Z-Flag 1 ist. Maschinencode E1.

LOOPNZ disp
Wie LOOP. Es wird verzweigt, solange CX <> 0 und das Z-Flag 0 ist. Maschinencode E0.

MOV Ziel,Quelle
Den Inhalt von Quelle als 2. Operand nach Ziel als 1. Operand kopieren. Der frühere Inhalt von Ziel wird gelöscht bzw. überschrieben (MOVe). Ziel und Quelle können Bytes, Worte oder Doppelworte sein.
Bezeichnungen: Übertrage Quelle nach Ziel. Lade Ziel mit Quelle. Kopiere Quelle in Ziel.

Maschinencodes für MOV-Befehle mit festen Registerzuordnungen:

```
MOV AL,imm8 B8, MOV CL,imm8 B1, MOV DL,imm8 B2, MOV BL,imm8 B3, MOV AH,imm8 B4,
MOV CH,imm8 B5, MOV DH,imm8 B6, MOV BH,imm8 B7,
MOV AX,imm16 B8, MOV CX,imm16 B9, MOV DX,imm16 BA, MOV BX,imm16 BB,
MOV SP,imm16 BC, MOV BP,imm16 BD, MOV SI,imm16 BE, MOV DI,imm16 BF.
```

Fünf Formen von MOV-Befehlen:
1. Übertragen von Register in Register: MOV reg,reg

```
mov cx,dx                 Code 89, 16 Bit: Inhalt von DX in CX kopieren
```

```
mov al,bl                  Code 8A, 8 Bit: Das Byte in BL nach AL übertragen
mov bx,cs                  Code 8C: Aus Segmentregister CS in Register laden
```

2. Übertragen von Speicher in Register: MOV reg,mem

```
mov ds,[bx+2000h]          Code 8E: BX+2000 zeigt auf die Adresse, deren Wert
                           kopiert wird. In Segmentregister übertragen.
mov dx,[bx+2000h]          Code 8B: Beliebiges Register mit Speicherwort laden
mov al,[dx]                Code A0: 8-Bit-Register AL mit Speicherbyte laden
mov AX,word ptr [di]       Code A1: 16-Bit-Register AX mit Speicherwort laden
```

3. Übertragen von Register in Speicher: MOV mem,reg

```
mov [bx],cl                Code A2, 8 Bit: BX zeigt auf Speicherbyte, in das
                           CL zu laden ist
mov [si],bx                Code A3, 16 Bit
```

4. Übertragen von Konstante in Register: MOV reg,imm

```
mov al,11h                 Code B0: Das Register AL mit dem Wert 17 laden
mov bx,0101h               Code BB: Das Register BX mit dem Wert 257 laden
```

5. Übertragen von Konstante in Speicher: MOV mem,imm

```
mov [bx],0101h             Code C7: 257 an die Adresse kopieren, auf die BX:DS
                           zeigt
mov byte ptr [si],11h      Code C6: In das Speicherbyte, auf das SI zeigt, 17
                           speichern
```

MOVSB mem8 / MOVSW mem16 / MOVSD mem32

Blockverschiebung: Ein Byte/Wort/Doppelwort von Adresse DS:SI zur Adresse ES:DI kopieren und dabei die Offsets von SI und DI entsprechend dem D-Flag ändern (MOVe String Byte, Word or Doubleword).

- Zur Blockverschiebung gehören: MOVSB-Befehl, D-Flag und Prefix REP.
- D-Flag bestimmt Änderungsrichtung: D-Flag=0 erhöht SI und DI; D-Flag=1 vermindet SI und DI. CLD und STD zum Löschen und Setzen des D-Flags..
- REP MOVSB verschiebt wiederholt, bis CX=0 ist.

```
MOVSB                      Code A4 für 8 Bit
MOVSW                      Code A5 für 16 Bit
```

MUL reg/mem

Die angegebene Zahl mit dem Inhalt des Registers AL bzw. AX ohne Vorzeichen multiplizieren und das Produkt in AL bzw. AX speichern (MULtiply unsigned).

O-Flag und C-Flag auf 0 setzen, wenn alle 8 bzw. 16 höherwertigen Bits des Produktes 0 sind.

Flags: O=+, S=?, Z=?, A=?, P=?, C=+

```
MUL mem7/reg8                Maschinencode F6
MUL mem16/reg16              Maschinencode F7

mul bl                       8 Bit: BL=0Ah und AL=02h ergibt AL=14h
mul word ptr [si+2000]       16 Bit-Multiplikation
```

NEG mem/reg

Das Zweier-Komplement (8 Bit bzw. 16 Bit) des Operanden bilden (Two's complement NEGation).
Flags: O=+, S=+, Z=+, A=+, P=+, C=+

```
NEG mem8/reg8                Maschinencode F7
NEG mem16/reg16              Maschinencode F6

neg ax                       16-Bit-Operation
neg byte ptr [SI+2000]       8-Bit-Operation
```

NOP

Keine Operation durchführen (No OPeration). Man verwendet NOP, um für den Folgebefehl eine bestimmte Adresse vorzusehen.

```
NOP                          Maschinencode 90
```

NOT reg/mem

Für den Operanden eine Operation logisch NICHT bzw. ein Einser-Kompliment vornehmen (Logical NOT).
Wahrheitstafel: NOT 1 = 0, NOT 0 = 1.

```
NOT mem8/reg8                Maschinencode F6
NOT mem16/reg16              Maschinencode F7
not bl                       BL=11111010 (FAh) ergibt BL=00000101 (05h)
not word ptr[si+2000]        Bezug zu einem Speicherwort
```

OR op1,op2

Die Operanden durch logisch ODER verknüpfen und das Ergebnis in op1 ablegen (Logical inclusive OR). Formen siehe AND.
Wahrheitstafel: 1 OR 1 = 1, 1 OR 0 = 1, 0 OR 1 = 1, 0 OR 0 = 0
Flags: O=0, S=+, Z=+, A=?, P=+, S=0

```
OR AL,imm8                   Code 0C          or al,15
OR AX,imm16                  Code 0D          or ax,1572
OR mem8/reg7,imm8            Code 80          or byte ptr [si+2000],15
OR mem16/reg16,imm16         Code 81
OR mem8/reg8,reg8            Code 08          or al,bh
OR mem16/reg16,reg16         Code 09          or [bx+2000],ax
```

```
OR reg8,mem8/reg8        Code 0A     or bl,Beginn (Label Beginn
                                     adressiert z.B. DS:2000
OR reg16,mem16/reg16     Code 0B     or bx,Beginn
```

OUT imm8/DX,AL/AX

Daten am Port ausgeben (OUTput byte or word). Ein Byte bzw. Wort aus dem Register AL bzw. AX zum Ein-/Ausgabekanal bzw. Port mit der angegebenen Adresse senden.

```
OUT DX,AL        Maschinencode EE
OUT DX,AX        Maschinencode EF
OUT imm8,AL      Maschinencode E6  out 12h,al
OUT imm16,AX     Maschinencode E7  out 12h,ax
```

Im Port mit Adresse 12h steht B5 und an Adresse 13h steht 37h (Annahme dabei für AX: AX=37B5h):

```
OUT 12h,AX
```

POP mem/reg

Ein Wort von der Spitze des Stack in den Operanden holen (POP word off stack to destination).
Maschinencodes zu den POP-Befehlen:

```
POP AX 58, POP CX 59, POP DX 5A, POP BX 5B, POP SP 5C, POP BP 5D, POP SI 5E,
POP DI 5F, POP ES 07, POP SS 17 bzw. POP DS 1F.
```

Beispiel für DS=2000h, SI=0006h, SP=0AAA und SS=4F00: Die Stackspitze zeigt auf SS:SP bzw. 4FAAAh. In 4FAAAh sei D5h und in 4FAABh sei 2Ch gespeichert.

```
pop [SI]            In Speicherplatz 20006h bzw. DS:SI wird D5h und in
                    Speicherplatz 20007h wird 2Ch abgelegt.
pop [bx+2000]       Befehl mit Maschinencode 8F
```

POPF

Wie POP, aber mit dem Flagregister als Operand (POP Flags off stack).
Maschinencode 9D.

```
popf                Beispiel: 324Fh mit Flags C, P, Z und I gesetzt
```

PUSH imm/mem/reg

Das angegebene Wort auf die Spitze des Stack kopieren (PUSH word onto stack).
Maschinencodes von PUSH-Befehlen:

```
PUSH AX 50, PUSH CX 51, PUSH DX 52, PUSH BX 53, PUSH SP 54, PUSH BP 55, PUSH SI
56, PUSH DI 57, PUSH ES 06, PUSH CS 0E, PUSH SS 16 bzw. PUSH DS 1E.
```

```
PUSH mem16/reg16            Maschinencode FF

push [bx+2000H]             Speicherwort auf die Stapelspitze übertragen
```

Beispiel für SS:SP bzw. 5A00h:2000h (logische Adresse) bzw. 5C000h (physikalische Adresse) des Stapelzeigers.

```
push ax                     AX=B030h wird auf den Stack gespeichert und in
                            5BFFFh wird B0h und in 5BFFEh wird 30h abgelegt
                            (der Stack wächst nach unten zu kleinen Adressen).
```

PUSHF

Wie PUSH, aber mit dem Flagregister als Operand (PUSH Flags register onto stack). Maschinencode 9C.

RCL reg/mem,imm8/CL

Linksrotieren durch das C-Flag (Rotate through Carry Left).
Flags: O=+, C=+

```
RCL mem8/reg8,1             Code D0        rcl al,1
RCL mem16/reg16,1           Code D1        rcl word ptr [dx],1
RCL mem8/reg8,CL            Code D2        rcl al,bl
RCL mem16/reg16,CL          Code D3        rcl word ptr [bx]:cl
```

Beispiel für BX=FB00h und C-Flag=0:

```
rcl bx,1                    Speicherung von BX=F600h und C-Flag=1
```

Gegenüberstellung der Rotations- und Schiebebefehle (0-14 bzw. 0-6 bei 16 Bit bzw. 8 Bit) nach links:

```
RCL
Linksrotieren durch C-Flag    Inhalte der Bits 0-14 jeweils in das höhere Bit
                              schieben. Bit 15 in C-Flag und C-Flag in Bit 0.

      C-Flag <— 15 – 14 —   ...   ———— 01 – 00 <—

ROL
Linksrotieren                 Inhalte der Bits 0-14 jeweils in das höhere Bit
                              schieben. Bit 15 sowohl in C-Flag als in Bit 0.

      C-Flag <— 15 – 14 —   ...   ———— 01 – 00 <—

SHL
Linksschieben                 Inhalte der Bits 0-14 jeweils in das höhere Bit
                              schieben. Bit 15 in C-Flag und 0 in Bit 0 schieben.

      C-Flag <— 15 – 14 —   ...   ———— 01 — 00 —— 0
```

RCR reg/mem,imm8/CL

Rechtsrotieren durch das C-Flag (Rotate through Carry Right).
Flags: O=+, C=+

```
RCR mem8/reg8,1          Code D0     rcr al,1
RCR mem16/reg16,1        Code D1     rcr word ptr [dx],1
RCR mem8/reg8,CL         Code D2     rcr al,bl
RCR mem16/reg16,CL       Code D3     rcr word ptr [bx]:cl
```

Gegenüberstellung der Rotations- und Schiebebefehle (0-14 bzw. 0-6 bei 16 Bit bzw. 8 Bit) nach rechts:

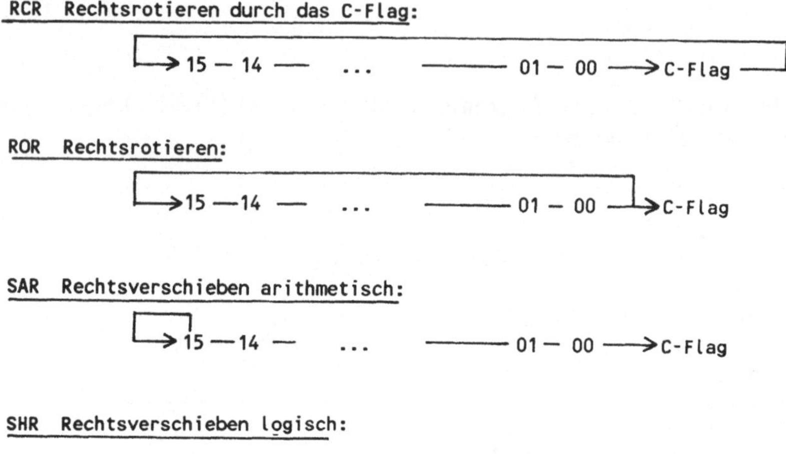

REP
Das Befehlsprefix REP wird den Stringbefehlen INS. MOVS, OUTS und STOS vorangestellt, um den Stringbefehl einschließlich der Änderung der Inhalte von SI und DI zu wiederholen (REPeat string operation).

- Nach jeder Ausführung des Stringbefehls CX um 1 vermindern.
- Für CX<>0 die Ausführung wiederholen, sonst nächster Befehl.

Maschinencode F2.

```
rep movsb                MOVSB wiederholen, bis CX auf 0 heruntergezählt ist
```

REPE / REPNE / REPZ / REPNZ
Wie Befehlsprefix REP, aber nur bei den Stringbefehlen CMPS und SCAS anzuwenden. Maschinencode: F3 bzw. F2.

- REPE bzw. REPEZ wiederholt nur für CX<>0 *und* Z-Flag=0.
- REPNE bzw. REPNZ wiederholt nur für CX<>0 *und* Z-Flag=1.

Maschinencode F2 bzw. F3.

RET oder RET imm16

Ein durch CALL aufgerufenes Unterprogramm beenden und die Kontrolle wieder an das aufrufende Hauptprogramm zurückgeben (RETurn from procedure).

RET nach einem Near-CALL: Den Befehlszeiger IP mit den ersten zwei Bytes des Stacks laden. Damit steht mit CS:IP (Segment CS bleibt unverändert; Programm und Unterprogramm befinden sich ja im gleichen 64-KB-Bereich) die Adresse des nächsten Befehls nach CALL wieder zur Verfügung.

Maschinencode CB.

RET nach einem Far-CALL: Nach dem Laden von IP werden die nächsten beiden Bytes vom Stack in das Codesegment CS übertragen. Damit ist wieder das Segment des aufrufenden Programms aktivierbar. Mit CS:IP wird der nächste Befehl aufgerufen.

Maschinencode C3.

Wird RET mit einem Wert aufgerufen, dann wird dieser Wert zum Stapelzeiger SP addiert (etwa, um Bytes vom Stack zu holen).

```
ret 07h                      Wert 7 zu SP addieren
```

ROL reg/mem,imm8/CL

Linksrotieren (ROtate Left). Der Inhalt eines Registers oder Speicherbytes bzw. Speicherwortes wird um 1 oder um die in CL angegebene Anzahl von Bitpositionen links herum gedreht. Der Inhalt von Bit 15 bzw. Bit 7 wird dabei sowohl ins C-Flag als auch ins Bit 0 geschoben.

Flags: O=+, C=+

```
ROL mem8/reg8,1              Code D0          rol al,1
ROL mem16/reg16,1            Code D1          rol ax,1
ROL mem8/reg8,CL             Code D2          rol byte ptr [dx],cl
ROL mem16/reg16,CL           Code D3          rol word ptr [dx],cl
```

Für BX=ABF1h und CL=03h ergibt sich BX=5F8Dh und C-Flag=1:

```
rol bx,cl                       1010 1011 1111 0001
                                  0101 1111 1000 1101
```

ROR

Rechtsrotieren (ROtate Right). Siehe Befehle RCL, COL und SHL.

Flags: O=+, C=+

```
ROR mem8/reg8,1              Code D0          ror al,1
ROR mem16/reg16,1            Code D1          ror ax,1
ROR mem8/reg8,CL             Code D2          ror byte ptr [dx],cl
ROR mem16/reg16,CL           Code D3          ror word ptr [dx],cl

ror al,1                     Für AL=04h erhält man AL=02h und C-Flag=0
```

SAHF
Den Inhalt des AH-Registers in das niederwertige Byte des Statusregisters übertragen (Store AH into Flags).
Flags: S=+, Z=+, A=+, P=+, C=+
Maschinencode 9E.

Mit AH=94h bzw. AH=10010100b werden die Flags S, A und P gesetzt und die Flags Z und C gelöscht:

```
sahf                        Flags-Lowbyte: |1 0 0 1 0 1 0 0|
                                           |S Z   A   P   C|
```

SAL reg/mem,imm8/CL
Identisch zu Befehl SHL (Shift Arithmetic Left = Shift Logical Left).

SAR reg/mem,imm8/CL
Arithmetische Rechtsverschiebung (Shift Arithmetic Right). Das Vorzeichen im höchstwertigen Bit bleibt erhalten.
Flags: O=+, S=+, Z=+, A=?, P=+, C=+

```
SAR mem8/reg8,1          Code D0     sar al,1
SAR mem16/reg16,1        Code D1     sar ax,1
SAR mem8/reg8,CL         Code D2     sar byte ptr [dx],cl
SAR mem16/reg16,CL       Code D3     sar word ptr [dx],cl

sar ax,cl                Code D3: Für CL=05h wird AX=0064h zu AX=0003h
```

SBB reg/mem,reg/mem,imm
Den zweiten Operanden und den Wert des C-Flags vom Inhalt des im ersten Operanden angegebenen Registers bzw. Speicherplatzes subtrahieren (SuBtract with Borrow).
Flags: O=+, S=+, Z=+, A=+, P=+, C=+

```
SBB AL,imm8              Code 1C     sbb al,15h
SBB AX,imm16             Code 1D     sbb ax,4D2Ch  Für AX=6B3Ah erhält
                                                   man AX=1E0Dh
SBB mem8/reg8,imm8       Code 80     sbb [cl],15h
SBB mem16/reg16,imm16    Code 81     sbb [dx],15CAh
SBB mem16/reg16,imm8     Code 83     sbb wort ptr [dx],15h
SBB mem8/reg8,reg8       Code 18     sbb cl,bh
SBB mem16/reg16,reg16    Code 19     sbb cx,dx
SBB reg8,mem8/reg8       Code 1A     sbb cl,[dx]
SBB reg16,mem16/reg16    Code 1B     sbb cx,[dx]
```

SCASB mem8/ SCASW mem16

Blockvergleichsbefehl, um ein Element im String zu suchen (SCAn String data).

- Das Speicherbyte bzw. Speicherwort, auf das ES:DI zeigt, mit dem Register AL (8 Bit) bzw. AX (16 Bit) durch Subtraktion vergleichen und die Statusflags entsprechend setzen.
- Den Inhalt von DI um 1 bzw. 2 erhöhen (falls D-Flag=0) oder um 1 bzw. 2 vermindern (falls D-Flag=1). Diese Änderung entspricht der des MOVS-Befehls.

Flags: O=+, S=+, Z=+, A=+, P=+, C=+
Maschinencodes AE bzw. AF.
Ist D-Flag=1, so ersetzt SCASB BBB die folgenden zwei Befehle:

```
cmp al,es:[di]          identisch mit:    scasb bbb   ;bbb als Byte-String
dec di
```

SHL reg/mem,imm8/CL

Den Inhalt eines Registers oder Speicherbytes bzw. Speicherwortes um die angegebenen Bitpositionen nach links verschieben (Shift Logical Left).
Der Wert von Bit 7 bzw. Bit 15 wird ins C-Flag geschoben, während in das Bit 0 der Wert 0 nachgeschoben wird.
Flags: O=+, S=+, Z=+, A=?, P=+, C=+

```
SHL mem8/reg8,CL        Code D2        shl al,cl
SHL mem16/reg16,CL      Code D3        shl ax,cl
SHL mem8/reg8,1         Code D0        shl byte ptr [si],1
SHL mem16/reg16,1       Code D1        shl word ptr [si],1
```

Für CL=02h wird AX=A452h zu AX=9148h und das C-Flag ist 0:

```
shl ax,cl               1010 0100 0101 0010    16-Bitfolge für A452h
                          1001 0001 0100 1000  Linksverschiebung um 2
```

SHR reg/mem,imm8/CL

Den Inhalt eines Registers oder Speicherbytes bzw. Speicherwortes um die angegebenen Bitpositionen (entweder als Konstante oder als Inhalt von CL gegeben) nach rechts verschieben (Shift Logical Right).
Flags: O=+, S=+, Z=+, A=?, P=+, C=+

```
SHR mem8/reg8,CL        Code D2        shr al,cl
SHR mem16/reg16,CL      Code D3        shr ax,cl
SHR mem8/reg8,1         Code D0        shr byte ptr [si],1
SHR mem16/reg16,1       Code D1        shr word ptr [si],1
```

STC

Das C-Flag im Statusregister auf 1 setzen (SeT Carry flag), wenn der Zahlenbereich 0-65535 (16 Bit) bzw. 0-255 (8 Bit) nicht ausreicht. Siehe CLC (C-Flag löschen) und CMC (C-Flag komplementieren).
Maschinencode F9.

```
stc                     Gesetzt, da der Zahlenbereich nicht ausreicht.
```

STD

Das D-Flag im Statusregister auf 1 setzen (SeT Direction flag). Nun werden Indexregisterinhalte bei Ausführung von Stringbefehlen vermindert.
Maschinencode FD.

STI

Das I-Flag auf 1 setzen (SeT Interrupt Enable flag). Dadurch wird nach Abarbeitung des *nächsten* Befehls die Sperrung der Unterbrechungseinrichtung wieder aufgehoben.
Maschinencode FB.

```
sti                     Unterbrechungsanforderungen werden wieder bearbeitet
```

STOSB / STOSW

Den Inhalt der Register AL bzw. AX in das Speicherbyte bzw. -wort an Adresse ES:DI kopieren und das Register DI bei jeder einzelnen Kopie dem D-Flag entsprechend ändern (STOre String data).

```
STOSB                   Code AA
STOSW                   Code AB
```

Für D-Flag=0: Inhalt von DI um 1 (8 Bit) bzw. 2 (16 Bit) erhöhen.
Für D-Flag=1: Inhalt von DI um 1 (8 Bit) bzw. 2 (16 Bit) vermindern.

SUB op1,op2

Den Operanden op2 vom Operanden op1 subtrahieren und in dem durch op1 bezeichneten Register oder Speicherplatz ablegen (SUBtract).
Flags: O=+, S=+, Z=+, A=+, P=+, C=+

Eine Konstante vom Register AL bzw. AX subtrahieren:

```
sub ax,1500h            Maschinencode 2D: 16 Bit mit AX
sub al,5Ah              Maschinencode 2C: 8 Bit-Subtraktion mit AL=41h
```

```
AL=41h:   0100 0001
5Ah:      1010 0110     = 2er-Komplement von 0101 1010 plus 1
          ---------     = Addition
          1110 0111 —— P-Flag=1, da 6 mal die 1
                        A-Flag=1, da kein Übertrag
                        O-Flag=0
                        S-Flag=1
                        C-Flag=1, da kein Übertrag aus Bit 7
                        Z-Flag=0, da Resultat ungleich 0
```

```
SUB mem8/reg8,imm8        Code 80 und 82     sub cl,12
SUB mem16/reg16,imm8      Code 83            sub bx,15h
SUB mem16/reg16,imm16     Code 81            sub word ptr [bx],1500h
SUB mem8/reg8,reg8        Code 28            sub [bx],al
SUB mem16/reg16,reg16     Code 29            sub [bx],cx
SUB reg8,mem8/reg8        Code 2A            sub dl,[bx]
SUB reg16,mem16/reg16     Code 2B            sub dx,[bx]
```

TEST reg,reg/mem/imm

Die Operanden (8 Bit oder 16 Bit) durch logisch UND vergleichen und die Statusbits entsprechend setzen (TEST als logical compare).
Flags: O=0, S=+, Z=+, A=?, P=+, C=0

Beispiel für BX=0200h, wobei im ersten Speicherbyte A2h gespeichert ist:

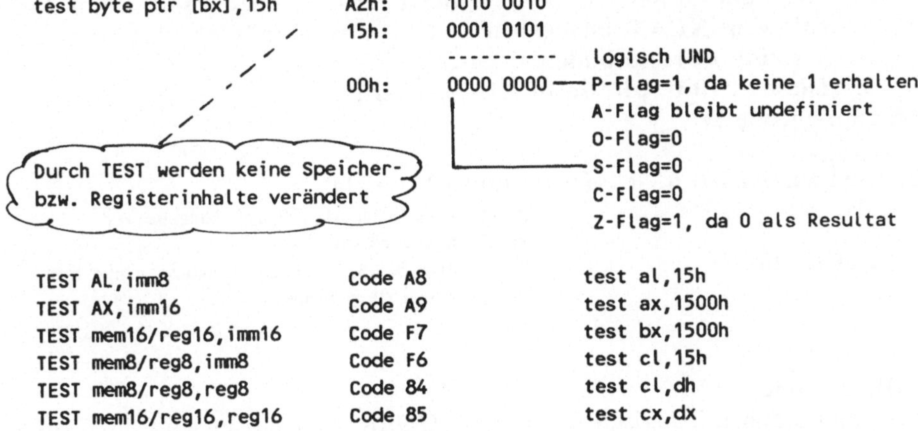


```
TEST AL,imm8              Code A8            test al,15h
TEST AX,imm16             Code A9            test ax,1500h
TEST mem16/reg16,imm16    Code F7            test bx,1500h
TEST mem8/reg8,imm8       Code F6            test cl,15h
TEST mem8/reg8,reg8       Code 84            test cl,dh
TEST mem16/reg16,reg16    Code 85            test cx,dx
```

WAIT

Der Prozessor geht in einen Wartezustand, der durch ein Signal mit der Bezeichnung TEST bendet wird. Siehe HLT.
Maschinencode 9B.

XCHG reg,reg
Die Inhalte zweier Register oder eines Registers und eines Speicherplatzes entweder als 8-Bit- oder als 16-Bit-Operation austauschen (eXCHanGe).

XCHG-Befehle mit Maschinencode 90h bis 97h:

```
xchg ax,ax (90h)   xchg ax,dx   xchg ax,sp   xchg ax,si
xchg ax,cx (91h)   xchg ax,bx   xchg ax,bp   xchg ax,di  (97h)

XCHG reg8,mem8/reg8       Code 86      xchg ch,[bx]
XCHG reg16,mem16/reg16    Code 87      xchg cx,[bx+2000]
```

Dieser Befehl gilt beim 8086 als NOP-Befehl:

```
xchg ax,ax
```

Beispiel für BX=4E15h, BP=0300h, SI=0066h und SS=7F00h. Bei Adresse 7F00h:0366h (logisch) bzw. 7F366 (absolut) sei das Speicherword 8132h abgelegt:

```
xchg bx,[bp+si]          In BX wird 8132h gespeichert. In Adresse 7F366
                         wird 15h (als das Lowerbyte) und in Adresse 7F367h
                         wird 4Eh (als das Higherbyte) abgelegt.
```

XLAT mem8
Das Element einer Tabelle wie folgt adressieren (Translate):

1. Inhalt der Register AL und BX zu einem Offset addieren.
2. Aus dem Offset und dem Segment (aus DS oder - falls beim Aufruf von XLAT angegeben - aus einem anderen Register) eine absolute Adresse bilden.
3. Diese 20-Bit-Adresse in AL speichern.

Maschinencode D7.

Beispiel für AL=0Eh, BX=0070h und DS=8000h:

```
xlat                     Ergebnis: AL=8007Eh als 20 Bit-Adresse für
                         8000h:007Eh speichern.
xlat cs:[bx]             Durch das Prefix CS: wird das Segment nicht aus
                         DS, sondern aus CS genommen.
```

XOR op1,op2
Die Operanden mit logisch exklusivem ODER verknüpfen und das Ergebnis in AL (8 Bit) oder AX (16 Bit) ablegen (Logical exclusive OR).
Flags: O=0, S=+, Z=+, A=?, P=+, C=0
Wahrheitstafel: 1 XOR 1 = 0, 1 XOR 0 = 1, 0 XOR 1 = 1, 0 XOR 0 = 0

```
XOR AL,imm8                 Code 34
XOR AX,imm16                Code 35
XOR mem8/reg8,imm8          Code 80
XOR mem16/reg16,imm16       Code 81
XOR mem8/reg8,reg8          Code 30
XOR mem16/reg16,imm16       Code 31
XOR reg8,mem8/reg8          Code 32
XOR reg16,mem16/reg16       Code 33
```

Beispiel zur 8-Bit-Verknüpfung mit XOR:

```
xor al,15h                  15h als Konstante:   0001 0101
                            Vorgabe 0Eh in AL:   0000 1110
                                                 ----------
                            Ergebnis 1B in AL:   0001 1011
```

Beispiele zur Verknüpfung mit XOR:

```
xor ax,1500h                16 Bit: Ergebnis wird in AX bereitgestellt
xor [bx],1500h              8 Bit: BX zeigt auf Wordadresse
xor [bx],cl                 8 Bit
xor [bx],cx                 16 Bit
xor cl,dh                   8 Bit: Ergebnis wird in CL abgelegt
xor cx,[si]                 16 Bit:
```

2

Referenzen zum maschinennahen Programmieren

Dienstleistungen von MS-DOS

MS-DOS stellt dem Benutzer seine Dienstleistungen in unterschiedlicher Form zur Verfügung:

1. *Interne Befehle (im RAM):* Befehle wie DIR und TYPE können zu jeder Zeit aufgerufen werden. Diese Befehle werden im RAM bereit gehalten.

2. *Externe Befehle (auf Externspeicher):* Diese Befehle sind auf Diskette bzw. Festplatte als Dateien abgelegt (z.B. FORMAT.COM, DISKCOPY.COM) und werden beim Befehlsaufruf (z.B. FORMAT, DISKCOPY A: B:) in den RAM geladen.

3. *DOS-Funktionen (DOS-Interrupts):* Diese Funktionen werden mit dem Unterbrechungsbefehl INT 21h aufgerufen, also über den Interrupt 21h. Übersicht siehe Abschnitt 2.2.3.

4. *BIOS-Funktionen (BIOS-Interrupts):* Diese Funktionen werden mit dem INT-Befehl über verschiedene Interrupts aufgerufen, um über das BIOS (Basic Input/Output System) z.B. den Bildschirmmodus zu steuern. Übersicht siehe Abschnitt 2.2.4.

5. *Ports (Hardware-Interrupts):* Bieten weder DOS noch BIOS geeignete Unterstützungen, kann der Benutzer auch "außerhalb" von MS-DOS direkt auf die Hardware zugreifen (Hardware-Interrupts): So kann man über die Assemblerbefehle IN (Daten von Port empfangen) und OUT (Daten aus Port senden) die Ports direkt programmieren (vgl. Abschnitt 2.1). Ports bezeichnen die Schnittstelle zwischen dem 8086-Prozessor und anderen Prozessoren (wie math. Coprozessor, Festplatten-Controller).

Die Dienstleistungen von MS-DOS werden als Befehle und Funktionen bereitgestellt. Die Befehle und Funktionen wiederum greifen auf spezielle Datenstrukturen zu, auf die in den Abschnitten 2.2.1 und 2.2.2 eingegangen wird.

2.2.1 Spezielle Datenstrukturen

2.2.1.1 Handle

In den ersten Versionen von MS-DOS erfolgte der Dateizugriff über den FCB (File Control Block) als Datenstruktur.
Moderner ist der Dateizugriff über das Handle als Datenstruktur: Öffnet man eine Datei in einem Programm, dann wird dem Programm ein Zahlenwert als Wort zugeteilt, der als *Handle* bezeichnet wird. Diesen Handle verwendet MS-DOS bei allen späteren Dateizugriffen als Schlüssel zum Auffinden der jeweiligen Datei.

- Mit einem Handle kann eine Datei oder ein Gerät (Gerätedatei) verbunden sein.

- Einem Programm können maximal 20 Handles zugeteilt werden.

- Davon werden die ersten 5 Handles mit Geräten verbunden. Man nennt sie Standard-Handles.

- Die mit Standard-Handles verbundenen Geräte werden beim Programmstart automatisch geöffnet und beim Programmende automatisch geschlossen.

Handle:	Gerät:	Logische Namen:
0	Tastatur als Standard-Eingabegerät	CON
1	Bildschirm als Standard-Ausgabegerät	CON
2	Bildschirm als Standard-Ausgabegerät für Fehlermeldungen	
3	Serielle Schnittstelle #1	AUX, COM1, COM2
4	Drucker #1	PRN, LPT1, LPT2

Fünf Standard-Handles werden bei jedem Programmstart geöffnet

2.2.1.2 PSP bei COM-Datei und EXE-Datei

PSP als Dateivorspann

Wird eine COM-Datei oder eine EXE-Datei ausgeführt, dann wird ihr ein 256 Bytes großer PSP (Program Segment Prefix) vorangestellt.

Aufbau des 256 Byte umfassenden Dateivorspanns (PSP) einer COM-Datei sowie EXE-Datei:

Startadresse:	Länge:	Inhalt:
0081h	127 Bytes	Befehlszeile des Dateiaufrufs mit CR am Ende
0080h	1 Byte	Länge in Bytes der Befehlszeile
006Ch	16 Byte	FCB 2
005Ch	16 Byte	FCB 1 (File Control Block)
002Eh	46 Byte	Reserviert
002Ch	1 Wort	Segmentadresse des Environment-Blocks
0016h	22 Byte	Reserviert
0012h	2 Worte	Kopie von Interruptvektor 24h
000Eh	2 Worte	Kopie von Interruptvektor 23h
000Ah	2 Worte	Kopie von Interruptvektor 22h
0005h	5 Bytes	Aufruf von Interrupt 21h
0004h	1 Byte	Reserviert
0002h	1 Wort	Segmentadresse des vom Programm belegten Speichers
0000h	2 Bytes	Aufruf von Interrupt 20h (für Programmende)

PSP als Datenstruktur mit 256 Bytes

PSP bei COM-Datei und EXE-Datei

Ausführbare Dateien werden in MS-DOS mit dem Dateitypen COM (für COMmand File) oder EXE (für EXEcutable File) gekennzeichnet. Bei beiden Dateien werden die 256 Byte des PSP zur Identifizierung vorangestellt.
Für den Programmierer besonders interessant sind dabei die beiden obersten PSP-Elemente mit der Befehlszeile, da hier der komplette beim Programmaufruf angegebene Zugriffspfad kontrolliert werden kann.

	COM-Datei	EXE-Datei
Dateigröße	bis 64 KB	beliebig
Code, Daten, Stack	im 64 KB-Segment	mehrere Segmente möglich
Ausführung	sofort nach dem Aufrufen	erst nach dem Umsetzen der verschiedenen Segmentbezüge anhand des EXE-Dateikopfes

COM und EXE als ausführbare Dateien

COM-Datei im RAM:
Bei der COM-Datei wird der Inhalt des RAM auf Diskette gespeichert, um später beim Programmaufruf im gleichen Aufbau wieder in den RAM zu gelangen; der Stack wird dabei ans Ende plaziert.

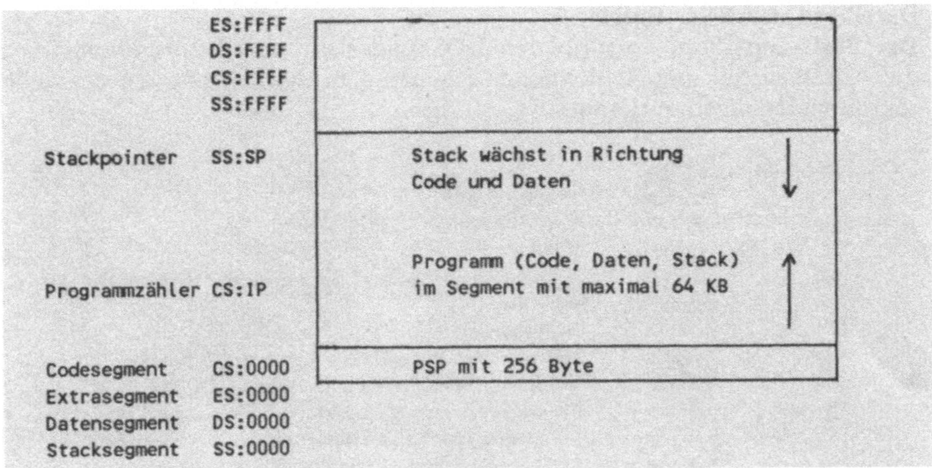

Speicherbelegung durch eine COM-Datei im RAM

EXE-Datei im RAM:
Bei der EXE-Datei müssen nach dem Laden der Datei die Segmentadressen mit Daten, Stack und Code gemäß EXE-Dateikopf zugeordnet werden. Aus diesem Grunde ist der Programmstart bei der EXE-Datei langsamer als bei der COM-Datei.

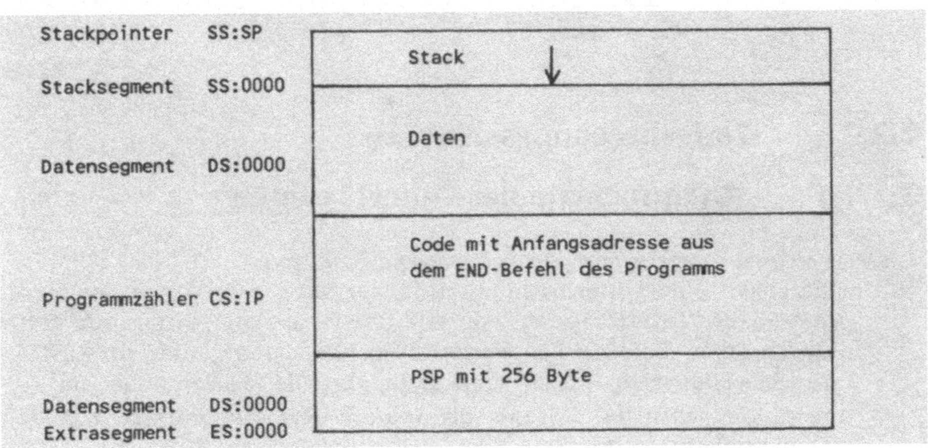

Speicherbelegung durch eine EXE-Datei im RAM

Dateikopf der EXE-Datei:
Der EXE-Dateikopf versorgt den DOS-Lader mit den Informationen, um die Adressen der unterschiedlichen Segmente in die zugehörigen Segmentregister übertragen zu können.

Startadresse:	Länge:	
	variabel	Stacksegment
	variabel	Datensegmente, Codesegmente
	variabel	Puffer
	variabel	Relocation Table mit Adresse der Segmentadressen
	variabel	Puffer
1Ch	1 Wort	Overlaynummer
1Ah	1 Wort	Adresse der Relocation Table in EXE-Datei
18h	1 Wort	Anfangsadresse des Codesegments in EXE-Datei
16h	1 Wort	IP-Register zum Zeitpunkt des Programmstarts
14h	1 Wort	Prüfsumme der Datenelemente des EXE-Dateikopfes
12h	1 Wort	SP-Register zum Zeitpunkt des Programmstarts
10h	1 Wort	Anfangsadresse des Stacksegments in EXE-Datei
0Eh	1 Wort	Anzahl von Paragraphen (maximal erforderlich)
0Ch	1 Wort	Anzahl von Paragraphen (minimal erforderlich)
0Ah	1 Wort	Anzahl von Paragraphen für den EXE-Dateikopf
08h	1 Wort	Anzahl von Segmentadressen, die zuzuordnen sind
06h	1 Wort	Dateilänge DIV 512
04h	1 Wort	Dateilänge MOD 512
02h	1 Wort	Kennzeichnung der EXE-Datei 544Dh
00h		

EXE-Dateikopf als Datenstruktur

2.2.2 Unterbrechungsvektoren

2.2.2.1 Ablaufprinzip der Unterbrechung

1. Der Prozessor unterbricht die Programmausführung:

Er erhält eine Unterbrechungsanforderung - extern von der Hardware (z.B. Tastatur) oder von der Software (vom Programm selbst durch einen Befehl). Der Prozessor beendet den gerade in Ausführung befindlichen Befehl und stellt aktuelle Werte sowie die Adresse des nächsten Befehls als spätere Rückkehradresse auf dem Stack sicher.

2. *Die Unterbrechungsroutine übernimmt die Steuerung:*
   Diese Routine ist ein spezielles Unterprogramm zur Unterbrechungsbehandlung. Über die Interruptvektoren wird festgestellt, welches Gerät die Unterbrechung angefordert hat. Nachdem die Bearbeitung des jeweiligen Geräts abgeschlossen ist, wird die Steuerung wieder zum Ausgangspunkt der Unterbrechung zurückgegeben.

3. *Der Prozessor setzt die Programmausführung fort:*
   Er liest die Rückkehradresse aus dem Stack und setzt die Ausführung des unterbrochenen Programms ab dem nächsten Befehl fort.

Unterbrechungen werden ausgelöst durch Software oder Hardware
Das Prinzip der Unterbrechungsbehandlung ist unabhängig davon, ob der Interrupt durch die Hardware (CPU oder periphere Geräte) oder durch die Software (Assemblerbefehl) ausgelöst wird.

Unterbrechung durch Hardware auslösen, wenn ...
- durch 0 dividiert wird (Interrupt nicht sperrbar). Vektor 0 wird geladen.
- das T-Flag im Statusegister auf 1 gesetzt ist und die Ausführung des aktuellen Befehle beendet ist. Vektor 1 wird geladen.
- von einem externen Gerät auf der Leitung NMI eine Unterbrechung signalisiert wird. Vektor 2 wird geladen.
- der I-Flag im Statusregister auf 1 gesetzt ist und von einem externen Gerät auf der Leitung INTR eine Unterbrechung signalisiert wird. Vektor 3 wird geladen.

Erhält der Prozessor eine Unterbrechungsanforderung von der Hardware, dann überimmt er die Vektornummer vom jeweiligen externen Gerät.

Unterbrechung durch Software auslösen, wenn ...
- der Assemblerbefehl *INT nn* aufgerufen wird. So wird mit INT 21h der Vektor 21h aufgerufen. *nn* gibt die Nummer eines der 256 möglichen Interruptvektoren an.
- der Assemblerbefehl INTO aufgerufen wird; der Vektor 4 wird geladen.

Erhält der Prozessor eine Unterbrechungsanforderung von der Software, also von einem Befehl *INT nn*, dann übernimmt er *nn* als Vektornummer.

Analogie Telefon-Benutzer und Interrupt-Prozessor:

- Telefon ohne Klingel: Der Benutzer bzw. Prozessor müßte das Telefon überwachen.
- Telefon klingelt: Der Benutzer unterbricht seine Arbeit, telefoniert, und nimmt dann seine Arbeit wieder auf.
- Tastatur sendet ein Interrupt als Unterbrechung: Der Prozessor unterbricht seine Arbeit, arbeitet eine Interruptroutine ab (um Tastaturzeichen entgegenzunehmen), und nimmt dann seine unterbrochene Arbeit mit dem nächsten Befehl wieder auf.

Hardware-Interrupt und Software-Interrupt:

- Unterbrechung durch das Telefon: Hardware-Interrupts werden durch Geräte ausgelöst (Tastatur, anderer PC). Man spricht von BIOS-Interrupts.
- Unterbrechung durch einen Kollegen: Software-Interrupts (werden durch den Assemblerbefehl INT ausgelöst. Man spricht von DOS-Interrupts.
- Alle Interrupts des BIOS (Hardware) und DOS (Software) werden über Software-Interrupts mit dem Befehl INT aufgerufen.

Befehl INT aktiviert einen Interruptvektor:

- Jeder Interrupt hat eine Nummer. INT 21h z.B. ruft den Interrupt 21h bzw. 33 auf.
- Am Anfang des RAM steht eine Tabelle, in dem für jede Interruptnummer die Anfangsadresse einer Routine (Unterprogramm) steht, die den Interrupt bearbeiten kann. Die Tabellenelemente bezeichnet man als Interruptvektoren.

Interruptvektor verbiegen:

- Die 1024 Byte großen Interruptvektoren werden beim Booten in den RAM geladen.
- Der Programmierer kann einen Vektor so ändern, daß er eine andere als die vorgegebene Routine aufruft. Diese Adreßänderung nennt man auch "Vektor verbiegen".

Zwei Typen von Software-Interrupts:

1. Interrupts, die genau eine Routine bzw. ein Unterprogramm aufrufen.
   Beispiele: INT 5 druckt den Bildschirm aus (Hardcopy). INT 19h bootet neu.
2. Interrupts, die mehrere Routinen über einen Verteiler in AH aufrufen.
   Beispiel: INT 21h ruft über 100 Routinen auf, die als DOS-Funktionen bezeichnet werden. Die Funktionsnummer muß zuvor im Register AH angegeben werden.

```
MOV AH,1     DOS-Funktion 1 angeben zwecks "Ein Zeichen eingeben"
INT 21h      Interrupt 21h aufrufen: Zeichen wird in AL bereitgestellt
```

Interruptaufruf über Interruptvektor unabhängig von DOS/BIOS-Version:

- Würde man mit Befehl *INT AdresseVonInterrupt19* die Anfangsadresse der gewünschten Interruptroutine direkt angeben, wäre bei jeder neuen Version von DOS bzw. BIOS im jeweiligen INT-Befehl die Adresse zu ändern.
- Mit *INT 21h* hingegen ist man unabhängig von der jeweiligen Version. Grund: Die neue Version umfaßt Interruptvektoren, in denen den unveränderten Interruptnummern neue Adressen zugeordnet sind.

Zusammenfassung zu Unterbrechungen bzw. Interrupts

Aufbau der Interruptvektoren im Speichersegment 0:
Die Interruptvektoren belegen die ersten 1024 Bytes am Beginn des Hauptspeichers, also die Adressen 00000h bis 003FFh (vgl. Speicheraufbau des PCs in Abschnitt 2.1.1).

- Es gibt 256 Vektoren mit den Vektornummern 0 - 255.
- Jeder Vektor umfaßt vier Bytes zur Speicherung von IP und von CS.
- In den unteren zwei Bytes des Vektors ist der jeweilige Programmzähler mit der Adresse des nächsten auszuführenden Befehls abgelegt.
- In den oberen zwei Bytes des Vektors ist die Anfangsadresse des Codes abgelegt.

Vektor laden bei:	Aufruf Vektor-Nr.:	Adressen:	Speicher:	
Division durch Null	0h	00000	IP	
		00003	CS	
T-Flag auf 1 gesetzt	1h	00004	IP	
(Einzelschrittest)		00007	CS	
Externe Unterbrechung	2h	00008	IP	
über Leitung NMI		0000B	CS	
Hardwareunterbrechung über	3h	0000C	IP	
Befehl INT, Leitung INTR		0000F	CS	
Softwareunterbrechung über	4h	00010	IP	
Befehl INTO		00013	CS	
	5h	00014	IP	
Hardwareunterbrechungen über		00017	CS	
Signal auf Leitung INTR				
und Vektor-Nr.		...		
	11h	00040	IP	BIOS: Video-
oder		00043	CS	funktionen
		...		
Softwareunterbrechungen über	21h	00084	IP	DOS: DOS-
Befehl INT und Vektor-Nr.		00087	CS	funktionen
		...		
		...		
	FFh	003FC	IP	
		003FF	CS	

Aufbau der Interruptvektoren 0 - 255 im Bereich 00000h - 003FFh

Bei der Unterbrechung ergibt sich folgender exakte Ablauf:

1. Die Inhalte von Statusregister, Programmzähler IP und Codesegment CS auf den Stack übertragen.
2. Die Flags I und T im Statusregister auf Null setzen.
3. Den Unterbrechungsvektor mit der angegebenen Nummer lesen (z.B. Nummer 21h, wenn der Befehl INT 21h aufgerufen wurde) und die ersten beiden Bytes in den Programmzähler IP sowie das dritte und vierte Byte in das Codesegmentregister CS laden.
4. Den ersten Befehl der durch CS:IP adressierten Unterbrechungsroutine ausführen ...

2.2.2.2 Übersicht der Interruptvektoren

Die Übersicht zeigt, daß DOS die Interruptvektoren 20h bis 3Fh für sich reserviert. Die absoluten Adressen liegen im Bereich 80h bis FFh.

Vektor-Nr.:	Adressen:	Bedeutung:
00	00000-00003	Hardware: Division durch Null
01	00004-00007	Hardware: Einzelschrittest (T-Flag)
02	00008-0000B	Hardware: Leitung NMI (RAM-Fehler)
03	0000C-0000F	Hardware: Leitung INTR (Breakpoint)
04	00010-00013	Hardware: Numerischer Überlauf
05	00014-00017	Hardcopy
06	00018-0001B	Nur bei 80286
07	0001D-0001F	Reserviert
08	00020-00023	IRQ0: Zeitgeber
09	00024-00027	IRQ1: Tastaturüberwachung
0A	00028-0002B	IRQ2: Nur bei AT
0B	0002C-0002F	IRQ3: Serielle Schnittstelle 2
0C	00030-00033	IRQ4: Serielle Schnittstelle 1
0D	00034-00037	IRQ5: Festplatteneinheit
0E	00038-0003B	IRQ6: Disketteneinheit
0F	0003C-0003F	IRQ7: Drucker
10	00040-00043	BIOS: Video-Funktionen (wie Bildschirmlöschen)
11	00044-00047	BIOS: Konfiguration lesen
12	00048-0004B	BIOS: Größe des RAM-Speichers lesen
13	0004C-0004F	BIOS: Disk./Harddisk-Funktionen
14	00050-00053	BIOS: Auf serielle Schnittstellen zugreifen
15	00054-00057	BIOS: erweiterte Kassetten-Funktionen
16	00058-0005B	BIOS: Tastatur abfragen

17	0005C-0005F	BIOS: Auf parellele Druckerschnitt. zugreifen
18	00060-00063	ROM-BASIC aufrufen
19	00064-00067	BIOS: MS-DOS booten (Strg/Alt/Entf)
1A	00068-0006B	BIOS: Zeit und Datum abfragen
1B	0006C-0006F	Break-Taste ist gedrückt
1C	00070-00073	Nach jedem INT 08h aufgerufene Unterbrechung
1D	00074-00077	Adresse der Videoparameter
1E	00078-0007B	Adresse der Diskettenparameter
1F	0007C-0007F	Adresse der Zeichen-Bitmuster
20	00080-00083	DOS: aktives COM-Programm (nicht EXE) beenden
21	00084-00087	DOS: DOS-Funktion aufrufen (gemäß Register)
22	00088-0008B	DOS: Adresse der Programmenderoutine von DOS
23	0008C-0008F	DOS: Adresse der Strg-Untbr-Routine von DOS
24	00090-00093	DOS: Adresse der Fehlerroutine von DOS
25	00094-00097	DOS: von Diskette, Festplatte direkt lesen
26	00098-0009B	DOS: auf Diskette, Festplatte direkt schreiben
27	0009C-0009F	DOS: Programm beenden und resident bleiben
28	000A0-	DOS: reserviert für DOS 4.0
2E	-000BC	
2F	000BD-000C0	DOS: Multiplex Interrupt
30	000C1-	DOS: Reserviert für DOS 4.0
3F	-000FF	bzw. unkommentierte DOS-Funktionen
40	00100-00103	BIOS: Diskettenfunktionen
41	00104-00107	Adresse der Festplattentabelle 1 angeben
42	00108-	Reserviert
45	-00117	Reserviert
46	00118-0011B	Adresse der Festplattentabelle 2 angeben
47	0011C-	Vektoren, die vom Anwenderprogramm beliebig
49	-00127	besetzt werden können
4A	00128-0012B	Bei AT: Alarmzeit ist abgelaufen
4B	0012C-	Vektoren, die vom Anwenderprogramm beliebig
67	-0019F	besetzt werden können
68	001A0-	Unbesetzt
6F	-001BF	Unbesetzt
70	001C0-001C3	IRQ8 bei AT: Echzeituhr
71	001C4-001C7	IRQ9 bei AT
72	001C8-001CB	IRQ10 bei AT
73	001CC-001CF	IRQ11 bei AT
74	001D0-001D1	IRQ12 bei AT
75	001D4-001D7	IRQ13 bei AT: 80287 NMI
76	001D8-001DB	IRQ14 bei AT: Festplatte
77	001DC-001DF	IRQ15 bei AT
78	001E0-	Unbesetzt
7F	-001FF	Unbesetzt
80	00200-	Vektoren, die nur vom BASIC-Interpreter
F0	-003C3	genutzt werden
F1	003C4-	Ungenutzt
FF	-003CF	Ungenutzt

2.2.3 Übersicht der DOS-Funktionen von Interrupt 21h

Eine DOS-Funktion wird im Assemblerprogramm über einen Software-Interrupt ausgeführt. Dabei geht man stets in zwei Schritten vor:

1. Das Register AH mit der DOS-Funktionsnummer laden. Je nach DOS-Funktion sind weitere Register zu laden.
2. Mit Befehl INT 21h den Interruptvektor 21h aufrufen.

Die folgende Übersicht gibt zu jeder Funktion von Interrupt 21h die Eingabe, die Ausgabe und die Bedeutung an.

Interrupt:	Eingabe:	Ausgabe:

Funktion 0 bzw. 00h:

INT 21h, Funktion 00h	AH=00h	Keine
Programm beenden.	CS=Segment des PSP	

Nur bei COM-Datei anwendbar; bei EXE-Datei Funktion 4Ch benutzen.

Funktion 1 bzw. 01h:

INT 21h, Funktion 01h	AH=01h	AL=Eingabezeichen
Ein Zeichen eingeben.		

Bei erweiterten Tastaturcodes zweimal aufrufen, da zunächst AL=0.

Funktion 2:

INT 21h, Funktion 02h	AH=02h	Keine
Ein Zeichen ausgeben.	DL=Code des Zeichens	

Wurde nach der Ausgabe Strg/C eingegeben, wird Interrupt 23h aufgerufen.

Beispiel zur	MOV AH=02h	Beispiel zur Ausgabe	MOV AH=02h
Ausgabe eines	MOV DL='!'	eines Zeilenvorschubes	MOV DL=13
Zeichens:	INT 21h	(ASCII-13)	INT 21h

Funktion 3:

INT 21h, Funktion 03h	AH=03h	AL=empfangenes Zeichen

Ein Zeichen von der seriellen Schnittstelle COM1 empfangen.

Funktion 4:

INT 21h, Funktion 04h	AH=04h	Keine
	DL=auszugebendes Zeichen	

Ein Zeichen an die serielle Schnittstelle ausgeben.

Funktion 5:

INT 21h, Funktion 05h	AH=05h	Keine
Ein Zeichen drucken.	DL=Code des Ausgabezeichens	

BIOS-Funktionen über den Interrupt 17h sind der DOS-Funktion 04h vorzuziehen.

Funktion 6:

INT 21h, Funktion 06h	AH=06h	Keine: bei Ausgabe
Zeichen direkt ein-/ausgeben.	DL=0-254: ausgeben	Z-Flag=1: kein Zeichen
	DL=255: Zeichen lesen	Z-Flag=1: Zeichen im AL

Funktion 7:

INT 21h, Funktion 07h	AH=07h	AL=gelesenes Zeichen

Zeichen direkt eingeben ohne Ausgabe.

Funktion 8:

INT 21h, Funktion 08h	AH=08h	AL=gelesenes Zeichen

Zeichen eingeben ohne Ausgabe.

Beim Lesen eines erweiterten Tastatur-Codes liefert AL den Code 0; die Funktion 08h ist dann ein zweiter Mal aufzurufen.

Funktion 9:

INT 21h, Funktion 09h	AH=09h	Keine
Einen String ausgeben.	DS=Segment des Strings	
	DX=Offset des Strings	

Das Ende des Strings muß durch $ bzw. ASCII-Code 36 markiert werden. Der String kann auch Steuercodes enthalten (wie LF, CR, Backspace).

Funktion 10:

INT 21h, Funktion 0Ah	AH=0Ah	Keine
Einen String eingeben.	DS=Segment des Puffers	
	DX=Offset des Puffers	

Die Zeichenkette wird vom Standard-Eingabegerät in einen Puffer übertragen und mit der Return-Taste beendet (dessen Code steht als letztes Zeichen im Puffer).

Als erstes Zeichen im Puffer ist die maximale Zeichenanzahl abzulegen. Nach dem Beenden der Eingabe schreibt DOS in Speicherstelle 1 die Zeichenanzahl (ohne CR) ein.

Funktion 11:

```
INT 21h, Funktion 0Bh          AH=0Bh              AL=0: 0 Zeichen warten
Den Eingabestatus lesen.                           AL=255: Zeichen warten
```

Man kann testen, ob Zeichen am Eingabegerät darauf warten, gelesen zu werden.

Funktion 12:

```
INT 21h, Funktion 0Ch              AH=0Ch                   Für Funktion 10: keine
Eingabepuffer löschen und dann     AL=Funktionsnummer (10)  Für Funktionen 1,6,7,8:
eine Eingabefunktion aufrufen.     DS=Segment des Puffers   AL=gelesenes Zeichen
                                   DX=Offset des Puffers
```

Zuerst wird der Eingabepuffer gelöscht, um dann eine der Funktionen 1, 6, 7, 8 bzw. 10 zur Eingabe eines Zeichen aufzurufen.

Funktion 13:

```
INT 21h, Funktion 0Dh          AH=0Dh              Keine
Blocktreiber-Reset ausführen.
```

Alle derzeit in Puffern abgelegten Daten werden gemäß den Blocktreibern an die zugehörigen Geräte (z.B. Diskette) übertragen.

Funktion 14:

```
INT 21h, Funktion 0Eh          AH=0Eh                  AL=Anzahl der Laufwerke
Das aktive Laufwerk angeben.   DL=Code des Laufwerks     bzw. Volumes
```

Der Buchstabe des aktivierten Laufwerk (A=Code 0, B=Code 1, ...) erscheint dann als Bereitschaftszeichen am Bildschirm.

Funktion 15:

```
INT 21h, Funktion 0Fh          AH=0Fh
```

Die Datei über den FCB öffnen. Funktion 3Dh verwenden: Handle öffnen.

Anstelle über den FCB (File Control Block) sollte man ab MS-DOS 2.xx besser über den Handle auf eine Datei zugreifen.

Funktion 16:

```
INT 21h, Funktion 10h          AH=10h
```

Die Datei über den FCB schließen. Funktion 3Eh verwenden: Handle schließen.

Funktion 17:

`INT 21h, Funktion 11h AH=11h`

Den ersten Eintrag über den FCB suchen. Funktion 4Eh verwenden.

Funktion 18:

`INT 21h, Funktion 12h AH=12h`

Den nächsten Eintrag über den FCB suchen. Funktion 4Fh verwenden.

Funktion 19:

`INT 21h, Funktion 13h AH=13h`

Die Datei über den FCB löschen. Funktion 41h verwenden: Eintrag im Directory löschen.

Funktion 20:

`INT 21h, Funktion 14h AH=14h`

Aus einer Datei über den FCB sequentiell lesen. Funktion 3Fh verwenden: Über den Handle lesen.

Funktion 21:

`INT 21h, Funktion 15h AH=15h`

In eine Datei über den FCB sequentiell schreiben. Funktion 40h verwenden: Über den Handle schreiben.

Funktion 22:

`INT 21h, Funktion 16h AH=16h`

Eine Datei über den FCB erstellen. Funktion 3Ch, 5Ah oder 5Bh verwenden.

Funktion 23:

`INT 21h, Funktion 17h AH=17h`

Die Datei umbenennen. Funktion 56h verwenden: Eintrag im Directory ändern.

Funktion 25:

`INT 21h, Funktion 19h AH=19h AL=Gerätecode`

`Das aktive Gerät abfragen.`

Das aktive Laufwerk wird mit den Codes 0 = Laufwerk A, 1 = B, ... ausgegeben.

Funktion 26:

INT 21h, Funktion 1Ah	AH=1Ah	Keine
Die DTA-Adresse setzen.	DS=Ziel-Segment	
	DX=Ziel-Offset	

Die Disk-Transfer-Area (DTA) als Puffer beim FCB-orientierten Dateizugriff in einen anderen Ziel-Speicherbereich verlegen.

Funktion 27:

INT 21h, Funktion 1Bh	AH=1Bh	AL=Sektoren/Cluster
Aktives Laufwerk benennen.		DS=Descriptor-Segment
		BX=Descriptor-Offset
		DX=Anzahl der Cluster

Codes für den Media-Descriptor: F8h=Festplatte, F9h=Diskette DS mit 15 Sektoren, FCh=Diskette SS mit 9 Sektoren, FDh=Diskette DS mit 9 Sektoren.

Funktion 28:

INT 21h, Funktion 1Ch	AH=1Ch	AL=Sektoren/Cluster
Beliebiges Laufwerk benennen.	DL=Gerätecode	DS=Descriptor-Segment
		BX=Descriptor-Offset
Codes siehe Funktion 1Bh.		DX=Anzahl der Cluster

Funktion 33:

INT 21h, Funktion 21h AH=21h

Wahlfrei über den FCB aus der Datei lesen. Funktion 3Fh verwenden: Über den Handle lesen.

Den wahlfreien Dateizugriff sollte man nicht über den FCB (File Control Block) vornehmen, sondern über den Handle.

Funktion 34:

INT 21h, Funktion 22h AH=22h

Wahlfrei über den FCB in die Datei schreiben. Funktion 40h verwenden: Über den Handle schreiben.

Funktion 35:

INT 21h, Funktion 23h AH=23h

Die Größe der Datei über den FCB abfragen. Funktion 42h verwenden: Den Dateizeiger bewegen.

Funktion 36:

```
INT 21h, Funktion 24h          AH=24h
```

Die Datensatznummer über den FCB setzen. Funktion 42h verwenden: Den Dateizeiger bewegen.

Funktion 37:

```
INT 21h, Funktion 25h          AH=25h                             Keine
Einen Interruptvektor setzen.  AL=Nummer des Interrupt
                               DS=Neues Segment der Interrupt-Routine
                               DX=Neues Offset der Interrupt-Routine
```

Ein Interruptvektor kann auf eine andere Routine verbogen werden.

Funktion 38:

```
INT 21h, Funktion 26h          AH=26h
```

Einen neuen PSP (Program Segment Prefix) erstellen. Funktion 4Bh verwenden: Datei laden und ausführen.

Funktion 39:

```
INT 21h, Funktion 27h          AH=27h
```

Aus der Datei über den FCB wahlfrei lesen. Funktion 3Fh verwenden: Über den Handle lesen.

Funktion 40:

```
INT 21h, Funktion 28h          AH=28h
```

In die Datei über den FCB wahlfrei schreiben. Funktion 40h verwenden: Über den Handle schreiben.

Funktion 41:

```
INT 21h, Funktion 29h          AH=29h
```

Dateiname in FCB schreiben. Die Funktion erübrigt sich, wenn der Dateizugriff über den Handle vorgenommen wird.

Funktion 42:

```
INT 21h, Funktion 2Ah          AH=2Ah                  AL=Tag (0=Sonntag)
Das aktuelle Datum abfragen.                           CX=Jahr
                                                       DH=Monat
                                                       DL=Tag
```

Funktion 43:

INT 21h, Funktion 2Bh Ein neues Datum setzen.	AH=2Bh CX=Jahr DH=Monat DL=Tag	AL=0: in Ordnung AL=255: unkorrekt

Funktion 44:

INT 21h, Funktion 2Ch Die Uhrzeit abfragen.	AH=2Ch	CH=Stunde CL=Minute DH=Sekunde DL=1/100-Sekunde

Funktion 45:

INT 21h, Funktion 2Dh Eine neue Uhrzeit setzen.	AH=2D CH=Stunde CL=Minute DH=Sekunde DL=1/100 Sekunde	AL=0: in Ordnung AL=255: unkorrekt

Funktion 46:

INT 21h, Funktion 2Eh Das Verify-Flag setzen.	AH=2Eh DL=0 AL=0: kein Verify AL=1: verifiziert	Keine

Funktion 47:

INT 21h, Funktion 2Fh Die DTA-Adresse ermitteln.	AH=2F	ES=DTA-Segment BX=DTA-Offset

Adresse des DTA (Datenübertragungsbereich) angeben bei FCB-orientiertem Dateizugriff.

Funktion 48:

INT 21h, Funktion 30h Die DOS-Version angeben.	AH=30h	AL=Vor-Punkt-Version AH=Nach-Punkt-Version

In DOS 3.2 ist die Vor-Punkt-Version 3 und die Nach-Punkt-Version 20.

Funktion 49:

INT 21h, Funktion 31h Programm beenden und belassen.	AH=31h AL=Ende-Code DX=Paragraphenanzahl	Keine

Nach dem Beenden verbleibt das Programm im Speicher resident. Ende-Code zeigt an, ob das gerufene Programm korrekt beendet wurde (dort mit Funktion 4Dh ermittelt). Paragraphenanzahl gibt die zu reservierende Wortanzahl an.

Funktion 51:

```
INT 21h, Funktion 33h          AH=33h              DL=0: nur Eingabetest
Das Break-Flag lesen.          AL=0                DL=1: Test immer
```

Mit DL=1 wird bei jedem Funktionsaufruf getestet, ob Strg/C gedrückt worden ist, um in diesem Falle den Interrupt 23h auszulösen.

Funktion 52:

```
INT 21h, Funktion 33h          AH=33h
Das Break-Flag setzen.         AL=1
                               DL=0: nur Ausgabetest
                               DL=1: Test immer
```

Funktion 53:

```
INT 21h, Funktion 35h          AH=35h              ES=Routinen-Segment
Einen Interruptvektor lesen.   AL=Vektornummer     BX=Routinen-Offset
```

Für die angegebene Vektornummer wird der Inhalt des Interruptvektors gelesen und in ES:BX die Adresse der zugehörigen Interruptroutine bereitgestellt.

Funktion 54:

```
INT 21h, Funktion 36h          AH=36h              AX=65535: Suchfehler
Plattenspeicherplatz angeben.  DL=Gerätecode       AX=sonst: Sekt./Cluster
                                                   BX=Freie Cluster
                                                   CX=Bytes/Sektor
                                                   DX=Cluster insgesamt
```

Gerätecode 0=aktuelles Laufwerk, 1=A, 2=B, ... Der freie Speicherplatz ergibt sich aus: Bytes/Sektor mal Sektoren/Cluster mal Gesamtanzahl der freien Cluster.

Funktion 56:

```
INT 21h, Funktion 38h          AH=38h              Keine
Landeseigene Formate angeben.  AL=0
                               DS=Puffer-Segment
                               DX=Puffer-Offset
```

In den Puffer-Bytes werden folgende über COUNTRY in CONFIG.SYS eingestellte Daten angegeben: Bytes0-1=Datum (0=USA, 1=Europa), Byte 2=Währungscode, Byte 3=0, Byte4=Tausenderzeichen, Type5=0, Byte6= Dezimalzeichen, Byte7=0 und Bytes8-31=reserviert.

Funktion 57:

INT 21h, Funktion 39h	AH=39h	C-Flag=0: Pfad erstellt
Ein Unterverzeichnis erstellen.	DS=Pfad-Segment	C-Flag=1: Fehler mit
MKDIR.	DX=Pfad-Offset	AX=3: nicht gefunden
		AX=4: kein Zugriff

Der angegebene Pfad des Unterverzeichnisses wird als String mit ASCII-0 als Endecode übergeben. Simulation des MKDIR-Befehls.

Funktion 58:

INT 21h, Funktion 3Ah	AH=3Ah	C-Flag=0: Pfad gelöscht
Ein Unterverzeichnis löschen.	DS=Pfad-Segment	C-Flag=1: Fehler mit
RMDIR.	DX=Pfad-Offset	AX=3: nicht gefunden
		AX=5: kein Zugriff
		AX=6: Verz. aktiv

Funktion 59:

INT 21h, Funktion 3Bh	AH=3Bh	C-Flag=0: Pfad gesetzt
Unterverzeichnis aktivieren.	DS=Pfad-Segment	C-Flag=1: Fehler mit
CHDIR.	DX=Pfad-Offset	AX=3: nicht gefunden

Funktion 60:

INT 21h, Funktion 3Ch	AH=3Ch	C-Flag=0: ok mit
Eine Datei über den Handle	CX=Dateiattribut	AX=Handle
erstellen und leeren. CREAT.	DS=Dateinamen-Segment	C-Flag=1: Fehler mit
	DX=Dateinamen-Offset	AX=Fehlercodes

Der Dateiname wird als String mit ASCII-0 als Endezeichen übergeben.
Ist die Datei vorhanden, wird sie geleert (gesamter Inhalt gelöscht); andernfalls wird die Datei neu erstellt und der Dateizeiger auf das erste Byte gesetzt.
Dateiattribute in CX: Bit0=1: Nur-Lese-Datei, Bit1=1: Versteckte Datei und Bit2=1: Systemdatei.
Fehlercodes in AX: AX=3: Pfad nicht gefunden, AX=4: es ist kein Handle mehr frei und AX=5: Zugriff verweigert.

Funktion 61:

INT 21h, Funktion 3Dh	AH=3Dh	
Eine Datei über den Handle	AL=Zugriffsmodus	C-Flag=0: ok mit
öffnen.	DS=Dateinamen-Segment	AX=Handle
	DX=Dateinamen-Offset	C-Flag=1: Fehler mit
		AX=Fehlercodes

Zugriffsmodi in AL:
- Bit0-2: Schreib-/Leseerlaubnis mit 000=nur lesen, 001=nur Schreiben bzw. 010=lesen und schreiben,
- Bit3: stets 0,

- Bit4-6: File-Sharing-Modus mit 000=Dateizugriff nur für aktuelles Programm (FCB), 001=Dateizugriff nur für aktuelles Programm, 010=nur lesender Zugriff für anderes Programm, 011=nur schreibender Zugriff für anderes Programm bzw. 100=beliebiger Zugriff ist für ein anderes Programm möglich.
- Bit7: Handle-Flag mit Flag=0 für auf das Handle darf auch das Kind des aktuellen Programms zugreifen oder Flag=1 für Zugriff nur für aktuelles Programm zugelassen.

Fehlercodes in AX: AX=1: Software für File-Sharing fehlt, AX=2: Datei nicht gefunden, AX=3: Pfad nicht gefunden, AX=5: Zugriff verweigert, AX=12: Zugriffsmodus falsch.

Funktion 62:

INT 21h, Funktion 3Eh	AH=3Eh	AX=Fehlercodes
Eine Datei über den Handle	BX=Handle	C-Flag=0: Ok
schließen.		C-Flag=1: Fehler mit
		AX=6: Handle falsch

Vor dem Schließen werden noch alle in Puffern abgelegten Daten in die Datei geschrieben und das Directory aktualisiert.

Funktion 63:

INT 21h, Funktion 3Fh	AH=3Fh	C-Flag=0: OK mit
Eine Datei über den Handle	BX=Handle oder Gerät	AX=Anzahl des Bytes
lesen.	CX=Anzahl von Bytes	C-Flag=1: Fehler mit
	DS=Puffer-Segment	AX=5: Zugriff abgelehnt
	DX=Puffer-Offset	AX=6: Handle unzulässig

Die angegebene Anzahl von Zeichen wird aus der geöffneten Datei bzw. aus dem Gerät ab der Dateizeigerposition in den RAM-Puffer eingelesen. Steht der Dateizeiger auf EoF, sind AX=0 und das C-Flag gelöscht.

Funktion 64:

INT 21h, Funktion 40h	AH=40h	C-Flag=0: OK mit
In eine Datei über den Handle	BX=Handle oder Gerät	AX=Anzahl von Bytes
schreiben.	CX=Anzahl von Bytes	C-Flag=1: Fehler mit
	DS=Puffer-Segment	AX=5: Zugriff abgelehnt
	DX=Puffer-Offset	AX=6: Handle unzulässig

Ist das C-Flag gelöscht und ist AX=0, sind Datei bzw. Gerät gefüllt.
Ist das C-Flag gelöscht und ist AX<CX (vor Funktionsaufruf), konnte nur ein Teil der Zeichen geschrieben werden.

Funktion 65:

INT 21h, Funktion 41h	AH=41h	C-Flag=0: OK
Eine Datei über den Handle	DS=Dateinamen-Segment	C-Flag=1: Fehler mit

löschen. UNLINK.	DX=Dateinamen-Offset	AX=2: Datei unbekannt AX=5: Zugriff abgelehnt

Funktion 66:

INT 21h, Funktion 42h Den Dateizeiger über den Handle bewegen. LSEEK.	AH=42h AL=Offsetcode BX=Handle CX=Segment-HighWord DX=Offset-LowWord	C-Flag=0: OK mit DX=Dateizeiger-HighWord AX=Dateizeiger-LowWord C-Flag=1: Fehlercodes AX=1: Offsetcode falsch AX=6: Handle unzulässig

Zwecks Direktzugriff wird der Dateizeiger relativ als Offset (Abstand als 32-Bit-Zahl) zur derzeitigen Position, zum Dateiende bzw. Dateianfang Offsetcodes: AL=0: Offset-Bezug zum Dateianfang, AL=1: Offset-Bezug zur aktuellen Dateizeigerposition bzw. AL=2: Offset-Bezug zum Dateiende. Für AL=1 und AL=2 ist auch ein negativer Offset zugelassen.

Funktion 67, Unterfunktion 0:

INT 21h, Funktion 43h Das Attribut einer Datei feststellen. CHMOD.	AH=43h AL=0 DS=Dateinamen-Segment DX=Dateinamen-Offset	C-Flag=0: OK mit CX=Dateiattribut C-Flag=1: Fehler mit AX=1: Funktionscode ? AX=2: Datei unbekannt AX=3: Pfad unbekannt

Dateiattribute in CX: Bit0=1: Nur-Lese-Datei, Bit1=1: Versteckte Datei, Bit2=1: Systemdatei, Bit3=1: Volumename ist Datei, Bit4=1: Pfad ist Datei, Bit5=1: Datei wurde seit letzter Archivierung verändert.

Funktion 67, Unterfunktion 1:

INT 21h, Funktion 43h Für eine Datei das Attribut neu setzen. CHMOD.	AH=43h AL=1 CX=Dateiattribut DS=Dateinamen-Segment DX=Dateinamen-Offset	C-Flag=0: OK C-Flag=1 Fehler mit AX=1: Fkt. unbekannt AX=2: Datei unbekannt AX=3: Pfad unbekannt AX=5: Attribut ist nicht änderbar

Funktion 68, Unterfunktion 0:

INT 21h, Funktion 44h Über die IOCTL-Funktion das Geräteattribut lesen. (IOCTL für I/O ConTroL)	AH=44h AL=00h BX=Handle	C-Flag=0: OK mit DX=Geräteattribut C-Flag=1: Fehler mit AX=1: Fkt. unbekannt AX=6: Handle ist nicht geöffnet

Geräteattribute in DX: Bit14=1: Strings über IOCTL-Unterfunktionen 2 und 3 verarbeitbar, Bit7=1: Treiber ist Zeichentreiber, Bit5=0: Treiber im

Cooked-Modus, Bit5=1: Treiber im Raw-Modus, Bit3=1: Treiber ist Uhrentreiber, Bit2=1: Treiber ist NUL-Treiber, Bit1=1: Treiber ist Bildschirmtreiber, Bit0=1: Treiber ist Tastaturtreiber.

Funktion 68, Unterfunktion 1:

INT 21h, Funktion 44h	AH=44h	C-Flag=0: OK mit
Über die IOCTL-Funktion das	AL=01h	C-Flag=1: Fehler mit
Geräteattribut setzen.	BX=Handle	AX=1: Fkt. unbekannt
	DX=Geräteattribut	AX=6: Handle ist nicht geöffnet

Das Geräteattribut eines Zeichentreibers wird gesetzt, d.h. im Kopf des Treibers abgelegt.
Der Zeichentreiber wird über ein Handle angesprochen, das mit diesem Treiber verbunden ist.

Funktion 68, Unterfunktion 2:

INT 21h, Funktion 44h	AH=44h	C-Flag=0: OK mit
Über die IOCTL-Funktion Daten	AL=02h	AX=Anzahl Bytes
vom Zeichentreiber empfangen.	BX=Handle	C-Flag=1: Fehler mit
	CX=Anzahl Bytes	AX=1: Fkt. unbekannt
	DS=Puffer-Segment	AX=6: Handle ist nicht
	DX=Puffer-Offset	geöffnet

Eine bestimmte Anzahl von Bytes wird über das Programm direkt von einem Zeichentreiber in den angegebenen Puffer übertragen.

Funktion 68, Unterfunktion 3:

INT 21h, Funktion 44h	AH=44h	C-Flag=0: OK mit
Über die IOCTL-Funktion Daten	AL=03h	AX=Anzahl Bytes
an den Zeichentreiber senden.	BX=Handle	C-Flag=1: Fehler mit
	CX=Anzahl Bytes	AX=1: Fkt. unbekannt
	DS=Puffer-Segment	AX=6: Handle ist nicht
	DX=Puffer-Offset	geöffnet

Funktion 68, Unterfunktion 4:

INT 21h, Funktion 44h	AH=44h	C-Flag=0: OK mit
Über die IOCTL-Funktion Daten	AL=04h	AX=Anzahl Bytes
vom Blocktreiber empfangen.	BX=Handle	C-Flag=1: Fehler mit
	CX=Anzahl Bytes	AX=1: Fkt. unbekannt
	DS=Puffer-Segment	AX=6: Handle ist nicht
	DX=Puffer-Offset	geöffnet

Eine bestimmte Anzahl von Bytes wird direkt von einem Blocktreiber gelesen und in einen Puffer übertragen. Die Struktur der kopierten Daten wird vom jeweiligen Treiber festgelegt.

Funktion 68, Unterfunktion 5:

INT 21h, Funktion 44h	AH=44h	C-Flag=0: OK mit
Über die IOCTL-Funktion Daten	AL=05h	AX=Anzahl Bytes
an den Blocktreiber senden.	BX=Gerätebezeichnung	C-Flag=1: Fehler mit
	CX=Anzahl Bytes	AX=1: Fkt. unbekannt
	DS=Puffer-Segment	AX=15: Gerät unbekannt
	DX=Puffer-Offset	

Eine bestimte Anzahl von Bytes wird direkt aus einem Puffer an einen Blocktreiber übertragen. Die Gerätebezeichnung ist 0 für A, 1 für B usw.

Funktion 68, Unterfunktion 6:

INT 21h, Funktion 44h	AH=44h	C-Flag=0: OK mit
Über die IOCTL-Funktion den	AL=06h	AX=0: Treiber unbekannt
Eingabestatus abfragen.	BX=Handle	AX=255: Treiber bereit
		C-Flag=1: Fehler mit
		AX=1: Fkt unbekannt
		AX=5: Zugriff abgelehnt

Nur im Falle Carry-Flag=0 kann der angegebene Gerätetreiber Daten an ein Programm übertragen. Der Handle ist mit einer Datei oder einem Zeichentreiber verbunden.

Funktion 68, Unterfunktion 7:

INT 21h, Funktion 44h	AH=44h	C-Flag=0: OK mit
Über die IOCTL-Funktion den	AL=07h	AX=0: Treiber unbekannt
Ausgabestatus abfragen.	BX=Handle	AX=255: Treiber bereit
		C-Flag=1: Fehler mit
		AX=1: Fkt unbekannt
		AX=5: Zugriff abgelehnt

Nur im Falle Carry-Flag=0 kann der Gerätetreiber Daten von einem anderen Programm empfangen.

Funktion 68, Unterfunktion 8:

INT 21h, Funktion 44h	AH=44h	C-Flag=0: OK mit
Über die IOCTL-Funktion abfragen, ob der Datenträger auswechselbar ist.	AL=08h	AX=0: Träger wechselbar
	BL=Gerätebezeichnung	AX=1: nicht wechselbar
		C-Flag=1: Fehler mit
		AX=1: Fkt. unbekannt
		AX=15: Gerät unbekannt

Gerätebezeichnung: 0 für Gerät A, 1 für Gerät B, ...

Funktion 68, Unterfunktion 9:

INT 21h, Funktion 44h	AH=44h	C-Flag=0: OK mit
Über die IOCTL-Funktion abfra-	AL=09h	DX=Geräteattribut
gen, ob ein Laufwerk Bestand-	BL=Gerätebezeichnung	C-Flag=1: Fehler mit

```
teil des abfragenden PCs ist.                                  AX=1: Fkt. unbekannt
                                                               AX=15: Gerät unbekannt
```

Unterfunktion 9 von DOS-Funktion 44h führt einen Device-Remote-Test durch.
Geräteattribute in DX: Bit12=0: Laufwerk (Device) ist Bestandteil des PCs, auf dem die Abfrage gestartet wird (local); Bit12=1: Laufwerk ist im Netz auf einem anderen PC untergebracht (remote).

Funktion 68, Unterfunktion 10:

```
INT 21h, Funktion 44h              AH=44h                      C-Flag=0: OK mit
Über die IOCTL-Funktion abfra-     AL=0Ah                      DX=IOCTL-Code
gen, ob eine Datei Bestand-        BL=Gerätebezeichnung        C-Flag=1: Fehler mit
teil des abfragenden PCs ist.                                  AX=1: Fkt. unbekannt
                                                               AX=6: Handle unbek.
```

Unterfunktion 10 von DOS-Funktion 44h führt einen Handle-Remote-Test durch.
IOCTL-Codes in DX: Bit15=0: Datei (Handle) ist Bestandteil des PCs, auf dem die Abfrage gestartet wird (local); Bit15=1: Datei ist im Netz auf einem anderen PC untergebracht (remote).

Funktion 68, Unterfunktion 11:

```
INT 21h, Funktion 44h              AH=44h                      C-Flag=0: OK mit
Über die IOCTL-Funktion einen      AL=0Bh                      C-Flag=1: Fehler mit
wiederholten Zugriff zulassen.     BX=Wiederholungen           AX=1: Fkt. unbekannt
                                   CX=Versuchspausen
```

Greift ein PC im Netz auf eine Datei zu, die bereits von einem anderen PC aus im Zugriff ist, lassen sich Zugriffswiederholungen definieren.

Funktion 68, Unterfunktion 12

```
INT 21h, Funktion 44h              AH=44h                      C-Flag=0: OK mit
Über die IOCTL-Funktion für        AL=0Ch                      C-Flag=1: Fehler mit
Zeichengeräte eine generische      BX=Dateinummer              AX=1: Fkt. unbekannt
I/O-Kontrolle vornehmen.           CH=Kategorie (Hauptcode)
                                   CL=Funktion (Untercode)
                                   DS:DX Segment:Offset des Parameterblocks
```

Kategorie in CH: 00 unbekannt, 01 COM1-4, 03 CON, 05 LPT1-3.
Funktion in CL: 45h Iterationszähler setzen, 4Ah Codeseite wählen, 4Ch Codeseite beginnen, 4Dh Codeseite beenden, 5Fh Bildschirminfo setzen, 65h Iterationszähler lesen, 6Ah Codeseite abfragen, 6Bh Vorbereitungsliste abfragen, 7Fh Bildschirminfo abfragen.

Funktion 68, Unterfunktion 13

```
INT 21h, Funktion 44h              AH=44h                      C-Flag=0: OK mit
```

Über die IOCTL-Funktion für Blockgeräte eine generische I/O-Kontrolle vornehmen.	AL=0Dh BL=Laufwerkscode bzw. 0 CH=Kategorie (Hauptcode) CL=Funktion (Untercode) DS:DX Segment:Offset des Parameterblocks	C-Flag=1: Fehler mit AX=1: Fkt. unbekannt

Funktion 68, Unterfunktion 14:

INT 21h, Funktion 44h Über die IOCTL-Funktion ein logisches Laufwerk abfragen.	AH=44h AL=0Eh BL=Laufwerkscode bzw. 0	C-Flag=0: OK mit AL=Zuordnungscode C-Flag=1: Fehler mit AX=Fehlercode

Funktion 68, Unterfunktion 15:

INT 21h, Funktion 44h Über die IOCTL-Funktion ein Laufwerk logisch zuordnen.	AH=44h AL=0Fh BL=Laufwerkscode bzw. 0	C-Flag=0: OK mit AL=Zuordnungscode C-Flag=1: Fehler mit AX=Fehlercode

Funktion 69:

INT 21h, Funktion 45h Ein zweites Handle anlegen. DUP.	AH=45h BX=Handle	C-Flag=0: OK mit AX=neues Handle C-Flag=1: Fehler mit AX=4: kein Handle verfügbar AX=6: Handle nicht offen

Das neue, duplizierte Handle ist mit dem gleichen Gerät bzw. der gleichen Datei verbunden wie das ursprüngliche Handle.

Funktion 70:

INT 21h, Funktion 46h Zwei Handles angleichen. FORCDUP.	AH=46h BX=bleibender Handle CX=anzugleichender Handle	C-Flag=0: OK C-Flag=1: Fehler mit AX=4: kein Handle verfügbar AX=6: kein Handle offen

Das anzugleichende Handle wird mit dem gleichen Gerät bzw. der gleichen Datei verbunden wie das bleibende Handle; auch die Dateizeiger entsprechen sich. Beim Lesen oder Schreiben werden stets beide Handles bewegt.

Funkton 71:

INT 21h, Funktion 47h	AH=47h	C-Flag=0: OK
Das aktuelle Verzeichnis	DL=Gerätebezeichnung	C-Flag=1: Fehler mit
ermitteln.	DS=Puffer-Segment	AX=15: Gerät unbekannt
	SI=Puffer-Offset	

Die Funktion kopiert den Pfad des aktuellen Verzeichnisses in den angegebenen Puffer.
Gerätebezeichnung: 0 = aktuelles Laufwerk, 1 = Laufwerk A, 2 = Laufwerk B, usw.
Pfad im Puffer: String mit ASCII-0 als Endezeichen (der \ darf nicht am Stringende vor ASCII-0 stehen).

Funktion 72:

INT 21h, Funktion 48h	AH=48h	C-Flag=0: OK mit
Speicher im RAM reservieren.	BX=Anzahl Paragraphen	AX=Speicher-Segment
		C-Flag=1: Fehler mit
		AX=7: Speicherkontrollblock gelöscht
		AX=8: Speicher zu klein
		BX=Anzahl Paragraphen

Der im RAM reservierte Speicherbereich kann vom Programm beliebig genutzt werden.
Der Speicher beginnt ab AX:0000 mit der angeforderten Anzahl von Paragraphen als 16 Byte-Einheiten.

Funktion 73:

INT 21h, Funktion 49h	AH=49h	C-Flag=0: OK
Speicher im RAM freigeben.	ES=Speicher-Segment	C-Flag=1: Fehler mit
		AX=7: Speicherkontrollblock gelöscht
		AX=9: nichts reserviert

Der zuvor mit Funktion 48h bzw. 72 reservierte RAM-Speicherbereich wird wieder freigegeben, um anders genutzt zu werden.

Funktion 74:

INT 21h, Funktion 4Ah	AH=4Ah	C-Flag=0: OK
Speicher im RAM in seiner	BX=neue Größe in Para.	C-Flag=1: Fehler mit
Größe ändern. SETBLOCK.	ES=Speicher-Segment	AX=7: Speicherkontrollblock gelöscht
		AX=8: kein Platz
		BX=Freie Paragraphen

Die Größe des zuvor mit Funktion 48h reservierten Speicherbereichs wird vergrößert oder verkleinert.

Funktion 75, Unterfunktion 0:

INT 21h, Funktion 4Bh	AH=4Bh	C-Flag=0: OK
Ein anderes Programm laden	AL=0	C-Flag=1: Fehler mit
oder ausführen. EXEC.	ES=Parameterblock-Segm.	AX=Fehlercode
	BX=Parameterblock-Offs.	
	DS=Programmnamen-Segm.	
	DX=Programmnamen-Offset	

EXEC: Von einem Programm wird ein anderes (Unter-)Programm aufgerufen, um danach mit dem ursprünglichen Programm fortzufahren.
Beim Unterprogrammaufruf wird auch die Adresse eines Parameterblocks übergeben, in dem Daten abgelegt werden können.
Nur EXE- und COM-Programme können aufgerufen werden. Der Programmname wird als String mit ASCII-0 als Endezeichen angegeben.

Fehlercodes in AX: AX=1: Funktionscode unbekannt, AX=2: Pfad nicht vorhanden, AX=5: Zugriff abgelehnt, AX=8: Speicherbereich zu klein, AX=10: Environment-Block falsch, AX=11: Format falsch.

Format des Parameterblocks: Byte 0-1: Environment-Block-Segment, Byte2-3: Kommandoparameter-Offset, Byte4-5: Kommandoparameter-Segment, Byte6-7: Erstes FCB-Offset, Byte8-9: Erstes FCB-Segment, Byte10-11: Zweites FCB-Offset, Byte 12-13: Zweites FCB-Segment.

Funktion 75, Unterfunktion 3:

INT 21h, Funktion 4Bh	AH=4Bh	C-Flag=0: OK
Ein anderes Programm als	AL=3	C-Flag=1: Fehler mit
Overlay laden. EXEC.	ES=Parameterblock-Segm.	AX=Fehlercode
	BX=Parameterblock-Offs.	
	DS=Programmnamen-Segm.	
	DX=Programmnamen-Offset	

EXEC: Ein Programm wird als Overlay in den Speicher geladen, wobei dieses Programm nicht automatisch zur Ausführung gebracht wird.
Fehlercodes siehe Unterfunktion 0 von DOS-Funktion 4Bh.
Format des Parameterblocks: Byte0-1: Segment, an die das Overlay zu laden ist (zugehörendes Offset 0), Byte2-3: Relokationsfaktor 0 (bei COM-Datei) oder Segmentadresse zum Laden (bei EXE-Datei).

Funktion 76:

INT 21h, Funktion 4Ch	AH=4Ch	Keine
Ein Programm mit Ende-Code	AL=Ende-Code	
beenden. EXIT.		

Mit dem Beenden des Programms wird ein Ende-Code übergeben, der vom aufrufenden Programm dann über die Funktion 4Dh abgefragt werden kann.
Alle Handles und die mit ihnen verbundenen Dateien werden geschlossen. Die drei vor dem Programmstart im PSP (Program Segment Prefix) abgelegten Interruptvektoren werden wiederhergestellt.

Funktion 77:

INT 21h, Funktion 4Dh	AH=4Dh	AH=Programmendetyp
Den Ende-Code eines Programms		AL=Ende-Code
feststellen. WAIT.		

Programmendetypen in AH: AH=0: Normalende, AH=1: Ende durch Strg/C oder Untbr, AH=2: Ende durch Fehler bei Gerätezugriff, AH=3: Fehler durch Aufruf der DOS-Funktion 31h.

Funktion 78:

INT 21h, Funktion 4Eh	AH=4Eh	C-Flag=0: OK
Den ersten Eintrag im	CX=Attribut der Datei	C-Flag=1: Fehler mit
Directory suchen. FIND FIRST.	DS=Dateinamen-Segment	AX=2: Pfad unbekannt
	DX=Dateinamen-Offset	AX=18: Datei unbekannt

Der Dateiname muß als String mit ASCII-0 als Endezeichen vorliegen, wobei der Datei ein Attribut zugeordnet werden kann.
In den ersten 43 Bytes des DTA werden folgende Daten über die Datei bereitgestellt: Byte0-20: reserviert, Byte21: Dateiattribut, Byte22-23: Uhrzeit der letzten Änderung, Byte24-25: Datum der letzten Änderung, Byte 26-27: Dateigrößen-LowWord, Byte28-29: Dateigrößen-HighWord, Byte 30-42: Dateiname.Dateityp mit ASCII-0 als Endezeichen.

Funktion 79:

INT 21h, Funktion 4Fh	AH=4Fh	C-Flag=0: OK
Den nächsten Eintrag im		C-Flag=1: Fehler mit
Directory suchen. FIND NEXT.		AX=18: keine Datei

DTA-Informationen siehe DOS-Funktion 4Eh.

Funktion 84:

INT 21h, Funktion 54h	AH=54h	AL=Verify-Flag mit
Das Verify-Flag lesen.		0: Verify ausgeschaltet
		1: Verify eingeschaltet

Das Verify-Flag entscheidet über die nochmalige Prüfung nach einem Schreibvorgang; es kann mit der DOS-Funktion 2Eh gesetzt werden.

Funktion 86:

INT 21h, Funktion 56h	AH=56h	C-Flag=0: OK
Eine Datei über den Handle	DS=Dateinamen-Segment	C-Flag=1: Fehler mit
umbenennen und verschieben.	DX=Dateinamen-Offset	AX=Fehlercodes
	ES=Namen-Segment neu	
	DI=Namen-Offset neu	

Fehlercodes in AX: AX=2: Datei nicht gefunden, AX=3: Pfad nicht gefunden, AX=5: Zugriff abgelehnt, AX=11: falscher Gerätetyp.

Funktion 87, Unterfunktion 0:

INT 21h, Funktion 57h	AH=57h	C-Flag=0: OK mit
Datum und Uhrzeit der letzten	AL=0	CX=Uhrzeit
Dateiänderung ermitteln.	BX=Handle	DS=Datum
		C-Flag=1: Fehler mit
		AX=1: Fkt. unbekannt
		AX=6: Handle unbekannt

Da auf die Datei über den Handle zugegriffen wird, muß sie mittels Handle-Funktion geöffnet worden sein.
Uhrzeit-Format im CX-Register: Bit0-4: Sekunde in 2-Sekundenschritten, Bit5-10: Minute, Bit11-15:Stunde.
Datum-Format im DX-Register: Bit0-4: Monatstag, Bit5-8: Monat, Bit9-15: Jahr relativ zu 1980.

Funktion 87, Unterfunktion 1:

INT 21h, Funktion 57h	AH=57h	C-Flag=0: OK mit
Datum und Uhrzeit der letzten	AL=1	C-Flag=1: Fehler mit
Dateiänderung setzen.	BX=Handle	AX=1: Fkt. unbekannt
	CX=Uhrzeit	AX=6: Handle unbekannt
	DX=Datum	

Formate von Uhrzeit und Datum siehe Unterfunktion 0 von DOS-Funktion 57h.

Funktion 88, Unterfunktion 0:

INT 21h, Funktion 58h	AH=58h	C-Flag=0: OK mit
Konzept der Speicherverteilung	AL=0	AX=0: Suche von unten
lesen.		AX=1: Suche optimal
		AX=2: Suche von oben
		C-Flag=1: Fehler mit
		AX=1: Fkt. unbekannt

Ein Programm sollte über die DOS-Funktion 48h Speicherbereich so anfordern, daß er nur wenig größer als benötigt ist.

Funktion 88, Unterfunktion 1:

INT 21h, Funktion 58h	AH=58h	C-Flag=0: OK
Konzept der Speicherverteilung	AL=1	C-Flag=1: Fehler mit
setzen.	BX=Konzept	AX=1: Fkt. unbekannt

Für das gewählte Konzept gilt: BX=0: Suche von unten, BX=1: Suche nach dem optimalen Verfahren, BX=2: Siche von oben.

Funktion 89:

INT 21h, Funktion 59h	AH=59h	AX=Fehlerbeschreibung
Über Fehler informieren.	BX=0	BH=Fehlerursache
		BL=Konsequenz
		CH=Fehlerquelle

Beim Aufruf von DOS-Funktionen können Fehler auftreten. Zu diesen Fehlern können über die Funktion 59h Informationen wie folgt eingeholt werden.

Fehlerbeschreibung: 0=kein Fehler, 1=Funktionsnummer unbekannt, 2=Datei unbekannt, 3=Pfad unbekannt, 4=zu viele Dateien offen, 5=Zugriff abgelehnt, 6=Handle unbekannt, 7=Speicher-Kontroll-Block gelöscht, 8: Speicher zu klein, 9=Adresse falsch, 10=Environment falsch, 11=Zugriffscode falsch, 12=Daten falsch, 15=Laufwerk unbekannt, 16= aktuelles Verzeichnis nicht löschbar, 17 =unterschiedliche Gerätetypen, 18=keine weiteren Dateien verfügbar, 19 =Datenträger schreibgeschützt, 20=Gerät unbekannt, 21=Gerät nicht bereit, 22 =Befehl unbekannt, 23= CRC-Fehler, 24=Datenlänge falsch, 25=Suchfehler, 26=Gerätetyp unbekannt, 27=Sektor nicht gefunden, 28=Druckerpapier fehlt, 29=Schreibfehler, 30=Lesefehler, 31=allgemeiner Fehler, 34=Diskettenwechsel nicht erlaubt, 35=FCB nicht verfügbar, 80=Datei bereits eingerichtet, 82=Pfad kann nicht erstellt werden, 83=Abbruf nach DOS-Funktion 24h.

Fehlerursache: 1=Datenträger voll, 2=derzeitiges Zugriffsverbot, 3=Zugriff unautorisiert, 4=Systemsoftwarefehler intern, 5=Hardwarefehler, 6=Systemsoftwarefehler (nicht durch Benutzerprogramm hervorgerufen), 7=Benutzerprogrammfehler, 8=Datei nicht gefunden, 9=Dateiformat falsch, 10= Datei gesperrt, 11=Falsches Diskettenformat im Laufwerk, 12=sonstiger Fehler.

Konsequenz: 1=Vorgang wiederholen, 2=Vorgang mit Pausen wiederholen, 3=Eingabe von Daten vorsehen, 4=Programm normal beenden, 5=Programm sofort beenden, 6=Fehler übergehen, 7=Fehlerursache beseitigen.

Fehlerquelle: 1=unbekannt, 2=Blocktreiber wie Diskette, Festplatte, 3= Netzwerk, 4=serielles Gerät, 5=RAM.

Funktion 90:

INT 21h, Funktion 5Ah	AH=5Ah	C-Flag=0: OK mit
Eine temporäre Datei über den	CX=Dateiattribut	AX=Handle
Handle erstellen.	DS=Verzeichnis-Segment	DS=Dateinamen-Segment
	DX=Verzeichnis-Offset	DX=Dateinamen-Offset
		C-Flag=1: Fehler mit
		AX=3: Pfad unbekannt
		AX=5: Zugriff abgelehnt

Die temporäre Datei dient der Zwischenspeicherung und wird bei Programmende wieder gelöscht. Aus diesem Grunde wählt DOS den Dateinamen aus, während das Programm lediglich den Pfad nennt.
Dateiattribute: Bit0=1: Nur-Lese-Datei, Bit1=1: Versteckte Datei, Bit2=1: Systemdatei.
Die temporäre Datei muß vom Programm mit Funktion 62 bzw. 3Eh geschlossen und mit Funktion 65 bzw. 41h gelöscht werden.

Funktion 91:

INT 21h, Funktion 5Bh	AH=5Bh	C-Flag=0: OK
Eine neue Datei über den	CX=Dateiattribut	C-Flag=1: Fehler mit
Handle erzeugen.	DS=Verzeichnis-Segment	AX=Fehlercode
	DX=Verzeichnis-Offset	

Dateiattribute in CX: 00h=Normal, 01h=Nur-Lesen, 02h=Versteckt und 03h=System.

Funktion 92, Unterfunktion 0:

INT 21h, Funktion 5Ch	AH=5Ch	C-Flag=0: OK mit
Den Dateizugriff über den	AL=00h	DI=Dateizeiger-HighWord
Handle sperren (Locking).	BX=Handle (Dateinummer)	SI=Dateizeiger-LowWord

Funktion 92, Unterfunktion 1:

INT 21h, Funktion 5Ch	AH=5Ch	C-Flag=0: OK mit
Den Dateizugriff über den	AL=01h	DI=Dateizeiger-HighWord
Handle wieder zulassen	BX=Handle	SI=Dateizeiger-LowWord
(Unlocking).	DX=Segment-LowWord	C-Flag=1: Fehler mit
	CX=Segment-HighWord	AX=Fehlercode
	DI=Längen-LowWord	
	SI=Längen-HighWord	

Funktion 94, Unterbefehl 0:

INT 21h, Funktion 5Eh	AH=5Eh	C-Flag=0: OK mit
Den Namen des PCs erfragen.	AL=00h	CH=Name
	DS=Puffer-Segment	CL=Nummer
	DX=Puffer-Offset	C-Flag=0: Fehler mit
		CH=00h

Der Name ist ein 15-Zeichen-String, der mit ASCII-0 abgeschlossen wird.

Funktion 94, Unterbefehl 2:

INT 21h, Funktion 5Eh	AH=5Eh	C-Flag=0: OK
Einen PSS für einen Druckdatei	AL=02h	C-Flag=1: Fehler mit
setzen.	BX=Umleitungslistenind.	AX=Fehlercode
	CX=PSS-Länge	
	DS=PSS-Segment	
	SI=PSS-Offset	

Der PSS (Printer Setup String, Druckerinitialisierungsstring) wird allen Dateien vorangestellt, die für einen bestimmten Drucker im Netzwerk bestimmt sind.

Funktion 94, Unterbefehl 3:

```
INT 21h, Funktion 5Eh           AH=5Eh                   C-Flag=0: OK mit
Den PSS für eine Druckdatei     AL=03h                   CX=PSS-Länge
abfragen.                       BX=Umleitungslistenind.  C-Flag=1 mit
                                ES:PSS-Segment           AX=Fehlercode
                                DI:PSS-Offset
```

Der Interrupt ist nur möglich, wenn das Microsoft-Netzwerk aktiv ist.

Funktion 95, Unterbefehl 2:

```
INT 21h, Funktion 5Fh           AH=5Fh                   C-Flag=0: OK mit
Einträge in der Umleitungs-     AL=02h                   BH=Status
liste lesen.                    BX=Umleitungslistenind.  BL=Typ
                                DS:SI=Segment:Offset     CX=Parameter
                                des Gerätenamenspuffers  C-Flag=1: Fehler mit
                                ES:DI=Segment:Offset     AX=Fehlercode
                                Netzwerknamenspuffer
```

Die Systemumleitungsliste stellt die Verbindung zwischen Netzwerkdateien, lokalen logische Gerätenamen, Verzeichnissen und Druckern her. Mit dem Laden des Datei-Sharing-Moduls SHARE.EXE steht sie zur Verfügung.

Funktion 95, Unterbefehl 3:

```
INT 21h, Funktion 5Fh           AH=5Fh                   C-Flag=0: OK
Ein Gerät über das Netz         AL=03h                   C-Flag=1: Fehler mit
umleiten.                       DS=Gerätenamens-Segment  AX=Fehlercode
                                SI=Gerätenamens-Offset
                                ES=Netzwerknamens-Segment
                                DI=Netzwerknamens-Offset
                                BL=Gerätetyp
                                CX=Userparameter
```

Die Umleitung wird eingerichtet, indem ein lokaler Gerätename einem Netzwerknamen zugeordnet wird.
Gerätetyp in BL: 03h für Drucker und 04h für Laufwerk.

Funktion 95, Unterbefehl 4:

```
INT 21h, Funktion 5Fh           AH=5Fh                   C-Flag=0: OK
Umleitungen im Netz löschen.    AL=04h                   C-Flag=1: Fehler mit
                                DS=Gerätenamens-Segment  AX=Fehlercode
                                SI=Gerätenamens-Offset
```

Funktionen 96 und 97:

Für neue DOS-Versionen reserviert.

Funktion 98:

INT 21h, Funktion 62h	AH=62h	BX=PSP-Segment
Die Adresse des PSP abfragen.		

Das 256 KB große Program-Segment-Prefix wird bei der Ausführung jeder COM- und EXE-Datei vorangestellt und fängt bei Adresse BX:0000 an.

Funktion 101:

INT 21h, Funktion 65h	AH=65h	C-Flag=0: OK mit
Erweiterte Landesformate	AL=Information	Puffer je nach AL
abfragen (vgl. Funktion 38h).	BX=Codeseite (-1=Con)	C-Flag=1: Fehler mit
	CX=Pufferlänge (>=5)	AX=Fehlercode
	DX=Landes-Nr (-1=Standard)	
	ES=Puffer-Segment für Information	
	DI=Puffer-Offset für Information	

Die erweiterten landesspezifischen Formate und Symbole werden je nach AL im Puffer bereitgestellt.
Information in AL:
01h=Allgemeine landesspezifische Informationen lesen.
02h=Zeiger auf die Großbuchstabentabelle lesen.
04h=Zeiger auf die Großbuchstabentabelle für Dateinamen lesen.
06h=Zeiger auf die Vergleichstabelle lesen.

Funktion 102, Unterfunktion 1:

INT 21h, Funktion 66h	AH=66h	C-Flag=0: OK mit
Codeseite lesen.	AL=01h	BX=Aktive Codeseite
		C-Flag=1: Fehler mit
		AX=Fehlercode

Die Codeseite wird aus COUNTRY.SYS gelesen.

Funktion 102, Unterfunktion 2:

INT 21h, Funktion 66h	AH=66h	C-Flag=0: OK mit
Codeseite setzen.	AL=02h	C-Flag=1: Fehler mit
	BX=Auszuwählende Codeseite	AX=Fehlercode

Funktion 103:

INT 21h, Funktion 67h	AH=67h	C-Flag=0: OK
Den Handle-Zähler setzen.	BX=Anzahl der Handles	F-Flag=1: Fehler mit
		AX=Fehlercode

Mit dem Dateinummernzähler wird die maximale Anzahl von Dateien bzw. Geräten angegeben, die gleichzeitig geöffnet sein können.

Funktion 104:

INT 21h, Funktion 68h	AH=68h	C-Flag=0: OK
Den Dateipuffer leeren.	BX=Nummer des Handles	C-Flag=1: Fehler mit
		AX=Fehlernummer

Die Datei wird aktualisiert, indem alle Daten aus den internen DOS-Puffern auf das Gerät geschrieben werden.

Funktionen 105 bis 107:

Für neue DOS-Versionen reserviert.

Funktion 108:

INT 21h, Funktion 6Ch	AH=6Ch	C-Flag=0: OK mit
Die Datei erweitert öffnen.	AL=Zugriffsmodus	AX=Dateinummer
	DX=Funktion	CX=Geleistete Aktion
	DS=Pfadnamen-Segment	C-Flag=1: Fehler mit
	DI=Pfadnamen-Offset	AX=Fehlercode
	CX=Dateiattribut	

Eine Datei wird über den angegebenen Verzeichnispfad geöffnet und der entsprechende Zugriffsmodus festgelegt.
Zugriffsmodus über AL angeben mit folgenden Bits: 0-2 Zugriffsart, 3 Reserviert, 4-6 Sharing-Modus, 7 Vererbungsflag, 8-12 reserviert, 13 Behandlung kritischer Fehler, 14 Schreibzwang, 15 Reserviert.
Dateiattribute in CX mit folgenden Bits: 0 Nur-Lesen, 1 Versteckt, 2 System, 3 Datenträgerkennsatz, 4 Reserviert, 5 Archiv, 6-15 Reserviert.
Funktion in DX mit folgenden Bits: 0-3 Aktion, wenn Datei existiert (0000=Fehler, 0001=Datei öffnen, 0010=Datei ersetzen), 4-7 Aktion, wenn Datei nicht existiert (0000=Fehler, 0001=Datei anlegen), 8-15 Reserviert.

2.2.4 Übersicht der DOS-Funktionen ohne Interrupt 21h

Interrupt 20h:

INT 20h	CS=Segment des PSP	Keine
Den aktiven Prozeß beenden.		

Dateipuffer löschen, Dateien bzw. Handles schließen und die Vektoren für INT22h, INT23h und INT24h aus dem Programmsegmentprefix (PSP) neu laden.

Interrupt 21h bzw. 33:

Siehe Übersicht in Abschnitt 2.2.3. mit den Funktionen 0 bis 108.

Interrupt 22h bzw. 34:

INT 22h	Keine	Keine
Adresse der Terminierungs-routine lesen.		

Diese Adresse wird über INT20h, INT27h bzw. INT21h (Funktionen 0, 31h oder 4Ch) aktiviert, um das Programm zu beenden.

Interrrupt 23h bzw. 35:

INT 23h	Keine	Keine
Adresse der Routine für Ctrl-C bzw. Untbr/Brak.		

Diese Adresse wird über die Tasten Ctrl-C bzw. Break aktiviert.

Interrrupt 24h bzw. 36:

INT 24h	Keine	Keine
Kritische Fehler behandeln.		

Diese Adresse wird über einen kritischen Fehler (Hardwarefehler) aktiviert. Man sollte diese Rotinen nicht direkt über den INT-Befehl aufrufen, sondern als Far-Unterprogramm.

Interrupt 25h bzw. 37:

INT 25h	AL=Laufwerksnummer	C-Flag=0: OK
Von einem Laufwerk absolut lesen.	CX=Anzahl der Sektoren DX=erster Lesesektor DS=Puffer-Segment BX=Puffer-Offset	C-Flag=1: Fehler mit AX=Fehlercode

Logische Sektoren von einem Laufwerk direkt in den Speicher einlesen. Laufwerksnummer= 0=A, 1=B, 2=C, ... Beim Aufruf auf Partitions ab 32 MB: CX=-1 und DX:BS=Segment:Offset eines Parameterblocks angeben.

Fehlercode in AX: 1=falscher Befehl, 2=falsche Adresse, 4=Sektorangabe falsch, 8=DMA-Fehler, 16=CRC-Fehler, 32=Fehler Disk-Kontroller, 64= Suchfehler und 128=Gerät meldet sich nicht.

Interrupt 26h bzw. 38:

INT 26h	AL=Laufwerksnummer	C-Flag=0: OK
Auf Laufwerk absolut	CX=Anzahl der Sektoren	C-Flag=1: Fehler mit
schreiben.	DX=erster Schreibsektor	AX=Fehlercode
	DS=Puffer-Segment	
	BX=Puffer-Offset	

Sektoren logisch hintereinander direkt auf Diskette oder Festplatte schreiben.

Interrupt 27h bzw. 39:

INT 27h	CX=PSP-Segmentadresse	Keine
Das Programm beenden und	DX=Offset des letzten	
resident bleiben.	Bytes + 1	

Das aktive Programm beenden und die Kontrolle wieder an das aufrufende Programm übergeben. Anwendung: Treiber, Utilities oder Unterbrechungsbehandlungen als EXE-Dateien laden und resident halten.
Weitere Interrupts zum Beenden eines Programms: INT20h, INT21h mit Funktionen 0h, 31h und 4Ch.

Funktion 40 bis 46:

Reserviert für neue DOS-Versionen.

Interrupt 2Fh bzw. 47, Funktion 1, Unterfunktion 0:

INT 2Fh	AH=01h	C-Flag=0: OK
Multiplex-Interrupt ausführen:	AL=00h	C-Flag=1: Fehler mit
Installierungsstatus lesen.		AX=Fehlercode
		AL=Status

Zugang zu DOS-Erweiterungen wie APPEND und Druckerspooler. Die Erweiterungen hält man zumeist resident im RAM.
Ausgabe des Status des Druckerspoolers: 0h=Nicht installiert, aber bereit, 01h=nicht installiert, aber nicht bereit und FFh=installiert.

Interrupt 2Fh bzw. 47, Funktion 1, Unterfunktion 1:

INT 2Fh	AH=01h	C-Flag=0: OK
Multiplex-Interrupt ausführen:	AL=01h	C-Flag=1: Fehler mit
Datei zum Drucker senden.	DS=Paket-Segment	AX=Fehlercode
	DX=Paket-Offset	

Das Paket umfaßt 5 Bytes: 1=Ebene (0 angeben), 2-5=Pfadnamen-Segment und -Offset, die keine Dateigruppenzeichen enthalten dürfen (* bzw. ?).

Interrupt 2Fh bzw. 47, Funktion 1, Unterfunktion 2:

INT 2Fh	AH=01h	C-Flag=0: OK
Multiplex-Interrupt ausführen:	AL=02h	C-Flag=1: Fehler mit
Dateien aus Warteschlange	DS=Pfadnamen-Segment	AX=Fehlercode
löschen.	DX=Pfadnamen-Offset	

Interrupt 2Fh bzw. 47, Funktion 1, Unterfunktion 3:

INT 2Fh	AH=01h	C-Flag=0: OK
Multiplex-Interrupt ausführen:	AL=03h	C-Flag=1: Fehler mit
Dateien aus der Warteschlange		AX=Fehlercode
löschen.		

Interrupt 2Fh bzw. 47, Funktion 1, Unterfunktion 4:

INT 2Fh	AH=01h	C-Flag=0: OK
Multiplex-Interrupt ausführen:	AL=04h	C-Flag=1: Fehler mit
Druck anhalten zwecks Status-		AX=Fehlercode
abfrage.		DX=Fehlerzähler
		DS=Warteschlange-Seg
		SI=Warteschlange-Ofs

Interrupt 2Fh bzw. 47, Funktion 1, Unterfunktion 5:

INT 2Fh	AH=01h	C-Flag=0: OK
Multiplex-Interrupt ausführen:	AL=05h	C-Flag=1: Fehler mit
Das Drucken fortsetzen.		AX=Fehlercode

2.2.5 Übersicht der BIOS-Funktionen

Funktion:	Eingabe:	Ausgabe:

Interrupt 10h, Funktion 0:

INT 10h, Funktion 00h	AH=00h	Keine
Den Videomodus setzen.	AL=Videomodus	

Beim Einstellen des angegebenen Videomodus wird der Bildschirm gelöscht. Videomodi:

AL=0: Text, Mono, 40*25 Zeichen
AL=1: Text, Color, 40*25 Zeichen
AL=3: Text, Mono, 80*25 Zeichen
AL=4: Grafik, Color mit vier Farben, 320*100 Pixel
AL=5: Grafik, Mono mit vier Farben, 320*200 Pixel
AL=6: Grafik, Color mit zwei Farben, 640*200 Pixel
AL=7: Text, Moni, interner Modus

Interrupt 10h, Funktion 1:

INT 10h, Funktion 01h	AH=01h	Keine
Den Cursor verändern.	CH=Cursor-Startzeile	
	CL=Cursor-Endezeile	

Interrupt 10h, Funktion 2:

INT 10h, Funktion 02h	AH=02h	Keine
Den Cursor positionieren.	BH=Bildschirmseite-Nr	
	DH=Bildschirmzeile	
	DL=Bildschirmspalte	

Interrupt 10h, Funktion 3:

INT 10h, Funktion 03h	AH=03h	DH=Cursor-Zeile
Die Cursorposition lesen.	BH=Bildschirmseite-Nr	DL=Cursor-Spalte
		CH=Cursor-Startzeile
		CL=Cursor-Endezeile

Interrupt 10h, Funktion 4:

INT 10h, Funktion 04h	AH=04h	AH=0: Pos. falsch
Die Lichtstiftposition lesen.		AH=1: Pos. gefragt mit
		DH=Lichtstiftzeile
		DL=Lichtstiftspalte
		CH=Zeile bei Grafik
		BX=Spalte bei Grafik

Interrupt 10h, Funktion 5:

INT 10h, Funktion 05h	AH=05h	Keine
Eine Bildschirmseite anwählen.	AL=Bildschirmseiten-Nr	

Die gewählte Bildschirmseite wird - im Textmodus - zur aktuellen Seite.

Interrupt 10h, Funktion 6:

INT 10h, Funktion 06h	AH=06h	Keine
Textzeilen nach oben scrollen.	AL=Anzahl der Zeilen	
	CH=Zeile oben links	
	CL=Spalte oben links	
	DH=Zeile unten rechts	
	DL=Spalte unten rechts	
	DB=Leerzeilenfarbe	

Ein Ausschnitt der aktuellen Bildschirmseite wird um Zeilen nach oben verschoben bzw. gelöscht. Löschen mit ASCII-32 als Leerzeichen.

Interrupt 10h, Funktion 7:

INT 10h, Funktion 07h	AH=07h	Keine
Textzeilen nach unten scrollen.	AL=Anzahl der Zeilen	
	CH=Zeile oben links	
	CL=Spalte oben links	
	DH=Zeile unten rechts	
	DL=Spalte unten rechts	
	DB=Leerzeilenfarbe	

Interrupt 10h, Funktion 8:

INT 10h, Funktion 08h	AH=08h	AL=Zeichen-ASCII
Ein Zeichen mit Farbe lesen.	BH=Bildschirmseiten-Nr	AH=Zeichen-Farbe

An der aktuellen Cursorposition werden der ASCII-Code des Zeichens und sein Farbattribut ausgelesen.

Interrupt 10h, Funktion 9:

INT 10h, Funktion 09h	AH=09h	Keine
Ein Zeichen und die	BH=Bildschirmseiten-Nr	
Farbe schreiben.	CX=Wiederholungszahl	
	AL=Zeichen-ASCII	
	BL=Zeichen-Attribut	

Das Zeichen wird in der angegebenen Farbe an die aktuelle Cursorposition ausgegeben.

Interrupt 10h, Funktion 10:

INT 10h, Funktion 0Ah	AH=0Ah	Keine
Ein Zeichen schreiben.	BH=Bildschirmseiten-Nr	
	CX=Wiederholungszahl	
	Zeichen-ASCII	

Interrupt 10h, Funktion 11, Unterfunktion 0:

INT 10h, Funktion 0Bh	AH=0Bh	Keine
Eine Rahmen- und Hintergrund-	BH=0	
farbe auswählen.	BL=Rahmen-/Hintergrundfarbe	

Interrupt 10h, Funktion 11, Unterfunktion 1:

INT 10h, Funktion 0Bh	AH=0Bh	Keine
Eine Farbpalette auswählen.	BH=1	
	BL=Farbpaletten-Nr	

Eine der Farbpaletten 0 (grün, rot, gelb) oder 1 (cyan, magenta, weiß) werden ausgewählt.

Interrupt 10h, Funktion 12:

INT 10h, Funktion 0Ch	AH=0Ch	Keine
Einen Pixel schreiben.	DX=Bildschirmzeile	
	CX=Bildschirmspalte	
	AL=Farbwert	

Der Bildschirmpunkt wird in einem Farbwert je nach dem Grafikmodus geschrieben.

Interrupt 10h, Funktion 13:

INT 10h, Funktion 0Dh	AH=0Dh	AL=Farbwert
Einen Pixel einlesen.	DX=Bildschirmzeile	
	CX=Bildschirmspalte	

Interrupt 10h, Funktion 14:

INT 10h, Funktion 0Eh	AH=0Eh	Keine
Ein Zeichen schreiben.	AL=Zeichen-ASCII	
	BL=Vordergrundfarbe	

Interrupt 10h, Funktion 15:

INT 10h, Funktion 0Fh	AH=0Fh	AL=Videomodus
Den Videomodus lesen.		AH=Zeichen/Zeile
		Bildschirmseiten-Nr

Die Nummer des Videomodus (vgl. Funktion 00h von Interrupt 10h), die Anzahl der Zeichen/Zeile und die Nummer der Bildschirmseite werden angegebenen.

Interrupt 10h, Funktion 19:

INT 10h, Funktion 13h Einen String ausgeben.	AH=13h AL=Ausgabemodus BL=Attributbyte CX=Zeichenanzahl DH=Bildschirmzeile DL=Bildschirmspalte BH=Bildschirmseite ES=Puffer-Segment BP=Puffer-Offset	Keine

Ausgabemodus AL=0: Attribut in BL (Cursorposition bleibt), AL=1: Attribut in BL (Cursorposition aktualisieren), AL=2: Attribut im Puffer (Cursorposition bleibt), AL=3: Attribut im Puffer (Cursorposition aktualisieren).

Interrupt 11h:

INT 11h Die Konfiguration abfragen.	Keine	AX=Konfiguration

Die beim Booten eingestellten Werte der System-Konfiguration werden angezeigt.

Interrupt 12h:

INT 12h Die Speichergröße abfragen.	Keine	AX=Anzahl KB

Interrupt 13h, Funktion 00h:

INT 13h, Funktion 00h Disketten-Reset durchführen.	AH=00h DL=0 oder DL=1	C-Flag=0: OK mit AH=0 C-Flag=1: Fehler mit AH=Fehlercode

Interrupt 13h, Funktion 00h:

INT 13h, Funktion 00h Festplatten-Reset durchführen.	AH=00h DL=80h oder DL=81h	C-Flag=0: OK mit AH=0 C-Flag=1: Fehler mit AH=Fehlercode

Erstes Fstplattenlaufwerk mit Nummer 80h und zweites Laufwerk mit Nummer 81h.

Interrupt 13h, Funktion 01h:

INT 13h, Funktion 01h Den Diskettenstatus lesen.	AH=01h DL=0 oder DL=1	C-Flag=0: OK mit AH=0 C-Flag=1: Fehler mit AH=Fehlercode

Interrupt 13h, Funktion 01h:

INT 13h, Funktion 01h Den Festplattenstatus lesen.	AH=01h DL=80h oder DL=81h	C-Flag=0: OK mit AH=0 C-Flag=1: Fehler mit AH=Fehlercode

Interrupt 13h, Funktion 02h:

INT 13h, Funktion 02h Sektoren von Diskette lesen.	AH=02h DL=Laufwerk-Nr DH=Diskseiten-Nr CH=Spuren-Nr CL=Sektor-Nr AL=Sektorenanzahl ES=Puffer-Segment BX=Puffer-Offset	C-Flag=0: OK mit AH=0 C-Flag=1: Fehler mit AH=Fehlercode

Interrupt 13h, Funktion 02h:

INT 13h, Funktion 02h Sektoren von Festplatte lesen.	AH=02h DL=Laufwerks-Nr DH=Lese/Schreibkopf-Nr CH=Zylinder-Nr CL=Sektor-Nr AL=Sektorenanzahl (1-128) ES=Puffer-Segment BX=Puffer-Offset	C-Flag=0: OK mit AH=0 C-Flag=1: Fehler mit AH=Fehlercode

Interrupt 13h, Funktion 03h:

INT 13h, Funktion 03h Auf Diskette schreiben.	AH=03h DL=Laufwerk-Nr DH=Diskseiten-Nr CH=Spuren-Nr CL=Sektor-Nr AL=Sektorenanzahl ES=Puffer-Segment BX=Puffer-Offset	C-Flag=0: OK mit AH=0 C-Flag=1: Fehler mit AH=Fehlercode

Interrupt 13h, Funktion 03h:

INT 13h, Funktion 03h Auf Festplatte schreiben.	AH=03h DL=Laufwerks-Nr DH=Lese/Schreibkopf-Nr CH=Zylinder-Nr CL=Sektor-Nr AL=Anzahl zu schreibender Sektoren (1-128) ES=Puffer-Segment BX=Puffer-Offset	C-Flag=0: OK mit AH=0 C-Flag=1: Fehler mit AH=Fehlercode

Laufwerks-Nr 80h (1. Laufwerk) oder 81h (2. Laufwerk).

Interrupt 13h, Funktion 04h:

INT 13h, Funktion 04h	AH=04h	C-Flag=0: OK mit AH=0
Die Diskette verifizieren.	DL=Laufwerk-Nr	C-Flag=1: Fehler mit
	DH=Diskseiten-Nr	AH=Fehlercode
	CH=Spuren-Nr	
	CL=Sektor-Nr	
	AL=Sektorenanzahl	
	ES=Puffer-Segment	
	BX=Puffer-Offset	

Sektoren auf Diskette werden mit den Daten im Puffer verglichen.

Interrupt 13h, Funktion 04h:

INT 13h, Funktion 04h	AH=04h	C-Flag=0: OK mit AH=0
Die Festplatte verifizieren.	DL=Laufwerks-Nr	C-Flag=1: Fehler mit
	DH=Lese/Schreibkopf-Nr	AH=Fehlercode
	CH=Zylinder-Nr	
	CL=Sektor-Nr	
	AL=Sektorenanzahl (1-128)	
	ES=Puffer-Segment	
	BX=Puffer-Offset	

Sektoren auf Diskette werden mit den Daten im Puffer verglichen.

Interrupt 13h, Funktion 05h:

INT 13h, Funktion 05h	AH=05h	C-Flag=0: OK mit AH=0
Eine Diskette formatieren.	DL=Laufwerk-Nr	C-Flag=1: Fehler mit
	DH=Diskseiten-Nr	AH=Fehlercode
	CH=Spuren-Nr	
	CL=Sektor-Nr	
	AL=Sektorenanzahl zum Formatieren	
	ES=Puffer-Segment	
	BX=Puffer-Offset	

Interrupt 13h, Funktion 05h:

INT 13h, Funktion 05h	AH=05h	C-Flag=0: OK mit AH=0
Eine Festplatte formatieren.	DL=Laufwerks-Nr	C-Flag=1: Fehler mit
	DH=Lese/Schreibkopf-Nr	AH=Fehlercode
	CH=Zylinder-Nr	
	CL=1 als Sektorennummer	
	AL=17 als Sektorenanzahl	
	ES=Puffer-Segment	
	BX=Puffer-Offset	

Interrupt 13h, Funktion 08h:

INT 13h, Funktion 08h	AH=08h	
Festplattenformat abfragen.	DL=Laufwerks-Nr	C-Flag=0: OK mit DL=Festplattenanzahl DH=Lesebkopfanzahl CH=Zylinder-Nr CL=Sektor-Nr C-Flag=1: Fehler mit AH=Fehlercode

Interrupt 13h, Funktion 09h:

INT 13h, Funktion 09h	AH=09h	C-Flag=0: OK
Fremde Laufwerke anpassen.	DL=Laufwerks-Nr	C-Flag=1: Fehler mit AH=Fehlercode

Interrupt 13h, Funktion 010:

INT 13h, Funktion 0Ah	AH=0Ah	C-Flag=0: OK mit AH=0
Von der Festplatte erweitert lesen.	DL=Laufwerk-Nr DH=Diskseiten-Nr CH=Spuren-Nr CL=Sektor-Nr AL=Sektorenanzahl, die zu lesen ist (1-127) ES=Puffer-Segment BX=Puffer-Offset	C-Flag=1: Fehler mit AH=Fehlercode

Erweitert bedeutet, daß nicht nur die 512 Bytes eines Sektors in den Puffer eingelesen werden, sondern zusätzlich die vier Prüfbytes (ECC), die am Ende jedes Sektors abgelegt sind.

Interrupt 13h, Funktion 11:

INT 13h, Funktion 0Bh	AH=0Bh	C-Flag=0: OK mit AH=0
Auf die Festplatte erweitert schreiben.	DL=Laufwerk-Nr DH=Diskseiten-Nr CH=Spuren-Nr CL=Sektor-Nr AL=Sektorenanzahl, die zu schreiben ist (1-127) ES=Puffer-Segment BX=Puffer-Offset	C-Flag=1: Fehler mit AH=Fehlercode

Interrupt 13h, Funktion 13:

INT 13h, Funktion 0Dh	AH=0Dh	C-Flag=0: OK
Festplatten-Reset durchführen.	DL=80h oder 81h	C-Flag=1: Fehler mit AH=Fehlercode

Das Reset bezieht sich auf die angeschlossenen Festplattenlaufwerke wie auf den Festplatten-Controller.

Interrupt 13h, Funktion 16:

INT 13h, Funktion 10h Bereitschaft der Festplatte testen.	AH=10h DL=80h oder 81h	C-Flag=0: Bereit C-Flag=1: Nicht bereit mit AH=Fehlercode

Interrupt 13h, Funktion 17:

INT 13h, Funktion 11h Das Festplattenlaufwerk rekalibrieren.	AH=11h DL=80h oder 81h	C-Flag=0: Ausgeführt C-Flag=1: Fehler mit AH=Fehlercode

Interrupt 13h, Funktion 20:

INT 13h, Funktion 14h Den Festplatten-Controller diagnostizieren.	AH=14h DL=80h oder 81h	C-Flag=0: OK C-Flag=1: Fehler mit AH=Fehlercode

Interrupt 13h, Funktion 21:

INT 13h, Funktion 15h Den Laufwerkstyp lesen. .	AH=15h DL=Laufwerks-Nr	C-Flag=0: OK mit AH=Laufwerkstyp

Als Laufwerks-Nr 0 oder 1 (bei Diskette) bzw. 80h oder 81h (bei Festplatte) angeben.
Laufwerkstypen AH=0: nicht gefunden, AH=1: Laufwerk erkennt keinen Diskettenwechsel, AH=2: Laufwerk erkennt Diskettenwechsel, AH=3: Festplatte.

Interrupt 13h, Funktion 22:

INT 13h, Funktion 16h Diskettenwechsel feststellen.	AH=16h DL=Laufwerks-Nr	AH=0: Kein Wechsel AH=6: Disk.-Wechsel

Interrupt 13h, Funktion 23:

INT 13h, Funktion 17h Das Diskettenformat festlegen.	AH=17h DL=Format	C-Flag=0: OK C-Flag=1: Fehler

Formate: AL=1: 360 KB in 360 KB-Laufwerk, AL=2: 360 KB auf 1,2 MB-Laufwerk, AL=3: 1,2 MB in 1,2-MB-Laufwerk.

Interrupt 14h, Funktion 0:

INT 14h, Funktion 00h Sie serielle Schnittstelle initialisieren.	AH=00h DX=Schnittstellen-Nr AL=Konfigurationsparameter	AH=Schnittst.-Status AL=Modem-Status

Schnittstellen-Nummern sind 0 für COM1 sowie 1 für COM2.

Interrupt 14h, Funktion 1:

INT 14h, Funktion 01h	AH=01h	AH-Bit 7=0: OK
Ein Zeichen über die serielle	DX=Schnittstellen-Nr	AH-Bit 1: Fehler
Schnittstelle ausgeben.	AL=Ausgabezeichen-ASCII	

Interrupt 14h, Funktion 2:

INT 14h, Funktion 02h	AH=02h	AH-Bit 7=0: OK mit
Ein Zeichen über die serielle	DX=Schnittstellen-Nr	AL=Eingabezeichen-ASCII
Schnittstelle einlesen.		AH-Bit 7=1: Fehler

Interrupt 14h, Funktion 3:

INT 14h, Funktion 03h	AH=03h	AH=Schnittst.-Status
Den Status der seriellen	DX=Schnittstellen-Nr	AL=Modem-Status
Schnittstelle erfragen		

Interrupt 15h, Funktion 131:

INT 15h, Funktion 83h	AH=83h	Keine
Ein Flag nach einer Zeit	ES=Flag-Segment	
setzen.	BX=Flag-Offset	
	CX=Mikrosekunden-HighWord	
	DX=Mikrosekunden-LowWord	

Das Bit 7 des genannten Flags wird nach der angegebenen Zeit (in Mikrosekunden) auf 1 gesetzt.

Interrupt 15h, Funktion 133:

INT 15h, Funktion 85h	AH=85h	Keine
Die Systemanfrage-Taste	AL=0: Taste gedrückt	
bestätigen.	AL=1: Taste wurde losgelassen	

Die Funktion wird von der Tastaturroutine aufgerufen, sobald die Systemanfrage-Taste betätigt oder losgelassen wird.

Interrupt 15h, Funktion 134:

INT 15h, Funktion 86h	AH=86h	Keine
Eine bestimmte Zeit warten.	CX=Mikrosekunden-HighWord	
	DX=Mikrosekunden-LowWord	

Interrupt 15h, Funktion 135:

INT 15h, Funktion 87h:	AH=87h CX=Wortanzahl ES=Descriptortab.-Segm. SI=Descriptortab.-Offs.	C-Flag=0: OK C-Flag=1: Fehler mit AH=1: RAM-Fehler AH=2: GDT-Fehler AH=3: Install.-Fehler

Interrupt 15h, Funktion 136:

INT 15h, Funktion 88h: Speichergröße über 1 MB erfragen.	AH=88h	AX=KB-Speichergröße

Interrupt 15h, Funktion 137:

INT 15h, Funktion 89h: In den Protected-Modus umschalten.	AH=89h	Keine

Interrupt 16h, Funktion 0:

INT 16h, Funktion 00h: Ein Zeichen aus dem Puffer auslesen.	AH=00h	AL=0: erw. Tastaturcode mit AH=Tastaturcode AL=Tasten-ASCII AH=Tasten-Scancode

Interrupt 16h, Funktion 1:

INT 16h, Funktion 01h: Den Tastaturpuffer testen.	AH=01h	C-Flag=1: kein Zeichen C-Flag=0: Zeichen mit AL=0: erw. Tastaturcode mit AH=Tastaturcode AL=Tasten-ASCII AH=Tasten-Scancode

Ist ein Zeichen im Tastaturpuffer, so wird dieses zurückgegeben. Das Zeichen bleibt ab er im Puffer weiterhin gespeichert.

Interrupt 16h, Funktion 2:

INT 16h, Funktion 02h: Den Tastaturstatus abfragen.	AH=02h	AL=Tastaturstatus

Tastaturstatus in AL: Shift rechts (Bit 0), Shift liks (Bit 1), Strg (Bit 2), Alt (Bit 3), Scroll/Lock (Bit 4), Num/Lock (Bit 5), Caps/Lock (Bit 6), Ins (Bit 7).

Interrupt 17h, Funktion 0:

INT 15h, Funktion 00h: Ein Zeichen über den parallelen Drucker ausgeben.	AH=00h AL=Zeichencode DX=Drucker-Nr	AH=Druckerstatus

Druckerstatus in AH: Fehler für abgelaufene Zeit (Bit 0), Übertragung (Bit 3), on/line bzw. off/line (Bit 4 mit 1 bzw. 0), Papiermangel (Bit 5), Empfangsbestätigung (Bit 6), Drucker arbeitet (Bit 7)

Interrupt 18h:

```
INT 18h                    Keine                     Keine
Das ROM-BASIC aufrufen.
```

Interrupt 19h:

```
INT 19h                    Keine                     Keine
Das System booten.
```

Interrupt 1Ah, Funktion 0:

```
INT 1Ah, Funktion 00h      AH=00h                    CX=Zeitzähler-HighWord
Den Zeitzähler lesen.                                DX=Zeitzähler-LowWord
                                                     AL=Zeitanzeige
```

Zeitanzeige AL=0, wenn seit dem letzten Auslesen der Uhrzeit sind weniger als 24 Stunden vergangen, sonst AL<>0.

Interrupt 1Ah, Funktion 1:

```
INT 1Ah, Funktion 01h      AH=01h                    Keine
Den Zeitzähler setzen.     CX=Zeitzähler-HighWord
                           DX=Zeitzähler-LowWord
```

Interrupt 1Ah, Funktion 2:

```
INT 1Ah, Funktion 02h      AH=02h                    C-Flag=0: OK mit
Die Zeituhr lesen.                                   CH=Stunde
                                                     CL=Minute
                                                     DH=Sekunde
                                                     C-Flag=1: Batterie leer
```

Interrupt 1Ah, Funktion 3:

```
INT 1Ah, Funktion 03h      AH=03h                    Keine
Die Zeituhr setzen.        CH=Stunde
                           CL=Minute
                           DH=Sekunde
                           DL=1 (Sommerzeit)
                           DL=0 (keine Sommerzeit)
```

Interrupt 1Ah, Funktion 4:

```
INT 1Ah, Funktion 04h      AH=04h                    C-Flag=0: OK mit
Das Datum aus der Zeituhr                            CH=Jahrhundert
lesen.
```

		CL=Jahr DH=Monat DL=Tag C-Flag=1: Batterie leer

Interrupt 1Ah, Funktion 5:

INT 1Ah, Funktion 05h Das Datum der Zeituhr setzen.	AH=05h CH=Jahrhundert (19/20) CL=Jahr DH=Monat DL=Tag	Keine

Interrupt 1Ah, Funktion 6:

INT 1Ah, Funktion 06h Die Alarmzeit in der Zeituhr setzen.	AH=06h CH=Stunde CL=Minute DH=Sekunde	C-Flag=0: OK mit C-Flag=1: Batterie leer oder bereits gesetzt

Interrupt 1Ah, Funktion 7:

INT 1Ah, Funktion 07h Die Alarmzeit löschen.	AH=07h	Keine

Interrupt 1Bh:

INT 1Bh Die Untbr-Taste betätigen.	Keine	Keine

Beim Drücken der Untbr-Taste (Ctrl/Break) löste die BIOS-Tastaturroutine den Interrupt 1Bh bzw. 27 aus.

Interrupt 1Ch:

INT 1Ch Einen periodischen Interrupt erzeugen.	Keine	Keine

2

Referenzen zum maschinennahen Programmieren

2.3.1 Übersicht der Befehle

Ein-Buchstaben-Befehle von DEBUG.COM: Das Testhilfeprogramm DEBUG.COM wird dazu eingesetzt, um Texte in Programmdateien zu verändern. DEBUG.COM stellt dazu Ein-Buchstaben-Befehle bereit. Im diesem Kurs werden die Befehle A, D, E, H, N, Q, R, S, U und W verwendet.

A	*Format: A (Adresse)* Assemble, Eingabe von Assemblerbefehlen und Übersetzung in Maschinencode.
D	*Format: D (Adresse) oder D (Bereich)* Dump; Hauptspeicherauszug (engl. Dump) anzeigen.
E	*Format: E Adresse (Zeichenkette)* *oder : E Adresse (Liste von Hexadezimalwerten)* Enter: Eingabe von Zeichen in den Hauptspeicher.
H	*Format: H Wert Wert* Hex-Arithmetik; Hexadezimalzahlen addieren/subtrahieren.
N	*Format: N (Laufwerk:)(Pfad)Dateibenennung* Name; Datei benennen und Dateisteuerblock einrichten.
Q	*Format: Q* Quit; Programm DEBUG.COM beenden und die Kontrolle an die aufrufende Ebene zurückgeben.
R	*Format: R (Registername)* Register; Registerinhalte anzeigen und ändern.
S	*Format: S Bereich (Zeichenkette)* *oder : S Bereich (Liste von Hexadezimalwerten)* Search; Adresse von Daten im Hauptspeicher suchen.
U	*Format: U (Adresse) oder U (Bereich)* Unassemble; Rückübersetzung (Disassemblieren) des Hauptspeicherinhalts in Assembleranweisungen.
W	*Format: W* Write; Datei vom Hauptspeicher auf die Platte schreiben.

Grundlegende Ein-Buchstaben-Befehle von DEBUG.COM

Für die Befehlsformate von DEBUG.COM gilt:

- Die Angaben in eckigen Klammern sind optional.
- Parameter ohne Klammern sind zwingend zu setzen.
- Die Angabe "Adresse" kann eine vollständige Hauptspeicheradresse der Form *Segmentadresse:Offsetadresse* oder nur die Offsetadresse sein.
- Die Angabe "Bereich" kann in zweifacher Weise formuliert werden:

```
1. Alternative:      Anfangsadresse     Endadresse
2. Alternative:      Anfangsadresse  L  Distanz
```

Anfangsadresse ist die Adresse, an der der gewünschte Hauptspeicherbereich beginnt. Mit Endadresse hört dieser Bereich auf. Die 2. Alternative erfordert die Angabe von "L" (Länge) und dahinter eine Distanz bzw. Längenangabe in Bytes.

Beispiel "Register anzeigen mit Befehl R":
Die Daten-Register sind mit AX, BX, usw. gekennzeichnet. Im Register CX steht die hexadezimale Zahl 01E8. Die Umrechnung von hexadezimal 01 in eine Dezimalzahl ergibt die Zahl 256, hexadezimal E8 ergibt dezimal 232. Addiert man 256 und 232, so erhält man exakt die Größe der Datei in Bytes, nämlich 488. Nach dem Laden enthält das Register CX die Ausdehnung der geladenen Datei.

```
A:\>debug config.rm0
-r
AX=0000  BX=0000  CX=01E8  DX=0000  SP=FFEE  BP=0000  SI=0000  DI=0000
DS=2E65  ES=2E65  SS=2E65  CS=2E65  IP=0100   NV UP EI PL NZ NA PO NC
2E65:0100 7265          JB      0167
-
```

Beispiel "Dump erzeugen mit Befehl D":
In acht Zeilen werden die ersten 128 Byte (8 mal 16) der Beispieldatei Config.RM0 in hexadezimaler Form angezeigt:

```
-d
2E65:0100  72 65 6D 20 63 6F 6E 66-69 67 2E 73 79 73 2C 20   rem config.sys,
2E65:0110  56 65 72 73 69 6F 6E 20-66 81 72 20 4D 6F 64 65   Version f.r Mode
2E65:0120  6C 6C 20 33 0D 0A 62 72-65 61 6B 3D 6F 6E 0D 0A   ll 3..break=on..
2E65:0130  66 69 6C 65 73 3D 31 36-0D 0A 72 65 6D 20 32 30   files=16..rem 20
2E65:0140  20 50 75 66 66 65 72 20-6A 65 20 35 31 32 42 2C    Puffer je 512B,
2E65:0150  20 34 20 53 65 6B 74 6F-72 65 6E 20 69 6E 20 46    4 Sektoren in F
2E65:0160  6F 6C 67 65 20 66 2E 20-73 65 71 75 65 6E 74 2E   olge f. sequent.
2E65:0170  20 4C 65 73 65 6E 3A 0D-0A 62 75 66 66 65 72 73    Lesen:..buffers
-
```

DUMP mit drei Teilen: Am Bildschirm steht ein Hauptspeicherauszug (engl. dump) von der Speicherstelle CS:0100 bis zur Speicherstelle CS:0170. Der Dump besteht aus drei Teilen bzw. Spalten:

1. In der linken Spalte werden die Anfangsadressen der jeweils 16 Byte großen Datengruppen bzw. Zeilen angegeben.
2. Die mittlere Spalte zeigt die Daten des Dumps hexadezimal.
3. Die rechte Spalte zeigt die gleichen Daten wie die mittlere Spalte; aber in Klarschrift und nur soweit, als die Daten überhaupt in lesbare (Schrift-)Zeichen umgesetzt werden können. Daten, die nicht als Buchstaben, Ziffern oder Sonderzeichen darstellbar sind, erscheinen nur als **Punkte**.

Vergleich der mittleren mit der rechten Spalte der ersten Zeile: Das erste Zeichen ist "b" und entspricht 62h (h=hexadezimal), das ist dezimal 98 (6 mal 16 + 2). Die ist das kleine "b" im ASCII mit der Ordnungszahl 98.

Punkte, die keine sind: Nach dem Text "break=off" kommen 2 Punkte, die keine sind. Ein Blick in die mittlere Spalte belehrt uns: es sind die Zeichen 0Dh und 0Ah, dezimal 13 und 10. Sie heißen "Carriage Return" (CR, Wagenrücklauf) und "Line Feed" (LF, Zeilenvorschub). Diese Steuerzeichen werden von der Eingabetaste erzeugt und bilden in DOS den Abschluß jeder Textzeile. Am Schluß der Datei gibt es noch das Zeichen 1Ah. Dieses Steuerzeichen markiert das Dateiende (engl. end of file marker). Jede Datei hört damit auf. Die Datei CONFIG.RM0 kann bis zum Ende weiter "dumpen", wenn man erneut den Befehl D tippt.

2.3.2 Schreibweise bei DEBUG und Turbo Assembler

DEBUG:	Turbo Assembler und MASM:
Zahlen stets hexadezimal schreiben: 10 steht für "10h bzw. 16d"	Abschließendes h für Hexadezimalwerte: 10 steht für "10d"
Hexadezimalziffern A - F können auch am Anfang stehen: FB5A	Vor eine führende Hexadezimalziffer ist die Ziffer 0 zu schreiben: FB5Ah ist als 0FB5Ah zu schreiben
Der Offset muß in Klammern stehen: DS:[320]	Klammerung nicht unbedingt erforderlich (aber besser lesbar): DS:[320h] oder auch DS:320
Exakter Ladebefehl wird erwartet: MOV BYTE PTR ... MOV WORD PTR ...	Assembler übernimmt Längenzuordnung: MOV ...

2

Referenzen zum maschinennahen Programmieren

2.4.1 Optionen zum Aufrufen des Assemblers

Gibt man TASM ohne Parameter ein, so wird das Format zum Aufrufen von TASM.EXE wie folgt angezeigt:

```
A:\>tasm
Turbo Assembler  Version 1.0  Copyright (c) 1988 by Borland International

Syntax:  TASM [options] source [,object] [,listing] [,xref]

        /a,/s           Alphabetic or Source-code segment ordering
        /c              Generate cross-reference in listing
        /dSYM[=VAL]     Define symbol SYM = 0, or = value VAL
        /e,/r           Emulated or Real floating-point instructions
        /h,/?           Display this help screen
        /iPATH          Search PATH for include files
        /jCMD           Jam in an assembler directive CMD (eg. /jIDEAL)
        /kh#,/ks#       Hash table capacity #, String space capacity #
        /l,/la          Generate listing: l=normal listing, la=expanded listing
        /ml,/mx,/mu     Case sensitivity on symbols: ml=all, mx=globals,  mu=none
        /n              Suppress symbol tables in listing
        /p              Check for code segment overrides in protected mode
        /t              Suppress messages if successful assembly
        /w0,/w1,/w2     Set warning level: w0=none, w1=w2=warnings on
        /w-xxx,/w+xxx   Disable (-) or enable (+) warning xxx
        /x              Include false conditionals in listing
        /z              Display source line with error message
        /zi,/zd         Debug info: zi=full, zd=line numbers only
```

Optionen zum Aufruf von TASM an der Kommandozeile:

A:\>tasm /a prog1
In der Objektdat PROG1.OBJ die Segmente in alphabetischer Reihenfolge anordnen.

A:\>tasm /b prog1
Die Option /B ist ohne Einfluß (aus Kompatibilitätsgründen vorgesehen).

A:\>tasm /l /c prog1
Die Option /C fügt in der Listing-Datei PROG1.LST eine Cross-Referenz mit allen Symbolen an.

A:\>tasm /dmax=20 /dmin=5 prog1
Die Option */DSymbol[=Wert oder Symbol]* definiert ein Symbol so, als ob es in der ersten Zeile des Assemblertextes mit der Anweisung = zugewiesen worden wäre. Oben: Symbole DMAX und DMIN definieren.

A:\>tasm /e progl
Die Option */E* dient dazu, Fließkommabefehle für den Software-Emulator zu erzeugen. Die Option /E ist identisch mit der Option /JEMUL bzw. mit der Anweisung EMUL im Assemblerquelltext. Siehe /R.

A:\>tasm /h oder A:\>tasm /?
Die Optionen */H* bzw. */?* geben einen Bildschirm mit Hilfetext aus.

A:\>tasm /ic:\biblioth /i\uprol
Die Option */IPfad* gibt den Verzeichnispfad an, in dem der Turbo Assembler nach Dateien suchen soll, die mit der INCLUDE-Anweisung in den Assemblertext aufzunehmen sind.

- Für die Anweisung INCLUDE Ausgabe.INC sucht das System zuerst die Datei C:\BIBLIOTH\Ausgabe.INC und dann erst die Datei \UPRO1\Ausgabe.INC.
- Für die Anweisung INCLUDE B:\HILFE\Ausgabe.INC hingegen wird zusätzlich zuerst die Datei B:\HILFE\Ausgabe.INC gesucht.

A:\>tasm /j.286 /jideal progl
Die Option */JAnweisung* definiert eine Anweisung (die keine Argumente erfordert), die vor der Assemblierung als erste Zeile im Quelltext abzuarbeiten ist. Im Beispiel werden zwei Anweisungen angegeben: Die Datei Progl.ASM wird mit den Befehlen des Prozessors 80286 im IDEAL-Modus übersetzt.

A:\>tasm /kh15000 progl
Die Option */KHSymbolAnzahl* legt die Anzahl von Symbolen fest, die in einem Model benannt werden dürfen (voreingestellt sind 8192 Symbole). Maximalwert ist 32768. Mit einem Wert unter 8192 wird Speicher freigegeben werden.

A:\>tasm /ks100 progl
Die Option */KSStringspeicher* bestimmt den Speicherplatz zur Ablage von Strings in KB. Maximalwert ist 255 KB.

A:\>tasm /l progl
Die Option */L* erzeugt eine Listingdatei Progl.LST, die man sich in der DOS-Ebene mit TYPE Progl.LST anzeigen lassen kann.

A:\>tasm /la progl
Die Option */LA* erzeugt eine erweiterte Listingdatei Progl.LST, in der zusätzlich auch der Code der Hochsprachenschnittstelle (z.B. durch .MODEL erzeugt) angegeben wird.

A:\>tasm /ml progl
Die Option */ML* dient dazu, daß in den Namen von Symbolen zwischen Groß- und Kleinschreibung unterschieden wird. Ausgabe und AUSGABE sind somit zwei verschiedene Symbole.

A:\>tasm /mu progl
Die Option */MU* entspricht der Standardeinstellung, in der alle Buchstaben in Großschreibung umgewandelt werden.

A:\>tasm /mx progl
Die Optiom */MX* dient dazu, daß nur bei Symbolen, die mit PUBLIC und EXTRN vereinbart sind, zwischen Groß- und Kleinschreibung unterschieden wird. Wichtig z.B. beim Import von Turbo C-Symbolen.

A:\>tasm /l /n progl
Die Option */N* verhindert, daß in die Listingdatei (Dateityp LST) auch die Symboltabelle als Page 2 aufgenommen wird.

A:\>tasm /mx progl
Die Option */P* sucht unsaubere Konstruktionen (z. B. Daten mit der Segmentangabe CS:... laden) bei Programmen, die auf dem 80286 bzw. 80386 im Protected-Mode ausgeführt werden sollen.

A:\>tasm /r progl
Die Option */R* erzeugt echte Fließkomma-Befehle für Programme, die auf einem System mit 80x87-Coprozessor auszuführen sind. /E kann /R wieder aufheben.

A:\>tasm /s progl
Die Option */S* übernimmt die Segmente in der Reihenfolge, in der sie in der Quelldatei stehen. Diese standardmäßige Vorgabe kann durch /A geändert werden.

A:\>tasm /mx progl
Die Option */T* verhindert, daß bei einer fehlerfreien Assemblierung Meldungen am Bildschirm ausgegeben werden.

A:\>tasm /v progl
Die Option */V* ist ohne Wirkung (nur aus Kompatibilitätsgründen).

A:\>tasm /w-icg progl
Die Option */W* dient dazu, einzelne Warnungen ein- bzw. auszuschalten. Das Beispiel entspricht der Voreinstellung, bei der alle Warnungen außer ICG eingeschaltet sind.

```
/W                          Auch leichte Warnungen sind eingeschaltet
/W-                         Alle Warnungen ausschalten
/W-[Warnungsklasse]         Nur die genante Warnung ist ausgeschaltet
/W+                         Alle Warnungen einschalten
/W+[Warnungsklasse]         Nur die genannte Warnung ist eingeschaltet

ASS                         16-Bit-Segment annehmen
BRK                         In Klammern setzen
ICG                         Ineffizienter Code erzeugt
LCO                         Offsetzähler übergelaufen
OPI                         OF-Bedingung offen
OPP                         Prozedur offen
OPS                         Segment offen
OVF                         Arithmetik-Überlauf
PDC                         Konstruktion von Assembler-Durchlauf abhängig
PRO                         CS im Protected-Mode beschreiben
```

A:\>tasm /x prog1
Die Option */X* erzwingt, daß nicht assemblierte Teile in das Listing aufgenommen werden. Bei bedingten Assemblierungsanweisungen (wie IF, IFNDEF und IFDEF) erreicht man beim Nichtzutreffen einer Bedingung, daß die Anweisungen ebenfalls aufgelistet werden.

A:\>tasm /z prog1
Die Option */Z* sorgt dafür, daß bei Fehlermeldungen auch die Zeilennummern in der Quelldatei angegeben werden.

A:\>tasm /zd prog1
Die Option */ZD* nimmt Zeileninformationen in die Objektdatei auf, damit man deren Position im Turbo Debugger nachvollziehen kann.

A:\>tasm /zi prog1
Die Option */ZI* ermöglicht die Nutzung aller Möglichkeiten des Turbo Debuggers, da vom Turbo Assembler alle dazu erforderlichen Informationen in die von ihm erzeugte Objektdatei eingefügt werden.

2.4.2 Struktur eines Assemblerprogramms

Das umseitige Beispielprogramm zeigt das typische Strukturgerüst eines Assemblerprogramms mit vereinfachten Segmentanweisungen auf:

```
;Programm ...
;Struktur eines Turbo Assembler-Programms mit vereinfachten Segmentanweisungen

        DOSSEG              ;Anordnung der Segmente gemäß MS-DOS
        .MODEL SMALL        ;Speichermodell: Code wie Daten bis 64 KB
        .STACK 100h         ;Stacksegment mit 256 Bytes reservieren
        ...
        .DATA               ;Anfang des Datensegments
        ...
        ...                 ;Variablendefinitionen
        ...
        .CODE               ;Anfang des Codesegments
Start:                      ;Label Start zeigt auf Adresse von MOV
        mov ax,7h           ;AH mit 00h und AL mit 07h laden
        int 10h             ;Funktion 00h von BIOS-Interrupt 10h
        ...                 ;löscht Bildschirm
        ...
        ...
        ...                 ;Befehle
        ...
        ...
        mov ah,4Ch          ;AH mit 4Ch laden
        int 21h             ;Funktion 4Ch von DOS-Interrupt beendet
        END Start           ;Start als Einsprungpunkt für Ausführung
```

Sprachmittel im Beispielprogramm:

- Vereinfachte Segmentanweisungen an den Turbo Assembler: DOSSEG, .MODEL, .STACK, .DATA und .CODE.
- Anweisung an Turbo Assembler: END (Ende des Quelltextes) und ; (Kommentar im Quelltext-Listing).
- Befehle an der Prozessor: MOV (laden, übertragen) und INT (Interrupt aufrufen).
- Label (als Name, Benennung von Variable, Wert, Befehl bzw. Adresse): Start.

Aufbau einer Zeile im Assemblerprogramm:

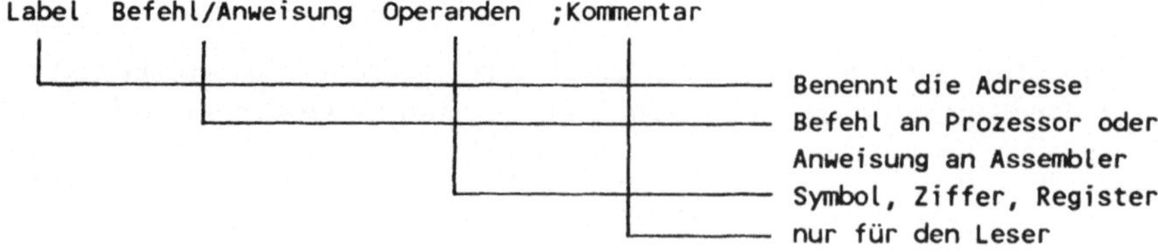

2.4.3 Operatoren

2.4.3.1 Übersicht der Operatoren

(Ausdruck)
Der Operator () steht, um den Ausdruck in Klammern vor den Ausdrücken außerhalb der Klammern auszuwerten.

Ausdruck1 * Ausdruck2
Der Operator * multipliziert zwei Integer-Ausdrücke.

Ausdruck1 + Ausdruck2
Der Operator + (binär) addiert zwei Integer-Ausdrücke oder einen Integer-Ausdruck und eine Adresse.

```
mov dl,[bx+si+Daten]                    ;drei Werte zur Adressierung addieren
```

+ Ausdruck
Der Operator + (einstellig) kennzeichnet eine positive Zahl explizit.

Ausdruck1 - Ausdruck2
Der Operator - (binär) subtrahiert zwei Integer-Ausdrücke, zwei im gleichen Segment liegende Adressen oder eine Adresse von einer Zahl.

```
mov dl,'A'-1                            ;das Zeichen vor dem 'A'
```

- Ausdruck
Der Operator - (einstellig) bewirkt einen Vorzeichenwechsel.

Strukturzeiger.Feldname
Der Operator . wählt ein Feld als Element einer Struktur aus. Der Offset des Feldnamens in der Struktur wird zur Adresse von Strukturzeiger addiert.

Ausdruck1 / Ausdruck2
Der Operator / dividiert zwei Integer-Ausdrücke, wobei der Rest unberücksichtigt bleibt bzw. mit MOD ermittelt werden muß.

Segment/Gruppe : OffsetAusdruck
Der Operator : berechnet die Adresse des Offsets relativ zum genannten Segment (Segmentregister CS, DS, ES, SS, GS bzw. FS, Anweisung SEGMENT, Operator SEG) oder relativ zu der Gruppe (Anweisung GROUP).

DB ?, DD ?, FD ?, DP ?, DQ ?, DT ? oder DW ?
Der Operator ? dient dazu, Speicherplatz für Daten zu reservieren, ohne diese zu initialisieren.

[Ausdruck1][Ausdruck2]
Der Operator [] hat im MASM-Modus zwei Aufgaben:
- Addieren der beiden Ausdrücke gemäß dem Operator +.
- Indirekte Adressierung über die Registerinhalte [BX], [BP], [SI] und [DI]. Den Offset kann man in [] setzen (muß es aber nicht).

Im Ideal-Modus ist der []-Operator zur Speicher-Referenz *unbedingt* erforderlich. Damit ist klar erkennbar, ob direkt oder indirekt über den Speicher zu adressieren ist.

Ausdruck1 AND Ausdruck2
Der Operator UND verknüpft die einzelnen Bit der Ausdrücke gemäß logisch UND.
```
mov al,01101111b AND 10111011b        ;ergibt 00101011 in Register BL
```

BYTE AdreßAusdruck oder BYTE PTR AdreßAusdruck
Der Operator BYTE gibt den Datentyp BYTE für einen noch undefinierten Ausdruck vor. Im MASM-Modus muß man BYTE PTR schreiben.
```
cmp BYTE PTR [si],0                   ;0 als letztes Zeichen abfragen
```

Anzahl DUP (Ausdruck [,Ausdruck]...)
Der Operator DUP wiederholt die Datendefinition und wird immer hinter eine Datendefinitionsanweisung geschrieben.
```
Speicher  DW   20 DUP (5)             ;20 Worte mit Ziffer 5
Array1    DW   7 DUP (3 DUP (1))      ;21-Elemente-Array mit Wert 1
```

DWORD AdreßAusdruck
Der Operator DWORD gibt den Datentyp Doppelwort vor. Im MASM-Modus muß man DWORD PTR anstelle von DWORD schreiben.
```
not DWORD PTR [si+2000]               ;Bezug auf 32 Bits bzw. Doppelwort
```

Ausdruck1 EQ Ausdruck2
Der Operator EQ liefert den TRUE bzw. -1, wenn die Ausdrücke (vorzeichenbehaftete 32-Bit-Zahlen) gleich sind, sonst FALSE bzw. 0.

```
Gleich  = 7 EQ 7                    ;ergibt -1 bzw. wahr
1 EQ 0FFFFFFFFh                     ;ergibt wahr (da Vorzeichen)
```

FAR AdreßAusdruck
Der Operator FAR wandelt dieselbe Adresse in einen 32-Bit-FAR-Zeiger um, damit der Unterprogrammaufruf bzw. Sprung über die Segmentgrenzen hinweg (also FAR) erfolgen kann. Im MASM-Modus ist FAR PTR anstelle von FAR zu schreiben.

```
            call FAR Upro1          ;Vorwärtsreferenz
Upro1       PROC FAR
```

FWORD AdreßAusdruck
Der Operator FWORD wandelt dieselbe Adresse in einen 48-Bit-FAR-Zeiger um, damit der Unterprogrammaufruf bzw. Sprung zu einem mit FWORD vereinbarten Label korrekt erfolgen kann. Im MASM-Modus ist FWORD PTR anstelle von FWORD zu schreiben.

```
jmp FWORD Ziel2                     ;Sprung zu Label Ziel2
```

Ausdruck1 GE Ausdruck2
Der Operator GE vergleicht auf "größer oder gleich". Siehe EQ.

Ausdruck1 GT Ausdruck2
Der Operator GT vergleicht auf "größer als". Siehe EQ.

HIGH Ausdruck
Der Operator HIGH liefert die höherwertigen acht Bit des Ausdrucks. Kombination mit BYTE, WORD und DWORD nur im Ideal-Modus möglich. Siehe LOW.

```
Wert     DD 54A2FF2Eh
         mov cl,HIGH Wert           ;Register CL mit 54h laden
         mov ax,WORD HIGH Wert      ;Register AX mit 54A2 laden
```

LARGE Ausdruck
Der Operator LARGE wandelt den Offset des angegebenen Ausdrucks in ein 32-Bit-Offset um. Siehe SMALL.

Ausdruck1 LE Ausdruck2
Der Operator LE vergleicht auf "kleiner oder gleich". Siehe EQ.

LENGTH Name
Der Operator LENGTH liefert die Anzahl der Datenelemente, die mit einer Speicheranweisung DB, DD, DW, ... definiert worden sind.

```
Array       DW  5 DUP (7)
Nummern     DB  1,2,3,4,5,6
LenArray    = LENGTH Array              ;ergibt 5, da DUP verwendet wurde
LenNummern  = LENGTH Nummern            ;ergibt 1, da ohne DUP-Operator def.
```

LOW Ausdruck
Der Operator LOW ermittelt die niederwertigen acht Bits des Ausdrucks. Siehe HIGH.

Ausdruck1 LT Ausdruck2
Der Operator LT vergleicht auf "kleiner als". Siehe EQ.

MASK Datenfeldname
Der Operator MASK liefert einen Wert, in dem die Bits an den Positionen gesetzt sind, die das genannte Feld im Record belegt.

```
mov dl,Datensatz                        ;den Record laden
and dl.MASK Umsatz                      ;Umsatz als Feld isolieren
```

Ausdruck1 MOD Ausdruck2
Der Operator MOD liefert den Rest der Division der Integer-Ausdrücke.

```
REST      = 129 / 5                     ;ergibt 4 als Rest
```

Ausdruck1 NE Ausdruck2
Der Operator NE vergleicht die Ausdrücke auf "ungleich". Siehe EQ, GE, GT, LE, LT.

```
Gefunden  = 9 NE 8                      ;ergibt wahr bzw. -1
```

NEAR AdreßAusdruck
Der Operator NEAR wandelt die angegebene Adresse (die nach wie vor auf den gleichen Speicherplatz zeigt) in einen 16-Bit-NEAR-Zeiger mit Offset um. Im MASM-Modus ist NEAR PTR anstelle von NEAR zu schreiben.

OFFSET Ausdruck

Der Operator OFFSET liefert die Offsetadresse im Segment, also den Abstand zwischen dem Segmentanfang und der genannten Speicherstelle.

Vereinfachte Segmentanweisungen: Offset ergibt sich automatisch.

```
mov dx,OFFSET String                ;String über Funktion 9 von
mov ah,9                            ;Interrupt 21h ausgeben
int 21h
```

Standard-Segmentanweisungen: OFFSET ist anzugeben, wenn der Offset der Gruppe anstelle des Segments als Bezug dienen soll.

```
mov si,OFFSET DGROUP:S6             ;Bezug zum Segment in DGROUP
```

Ausdruck1 OR Ausdruck2

Der Operator UND verknüpft die einzelnen Bit der Ausdrücke gemäß logisch ODER. Siehe AND.

```
mov al,01101111b OR 10111011b       ;ergibt 11111111 in Register AL
```

PROC AdreßAusdruck

Der Operator PROC ergibt einen Ausdruck, der auf die gleiche Adresse zeigt, aber als NEAR-Programmcodezeiger (TINY, SMALL bzw. COMPACT) bzw. FAR-Zeiger (andere Speichermodelle mit .MODEL) aufgefaßt wird. Im MASM-Modus ist PROC PTR zu schreiben.

```
          .MODEL SMALL              ;Speichermodell SMALL
          .CODE                     ;Beginn des Codesegments
          call PROC Upro1           ;Vorwärtsreferenz für Unterprogramm Upro1
          ...                       ;als NEAR-Zeiger
PROC      Upro1                     ;Unterprogramm
```

Datentyp PTR AdreßAusdruck

Der Operator PTR liefert einen Ausdruck, der zwar auf die gleiche Anfangsadresse zeigt, aber die Größe des genannten Datentyps aufweist. Bei einer Vorwärtsreferenz kann man so die Größe einer indirekt über Register zu adressierenden Speicherstelle exakt vorgeben.

Datentypen: BYTE, WORD, DWORD, FWORD, PWORD, QWORD und TBYTE für Daten sowie FAR, NEAR und PROC für Code-Labels.

```
mov BYTE PTR [di],15h               ;Eine Konstante als Speicherbyte laden
mov WORD PTR [si],15h               ;15h als Speicherwort 0015h laden
```

PWORD AdreßAusdruck

Der Operator PWORD gibt einen 32-Bit-FAR-Zeiger vor. Siehe WORD.

QWORD AdreßAusdruck
Der Operator QWORD gibt einen 64-Bit-FAR-Zeiger vor (Quadword).

SEG Ausdruck
Der Operator liefert den Segmentanteil der genannten Adresse. Siehe OFFSET.

```
mov ax,SEG String                  ;DS:DX erhält Adresse von String
mov ds,ax
```

SHORT Ausdruck
Der Operator SHORT erzwingt einen kurzen Codezeiger, weist die Adresse also als im Speicherbereich -128 ... +127 liegend aus.

```
jmp SHORT Weiter                   ;bis Weiter unter 128 Byte
```

Ausdruck SHR BitAnzahl
Der Operator SHR führt eine Rechts-Verschiebung um die angegebene Anzahl von Bits durch. Von links werden 0-Bits nachgeschoben.

```
mov dl,30h SHR 2                   ;ergibt 0Ch: 0011 0000 ergibt 0000 1100
```

SIZE Name
Der Operator SIZE gibt den Speicherplatzbedarf von benannten Daten an.

- Im MASM-Modus: Wert angeben, der von LENGTH mal dem Datentyp TYPE zurückgegeben wird.
- Im Ideal-Modus: Anzahl der belegten Bytes angeben.

Siehe LENGTH.

```
String    DB 'Heidel'              ;String definieren
sString   = SIZE String            ;1 (MASM-Modus) bzw. 6 (Ideal-Modus)
```

SMALL Ausdruck
Der Operator SMALL legt den Offset auf 16 Bit fest. Siehe LARGE.

SYMTYPE Name
Der Operator SYMTYPE ergibt ein Byte, in dem der Datentyp des Symbols codiert ist. Identisch zum Operator .TYPE.

TBYTE AdreßAusdruck
Der Operator TBYTE faßt die Adresse als 10-Byte-Datentyp auf. Siehe PTR.

THIS Datentyp

Der Operator THIS erzeugt einen Operanden mit der aktuellen Segment-:Offset-Adresse und wird für Symbolzuweisungen mit EQU bzw. = verwendet.

```
Adr1        LABEL WORD              ;zwei gleiche Anweisungen
Adr1        EQU THIS WORD
```

.TYPE Name

Der Operator .TYPE ergibt ein Byte mit der Codierung des Datentyps wie folgt:

0 = Codesymbol, 1 = Datensymbol, 2 = Konstante, 3 = Direktadressierung, 4 = Register, 5 = definiertes Symbol oder 7 = externes Symbol.

Die indirekte Registeradressierung wird gewählt, falls die Bits 2 und 3 null sind.

```
IF .TYPE xxx & 3                    ;wird xxx relativ zum Segment adressiert?
```

TYPE Ausdruck

Der Operator TYPE ergibt ein Byte mit der Größe bzw. dem Datentyp des Symbols wie folgt:

1 = BYTE, 2 = WORD, 4 = DWORD, 6 = FWORD, 6 = PWORD, 8 = QWORD, 10 = TWORD, 0FFFFh = NEAR, 0FFFFh = FAR, 0 = Konstante bzw. Byteanzahl = Struktur.

Siehe LENGTH, SIZE.

```
tString     = TYPE String           ;2 für Definition:  String DW 'Heidel'
```

UNKNOWN AdreßAusdruck

Der Operator UNKNOWN entfernt alle Informationen über den Datentyp (wie BYTE, WORD); der Datentyp einer bestimmten Adresse wird also absichtlich nicht festgelegt (z.B. zwecks Definition als Variante).

WIDTH Datenfeldname

Der Operator WIDTH ermittelt die Anzahl von Bits, die das Feld im Datensatz (Record) belegt. Siehe MASK.

WORD AdreßAusdruck

Der Operator WORD läßt den Ausdruck auf die gleiche Adresse zeigen, wandelt aber den Datentyp in WORD um. Im MASM-Modus ist WORD PTR anstelle von WORD zu schreiben.

```
mov WORD PTR [String],0D0Ah         ;Wagenrücklauf und Zeilenvorschub
```

Ausdruck1 XOR Ausdruck2
Der Operator XOR verknüpft die Ausdrücke bitweise mit "exklusiv ODER". Siehe AND, NOT und OR.
1 XOR 1 = 0, 1 XOR 0 = 1, 0 XOR 1 = 1 und 0 XOR 0 = 0.

```
mov DL,10101010b XOR 11110000b        ;01011010b in AL ablegen
```

2.4.3.2 Rangfolge der Operatoren

Rangfolge der Operatoren im MASM-Modus:

<>, (), [], LENGTH, MASK, SIZE, WIDTH

. (Element einer Struktur)

+, - (einstellig)

: (Segmentierung)

OFFSET, PTR, SEG, THIS, TYPE

*, /, MOD, SHL, SHR

+, - (binär)

EQ, GE, GT, LE, LT, NE

NOT

AND

OR, XOR

LARGE, SHORT, SMALL, TYPE

Rangfolge der Operatoren im Ideal-Modus:

(), [], LENGTH, MASK, OFFSET, SEG, SIZE, WIDTH

HIGH, LOW

+, - (einstellig)

*, /, MOD, SHL, SHR

+, - (binär)

EQ, GE, GT, LE, LT, NE

NOT

AND

OR, XOR

: (Segmentierung)

. (Element einer Struktur)

HIGH (vor Zeiger), LARGE, LOW (Zeiger), PTR, SHORT, SMALL

2.4.3.3 Makro-Operatoren

Die speziellen Makro-Operatoren

- & Substitution
- <> Textübernahme
- ! Fluchtzeichen
- % Ausdrucksauswertung
- ;; Kommentarunterdrückung

werden in Definitionen für Makros und Blockwiederholung sowie in Anweisungen zur bedingten Assemblierung eingesetzt.

&Name
Der Operator & dient der Substitution eines Parameters.

```
push &Zeichen&x        ;Formalen Parameter Zeichen durch akt. Parameter ersetzen
```

<Text>
Der Operator <> dient dazu, Text direkt an ein Makro oder eine Blockwiederholung zu übergeben.

!Zeichen
Der Operator ! dient als Fluchtzeichen, um ein Makro mit Argumenten aufzurufen, obwohl spezielle Makro-Operatoren verwendet werden.

%Ausdruck
Der Operator %dient zur Auswertung eines Ausdrucks.

;;Text
Der Operator ;; dient dem Angeben von Kommentartext, der vom Assembler übergangen bzw. im Makro nicht gespeichert wird.

2.4.3.4 Vordefinierte Symbole mit @ und ??

Hinter dem @ bzw. Affen-A muß ein Großbuchstabe stehen, der von Kleinbuchstaben gefolgt wird.
Hinter dem ?? müssen Kleinbuchstaben stehen, wenn die Option /ML verwendet wird.

@Code
Das Symbol @Code dient dazu, den Namen des Codesegments in ASSUME bzw. Segmentangaben zu verwenden.

```
.DATA
mov ax,@Code                    ;das Codesegment hat den Label Code
mov ds,ax
ASSUME DS:@Code                 ;@Code für "Adresse von Code"
```

@CodeSize

Das Symbol @CodeSize liefert für Speichermodelle mit NEAR-Prozedurzeigern (SMALL, COMPACT) den Wert 0, für die anderen Modelle mit FAR-Zeigern den Wert 1. Verwendung beim bedingten Assemblieren:

```
IF @CodeSize EQ 1
PROCPTR     DD  PROC1           ;Zeiger auf eine FAR-Prozedur
ELSE
PROCPTR     DW  PROC0           ;Zeiger auf eine NEAR-Prozedur
```

@Cpu

Das Symbol @Cpu informiert über ein Bitfeld über den aktivierten Prozessor: 0 = 8086, 1 = 80186, 2 = 80286, 3 = 80386, 7 80297/80386-System-Befehle, 8 = 8087, 10 = 80287 und 80387 = 80387-Anweisungen sind zugelassen.

```
Test80286  = @Cpu AND 2         ;Test auf Prozessor 08286
IF Test80286
```

@CurSeg

Das Symbol @CurSeg stellt den aktuellen Segmentnamen bereit.

```
.CODE
ASSUME CS:@CurSeg               ;aktueller Segmentname in ASSUME benötigt
```

@Data

Das Symbol @Data liefert die Gruppenbezeichnung der Datensegmente. .DATA markiert den Anfang des Datensegments. Man muß das Datensegmentregister DS mit dem Inhalt des Symbols @Data laden, bevor man auf die Adressen im Datensegment .DATA zugreifen kann. Deshalb ist diese Befehlsfolge erforderlich, um DS auf den Anfang des Datensegments zu setzen, das mit der Anweisung .DATA definiert ist:

```
.CODE                           ;kennzeichnet den Anfang des Codesegments
mov ax,@Data                    ;Umweg über AX, da man ein Segmentregi-
mov ds,ax                       ;ster nicht mit der Konstanten laden kann

ASSUME DS:@Data                 ;@ lies als "Adresse von"
```

@DataSize

Das Symbol @DataSize kennzeichnet das verwendete Speichermodell durch 0 (SMALL, MEDIUM) bzw. 1 (COMPACT, LARGE, HUGE).

```
IF @DataSize EQ 0               ;Anfrage für Modelle SMALL und MEDIUM
```

??Date
Das Symbol @@Date stellt das aktuelle Datum als String bereit.

```
Datum       DB ??Time                   ;Datum als 8-Byte-String tt.mm.jj
```

@FarData
Das Symbol @FarData dient dazu, den Namen des Segments mit dem Attribut FAR in ASSUME-Anweisungen bzw. Segmentangaben zu verwenden.

```
mov ax,@FarData                         ;Segment mit nicht-initialisierten Daten
mov ds,ax
ASSUME DS:@FarData                      ;@FarData für "Adresse von FARDATA"
```

@FileName
Das Symbol @FileName beinhaltet den Alternativnamen der assemblierten Datei.

??Filename
Das Symbol ??Filename beinhaltet den Namen der assemblierten Datei

```
Dateiname   DB ??Filename               ;8 Byte langer Dateiname
```

??Time
Das Symbol ??Time beinhaltet einen String mit der aktuellen Uhrzeit gemäß Landescode von MS-DOS.

```
Zeit        DB ??Time                   ;8 Byte langer Zeitstring
```

??Version
Das Symbol ??Version beinhaltet die Versionsnummer des Turbo Assemblers.

@WordSize
Das Symbol @WordSize liefert die Zahl 2 (16-Bit-Segment liegt vor) oder 4 (32-Bit-Segment liegt vor).

2.4.4 Übersicht der Anweisungen des Turbo Assemblers

.186
Die Anweisung .186 aktiviert die Befehle des Prozessors 80186.

.286
Befehle des Prozessors 80286 aktivieren, die zusätzlich im nicht-privilegierten Modus verfügbar sind.

.286C
Die nicht-privilegierten Befehle des Prozessors 80286 aktivieren.

.286P
Alle Befehle des Prozessors 80286 aktivieren.

.287
Die Befehle des Coprozessor 80287 aktivieren.

.386
Die Befehle des Prozessors 80386 aktivieren, die zusätzlich im nicht-privilegierten Modus verfügbar sind.

.386C
Die nicht-privilegierten Befehle des Prozessors 80386 aktivieren.

.386P
Alle Befehle des Prozessors 80386 aktivieren.

.387
Die Befehle des Coprozessors 80387 aktivieren.

.8086
Nur die Befehle des Prozessors 8086 aktivieren.

8087
Die Befehle des Coprozessors 8087 aktivieren.

Name:
Die Anweisung : definiert einen NEAR-Code-Label.

Name = Ausdruck
Die Anweisung = definiert ein Symbol, indem dem Namen das Ergebnis des angegebenen Ausdrucks zugewiesen wird.

ALIGN Ausrichtung
Die Anweisung ALIGN rundet die aktuelle Position auf eine Potenz zur Basis 2 (2, 4, 8, ...) auf.

```
ALIGN 4                    ;auf 32-Bit-Grenzen ausrichten für 80386
```

.ALPHA
Die Anweisung .ALPHA schreibt die Segmente in alphabetischer Reihenfolge in die Objektdatei.

ARG Argument [,Argument]..[=Symbol] [RETURNS Argument[,Argument]]
Die Anweisung ARG legt Argumente in Prozeduren auf dem Stack an und wird im PROC - ENDP-Block angegeben.

ASSUME SegReg:Name oder ASSUME SegReg.NOTHING oder ASSUME NOTHING
Die Anweisung ASSUME ordnet einem Segmentregister ein Segment oder eine Gruppe zu.

%BIN Breite
Die Anweisung %BIN legt die Breite des Objektcodes im Listing fest (die Standardbreite beträgt 20 Spalten).

Name CATSTR String1 [,String2] ....
Die Anweisung CATSTR verkettet Strings zu einem Gesamtstring.

```
Stadt          CATSTR <Heidel><berg>      ;Ergebnis ist 'Heidelberg'
```

.CODE [Name]
Die Anweisung .CODE kennzeichnet den Anfang des ausführbaren Codes im Programm.

```
.MODEL SMALL                    ;zuerst das Speichermodell angeben
.CODE                           ;an dieser Adresse beginnt der Code
...                             ;... Befehle über Codesegment erreichen
.DATA                           ;zum Datensegment umschalten
```

CODESEG
Die Anweisung CODESEG markiert den Anfang eines Codesegments (identisch zu Anweisung .CODE).

COMM [NEAR/FAR] Variablenname:Datentyp [:AnzahlObjekte] ...
Die Anweisung COMM definiert eine oder mehrere gemeinsame Variablen und stellt den Speicherplatz beim Linken bereit.

```
COMM Speicher:BYTE:512          ;Pufferspeicher mit 512 Byte
```

%CONDS
Die Anweisung %CONDS zeigt alle Zeilen in bedingten Assemblierungsblöcken im Listing an. Identisch mit .LFCOND.

.CONST
Die Anweisung .CONST markiert den Anfang eines Datensegments für Konstanten. Identisch mit CONST.

.CREF
Die Anweisung .CREF schreibt eine Cross-Referenz für alle Symbole in die Listing-Datei. Identisch zu %CREF. Siehe %XCREF und .XCREF als Umkehrung zu .CREF.

%CREFALL
Die Anweisung %CREFALL listet alle Symbole in einer Cross-Referenz.

%CREFREF
Die Anweisung %CREFREF listet nur die Symbole in der Cross-Referenz, die auch verwendet werden.

%CREFUREF
Die Anweisung %CREFUREF listet nur die nicht verwendeten Symbole in der Cross-Referenz.

%CTLS
Die Anweisung %CTLS schreibt die Listinganweisungen (wie %LIST) in die Listingdatei.

.DATA
Die Anweisung .DATA markiert den Anfang eines Datensegments, nachdem zuvor das Speichermodell mit .MODEL angegeben wurde. Alle .DATA-Anweisungen werden so zu *einem* Datensegment zusammengefaßt, als ob sie unmittelbar hintereinander stehen würden.

.DATA?
Die Anweisung .DATA? markiert den Anfang eines Datensegments für die Daten, die nicht definiert sind.

DATASEG
Die Anweisung DATASEG (nur im Ideal-Modus) ist identisch zu .DATA.

[Name] DB [Datentyp PTR] Ausdruck [,Ausdruck] ...
Die Anweisung DB definiert bzw. reserviert Speicherplatz für einzelne Bytes. Hinter DB angegebene Zahlenkonstanten im Bereich -128...255.

```
Zahl      DB 1                ;Ein Speicherbyte für die Zahl 1
Info      DB "Summe: "        ;Ein String mit 7 Zeichen
Byte      DB ?                ;Ein undefiniertes Speicherbyte
Reserve   DB 20 DUP (?)       ;20 undefinierte Speicherworte
Array4    DB 5,6,7,8,9        ;5 definierte Speicherbytes
```

[Name] DTyp [Datentyp PTR] Ausdruck [,Ausdruck] ...
Die Anweisungen DB, DD, DF, DP, DQ, DT und DW reservieren Speicherplatz für den angegebenen Typ. Datentyp PTR erzeugen Zusatzinformation für den Debugger.

```
ByteVar    DB 'T'                  ;1 Byte
WortVar    DW 110b                 ;2 Byte bzw.ein Wort
DWortVar   DD 6FFAh                ;4 Byte bzw. ein Doppelwort
FZeiger    DF Artikel PTR 0        ;48-Bit-FAR-Zeiger auf Struktur Artikel
QWortVar   DQ 4020FF3Dh            ;8 Byte bzw. ein Quadwort
TWortVar   DT 200                  ;10 Byte bzw. ein "TenWord"
```

Beispiele für initialisierte Daten:

```
Name       DD ?                    ;Speicherdoppelwort ohne Inhalt
Zeig       DD Kunde PTR 0          ;FAR-Zeiger auf Datenstruktur Kunde
String     DB 'a','b','c'          ;identisch mit: DB 'abc'
Meldung    DB 'Ende',0Dh,0Ah,0     ;String mit CR/LF und NUL-Zeichen
Test       DW ((448/2)-3)          ;Test mit dem Wert 221 initialisiert
WortArray  DW 60 DUP (1)           ;Array aus 60 Speicherworten mit 1
```

Schreibt man einen Label als Operanden in der Datendefinition, so wird der Adreßwert des Labels verwendet, nicht aber der gespeicherte Inhalt:

```
Puffer     DB 100 (0)              ;Pufferspeicher mit 100 Nullen
PPointer   DW Puffer               ;Zeiger mit Offset von Puffer im Segment
                                   ;.DATA initialisiert
mov ax,[PPointer]                  ;nun identisch zu: mov ax,OFFSET Puffer
```

%DEPTH Breite
Die Anweisung %DEPTH legt die Breite für die Ausgabe der Verschachtelungstiefe in der Listingdatei fest (0 unterdrückt, 1 Standard, 99 Maximum).

DISPLAY "Text"
Die Anweisung DISPLAY zeigt einen Textstring in " " am Bildschirm.

DOSSEG
Die Anweisung DOSSEG teilt dem Linker mit, die Segmente in der MS-DOS-Reihenfolge anzuordnen.

EMUL
Die Anweisung EMUL erzeugt emulierte Anweisungen für den Coprozessor.

END [Startadresse]
Die Anweisung END gibt die Adresse an, bei der die Programmausführung gestartet werden soll, sowie das Ende der Quelldatei.
Die Zeilen hinter END werden vom Übersetzer nicht mehr berücksichtigt. Bei mehreren Modulen darf nur eine Startadresse angegeben sein.

Name EQU Ausdruck
Die Anweisung EQU definiert für Name (als neues Symbol) eine Konstante bzw. Adresse, einen Alternativnamen oder einen String.

```
Block  EQU 640                        ;entspricht einer Zuweisungsanweisung =
```

.ERR
Die Anweisung .ERR erzwingt eine Fehlermeldung in der aktiven Zeile. ERR als identische Anweisung.

```
IF $ GT 400h                          ;Vergleich
                .ERR                  ;Fehlermeldung bei zu großem Segment
ENDIF
```

.ERR1
Die Anweisung ERR1 erzwingt eine Fehlermeldung im ersten Assemblerdurchlauf.

.ERR2
Die Anweisung ERR2 erzwingt eine Fehlermeldung im zweiten Assemblerdurchlauf, also nur im Listing, das während des zweiten Durchlaufs erzeugt wird.

ERRB <Ausdruck>
Die Anweisung ERRB erzwingt eine Fehlermeldung, wenn ein Makro mit leerem Argument aufgerufen wird.

ERRDEF Symbol
Die Anweisung ERRDEF erzwingt eine Fehlermeldung, wenn das Symbol bereits vorher definiert worden ist.

ERRDIF <Ausdruck1>,<Ausdruck2>
Die Anweisung ERRDIF erzwingt eine Fehlermeldung, wenn in einem Makro zwei verschiedene Argumente stehen.

ERRDIFI <Ausdruck1>,<Ausdruck2>
Die Anweisung ERRDIFI erzwingt eine Fehlermeldung, wenn in einem Makro zwei verschiedene Argumente stehen, wobei Groß-/Kleinschreibung nicht berücksichtigt wird.

ERRE Ausdruck
Die Anweisung ERRE erzwingt eine Fehlermeldung, wenn der Ausdruck falsch ist. Siehe ERRNZ.

ERRIDN <Ausdruck1>,<Ausdruck2>
Die Anweisung ERRIDN erzwingt eine Fehlermeldung, wenn in einem Makro zwei Argumente gleich sind.

ERRIDNI <Ausdruck1>,<Ausdruck2>
Die Anweisung ERRIDNI erzwingt eine Fehlermeldung, wenn in einem Makro zwei Argumente gleich sind (Groß/Kleinschreibung bleibt unberücksichtigt).

ERRIF
Die Anweisung ERRDIF erzwingt eine Fehlermeldung, wenn ...

```
ERRIF       der Ausdruck wahr ist
ERRIF1      der Ausdruck wahr ist (im 1. Durchlauf)
ERRIF2      der Ausdruck wahr ist (im 2. Durchlauf)
ERRIFB      das Argument leer ist
ERRIFDEF    ein Symbol bereits definiert ist
ERRIFDIF    zwei Argumente verschieden sind
ERRIFDIFI   zwei Argumente verschieden sind (Groß-/Kleinschr. ignoriert)
ERRIFE      ein Ausdruck falsch ist
ERRIFIDN    zwei Argumente identisch sind
ERRIFIDNI   zwei Argumente identisch sind (Groß-/Kleinschr. ignoriert)
ERRIFNB     ein Ausdruck nicht leer ist
ERRIFNDEF   ein Symbol nicht definiert ist
ERRNB       ein Argument nicht leer ist
ERRNDEF     ein Symbol nicht definiert ist
ERRNZ       ein Ausdruck wahr ist
```

EVEN
Die Anweisung EVEN rundet die aktuelle Position bis zum nächsten geradzahligen Offset auf (fehlendes Byte mit NOP-Befehl füllen).

EVENDATA
Die Anweisung EVENDATA rundet die aktuelle Position bis zum nächsten geradzahligen Offset in einem Datensegment auf.

EXITM
Die Anweisung EXITM beendet die gerade ausgeführte Erweiterung eines Makros bzw. einer Blockwiederholung. Siehe COMM, GLOBAL, PUBLIC.

EXTRN Nam:Datentyp [:ObjektAnzahl] [,...]
Die Anweisung EXTRN vereinbart ein Symbol, das in einem anderen Modul definiert ist. Datentypen sind:

- NEAR, FAR oder PROC (ergibt wieder NEAR bzw. FAR).
- BYTE, WORD, DWORD, FWORD, PWORD, QWORD, TBYTE oder Struktur.
- ABS.

```
EXTRN     Proz1:NEAR               ;Proz1 im anderen Modul PUBLIC vereinbart
          call Proz1               ;Proz1 in einem anderen Modul aufrufen
```

.FARDATA [Name]
Die Anweisung .FARDATA markiert den Anfang eines FAR-Datensegments mit initialisierten Daten. FARDATA als identische Anweisung. Siehe FARDATA?, .CODE, .DATA, .MODEL. .STACK.

.FARDATA? [Name]
Die Anweisung .FARDATA? markiert den Anfang eines FAR-Datensegments mit nicht-initialisierten Daten.

GLOBAL Name:Datentyp [:ObjektAnzahl]
Die Anweisung GLOBAL definiert als Kombination von EXTRN und PUBLIC ein globales Symbol. Datentypen siehe EXTRN.

```
GLOBAL A:BYTE, B:WORD              ;für anderen Module vereinbart
```

Name GROUP Segmentname [,Segmentname] ...
Die Anweisung GROUP faßt Segmente, die mit SEGMENT-Anweisungen definiert sind, zu einer Gruppe (bis zu 64 KB) zusammen.

```
Gruppe1     GROUP  Seg1,Seg2            ;Gruppe mit zwei Segmenten
            GROUP Gruppe1 Seg1,Seg2     ;Andere Schreibweise im Ideal-Modus
```

IDEAL
Die Anweisung IDEAL aktiviert den Ideal-Modus mit strengeren Syntaxvorschriften als im MASM-Modus. Siehe MASM, QUIRKS.

IF Ausdruck
Die Anweisung IF markiert den Anfang eines bedingten Assemblierungsblocks. Der Block wird übersetzt, wenn der Ausdruck wahr ist.
Der Ausdruck kann ELSE-Anweisungen enthalten und muß mit der ENDIF-Anweisung abgeschlossen sein:

```
IF Bedingung                 IF Modell6 EQ 1
  Anweisungen1                     les si,addr1
[ELSE                        ELSE
  Anweisungen2]                    lea si,addr1
ENDIF                        ENDIF
```

Formen von IF-Anweisungen. Der Block wird aktiviert ...:

```
IF1 Ausdruck                     im 1. Durchlauf
IF2 Ausdruck                     im 2. Durchlauf, also beim Listing-Durchlauf
IFB <Argument>                   wenn im Makro das Argument leer ist.
IFDEF Symbol                     wenn ein Symbol definiert ist
IFDIF <Argument1>,<Argument2>    wenn im Makro die Argumente verschieden sind
IFDIFI <Argument1>,<Argument2>   wie oben, aber Groß-/Kleinschr. wird ignoriert
IFE Ausdruck                     wenn der Ausdruck falsch ist
IFIDN <Argument1>,<Argument2>    wenn die Argumente gleich sind
IFIDNI <Argument1>,<Argument2>   wie oben, aber Groß-/Kleinschr. wird ignoriert
IFNB <Argument>                  wenn im Makro das Argument nicht leer ist
IFNDEF Symbol                    wenn ein Symbol nicht definiert ist
```

%INCL
Die Anweisung %INCL nimmt Include-Dateien in Listing-Dateien auf (Voreinstellung). Siehe %NOINCL.

INCLUDE Dateiname
Die Anweisung INCLUDE fügt Assembler-Anweisungen aus der angegebenen Datei in den Quelltext ein. Erst nach dem Übersetzen der eingefügten Befehle wird die Assemblierung der aktiven Datei fortgeführt. Im Ideal-Modus ist INCLUDE "Dateiname" zu schreiben.

```
INCLUDE Makro1.INC                 ;INCLUDE "Makro1.INC" im Ideal-Modus
```

INCLUDELIB Dateiname

Die Anweisung INCLUDELIB gibt eine Bibliothek an, die vom Linker zu durchsuchen ist.

```
INCLUDELIB EinAus                        ;In der Bibliothek EinAus.LIB suchen
```

INSTR [Anfangsposition,] <String1>,<String2>

Die Anweisung INSTR nennt die Anfangsposition von String2 in String1.

```
INSTR <Heidelberg>,<b>                   ;ergibt 7
```

IRP Parameter,<Argument1[,Argument2]...>
Anweisungen
ENDM

Die Anweisung IRP - ENDM kontrolliert eine Blockwiederholung mit Stringersetzung: Für jedes String-Argument (Symbol, Zahl, String, Register, ...) werden die Anweisungen je einmal assembliert. Siehe IRPC.

```
IRP Reg,<cx,dx>                          ;zwei Register als Argumente genannt
    push Reg                             ;PUSH auf Stack für Register CX und DX
ENDM
```

IRPC Parameter,String
Anweisungen
ENDM

Die Anweisung IRPC - ENDM kontrolliert eine Blockwiederholung mit Stringersetzung, wobei die Anweisungen für jedes Zeichen des Strings einmal assembliert werden. Siehe IRP, REPT.

```
IRPC Jahreszahl,1990                     ;Symbol Jahreszahl als Parameter
    DB Jahreszahl                        ;vier Speicherbytes mit den Werten
ENDM                                     ;1, 9, 9 und 0 ablegen
```

JUMPS

Die Anweisung JUMPS paßt bedingte Sprünge auf NEAR- und FAR-Adressen automatisch an.

Name LABEL Datentyp

Die Anweisung LABEL definiert einen Label für den mit NEAR, FAR und PROC (= Code) bzw. BYTE, WORD, DWORD, FWORD, PWORD, QWORD, TBYTE oder Struktur (= Daten) angegebenen Datentyp.

```
S1      LABEL WORD                       ;im Ideal-Modus schreiben: LABEL S1 Word
```

.LALL
Die Anweisung .LALL läßt Makroersetzungen im Listing erscheinen.

.LFCOND
Die Anweisung .LFCOND läßt alle Anweisungen im Listing erscheinen, die sich in bedingten Assemblierungsblöcken befinden.

%LINUM Breite
Die Anweisung %LINUM bestimmt die Spaltenbreite für die Zeilennummern im Listing (Voreinstellung ist 4).

%LIST
Die Anweisung %LIST gibt die Quelltextzeilen im Listing aus. Anweisung .LIST ist identisch. Siehe %NOLIST als Umkehrung.

LOCAL Symbol [,Symbol] ...
Die Anweisung LOCAL definiert lokale Variablen in einem Makro.

LOCAL LokaleDefinition [LokaleDefinition] ... [=Symbol]
Die Anweisung LOCAL definiert lokale Variablen in einer Prozedur innerhalb PROC.
Format von LokaleDefinition: Name:[[Distanz] PTR]Datentyp[:Anzahl]

```
LOCAL   A:WORD:7                        ;7 Elemente vom WORD-Typ auf Stack reser.
```

LOCALS [Vorsilbe]
Die Anweisung LOCALS aktiviert lokale Symbole, die normalerweise mit "@@" als Vorsilbe eingeleitet werden. Siehe NOLOCALS.

Name MACRO [Parameter [,Parameter]...]
Anweisungen
ENDM
Die Anweisung MACRO definiert ein Makro mit Parameter als Platzhaltern, die beim Makroaufruf die aktuellen Parameter aufnehmen. Im Ideal-Modus schreibt man MACRO vor Name.

```
Tausch    MACRO Zahl1,Zahl2             ;Makro namens Tausch
          mov ax,Zahl1
          mov Zahl1,Zahl2               ;zwei Werte im Dreieckstausch
          mov Zahl2,ax                  ;austauschen
          ENDM                          ;Anweisungsfolge beenden
```

%MACS
Die Anweisung %MACS nimmt die bei einer Makroerweiterung eingefügten Zeilen in das Listing auf. Siehe %NOMACS.

MASM
Die Anweisung MASM aktiviert den MASM-Modus, in dem die weniger strengen Syntaxvorschriften des MASM (Microsoft ASseMbler) vom Turbo ASssembler verarbeitet werden. Der MASM-Modus ist voreingestellt. Siehe IDEAL, QUIRKS.

MASM51
Die Anweisung MASM51 verarbeitet Erweiterungen des MASM 5.1.

.MODEL Speichermodell [,Programmiersprache]
Die Anweisung .MODEL legt ein Speichermodell für die vereinfachten Segmentanweisungen fest.

- .MODEL steht vor anderen vereinfachten Segmentanweisungen wie .CODE, .DATA und .STACk.
- Speichermodelle TINY, SMALL, MEDIUM, COMPACT, LARGE, HUGE und TPASCAL (letzteres, falls Turbo Pascal linken soll).
- Programmiersprache legt fest, von welcher Sprache aus die Prozedur im Modul aufgerufen wird.

Segmentattribute im Speichermodell TINY:

Anweisung:	Name:	Ausrichtung:	Kombination:	Klasse:	Gruppe:
.CODE	_TEXT	WORD	PUBLIC	'CODE'	DGROUP
.FARDATA	FAT_DATA	PARA	private	'FAR_DATA'	
.FARDATA?	FAR_BSS	PARA	private	'FAR_BSS'	
.DATA	_DATA	WORD	PUBLIC	'DATA'	DGROUP
.CONST	CONST	WORD	PUBLIC	'CONST'	DGROUP
.DATA?	_BSS	WORD	PUBLIC	'BSS'	DGROUP
.STACK	STACK	PARA	STACK	'STACK'	DGROUP

Segmentattribute im Speichermodell SMALL:

Anweisung:	Name:	Ausrichtung:	Kombination:	Klasse:	Gruppe:
.CODE	_TEXT	WORD	PUBLIC	'CODE'	
.FARDATA	FAR_DATA	PARA	private	'FAR_DATA'	
.FARDATA?	FAR_BSS	PARA	private	'FAR_BSS'	
.DATA	_DATA	WORD	PUBLIC	'DATA'	DGROUP
.CONST	CONST	WORD	PUBLIC	'CONST'	DGROUP
.DATA?	_BSS	WORD	PUBLIC	'BSS'	DGROUP
.STACK	STACK	PARA	STACK	'STACK'	DGROUP

Segmentattribute im Speichermodell MEDIUM:

Anweisung:	Name:	Ausrichtung:	Kombination:	Klasse:	Gruppe:
.CODE	name_TEXT	WORD	PUBLIC	'CODE'	
.FARDATA	FAR_DATA	PARA	private	'FAR_DATA'	
.FARDATA?	FAR_BSS	PARA	private	'FAR_BSS'	
.DATA	_DATA	WORD	PUBLIC	'DATA'	DGROUP
.CONST	CONST	WORD	PUBLIC	'CONST'	DGROUP
.DATA?	_BSS	WORD	PUBLIC	'BSS'	DGROUP
.STACK	STACK	PARA	STACK	'STACK'	DGROUP

Segmentattribute im Speichermodell COMPACT:

Anweisung:	Name:	Ausrichtung:	Kombination:	Klasse:	Gruppe:
.CODE	_TEXT	WORD	PUBLIC	'CODE'	
.FARDATA	FAR_DATA	PARA	private	'FAR_DATA'	
.FARDATA?	FAR_BSS	PARA	private	'FAR_BSS'	
.DATA	_DATA	WORD	PUBLIC	'DATA'	DGROUP
.CONST	CONST	WORD	PUBLIC	'CONST'	DGROUP
.DATA?	_BSS	WORD	PUBLIC	'BSS'	DGROUP
.STACK	STACK	PARA	STACK	'STACK'	DGROUP

Segmentattribute in den Speichermodellen LARGE und HUGE:

Anweisung:	Name:	Ausrichtung:	Kombination:	Klasse:	Gruppe:
.CODE	name_TEXT	WORD	PUBLIC	'CODE'	
.FARDATA	FAT_DATA	PARA	private	'FAR_DATA'	
.FARDATA?	FAR_BSS	PARA	private	'FAR_BSS'	
.DATA	_DATA	WORD	PUBLIC	'DATA'	DGROUP
.CONST	CONST	WORD	PUBLIC	'CONST'	DGROUP
.DATA?	_BSS	WORD	PUBLIC	'BSS'	DGROUP
.STACK	STACK	PARA	STACK	'STACK'	DGROUP

Segmentattribute in Turbo Pascal (Speichermodell TPASCAL):

Anweisung:	Name:	Ausrichtung:	Kombination:
.CODE	CODE	BYTE	PUBLIC
.DATA	DATA	WORD	PUBLIC

MULTERRS

Die Anweisung MULTERRS läßt zu, daß mehrere Fehlermeldungen für eine Zeile des Quelltextes ausgegeben wird.

NAME Modulname

Die Anweisung NAME legt den Namen eines Moduls in der Objektdatei fest. NAME gilt nur im Ideal-Modus.

%NEWPAGE
Die Anweisung %NEWPAGE beginnt eine neue Seite in der Listing-Datei. Siehe PAGE.

%NOCONDS
Die Anweisung %NOCONDS unterdrückt das Auflisten von nicht assemblierten Blöcken. Siehe %CONDS, .LFCOND, .SFCOND, .TFCOND.

%NOCREF [Symbol, ...]
Die Anweisung %NOCREF schaltet die Erzeugung einer Cross-Referenz ab, gegebenenfalls nur für die angegebenen Symbole.

%NOCTLS
Die Anweisung %NOCTLS unterdrückt die Ausgabe von Kontrollanweisungen in der Listing-Datei (voreingestellt). Siehe %CTLS.

NOEMUL
Die Anweisung NOEMUL schaltet das Emulieren der Coprozessorbefehle ab. Siehe EMUL.

%NOINCL
Die Anweisung %NOINCL unterdrückt die Ausgabe von Include-Dateien im Listing. Siehe %INCL.

NOJUMPS
Die Anweisung NOJUMPS schaltet die automatische Sprunganpassung bei bedingten Verzweigungen ab. Siehe JUMPS.

%NOLIST
Die Anweisung %NOLIST unterdrückt alle Ausgaben in die Listing-Datei. Siehe %LIST, .LIST und .XLIST.

NOLOCALS
Die Anweisung NOLOCALS verhindert, daß die mit "@@" versehenen Symbole als lokale Symbole behandelt werden.

%NOMACS
Die Anweisung %NOMACS läßt nur Makros, die Code erzeugen, auflisten. Siehe .LALL, %MACS, .SALL.

NOMASM51
Die Anweisung NOMASM51 läßt Erweiterungen von MASM 5.1 nicht zu.

NOMULTERRS
Die Anweisung NOMULTERRS läßt nur eine Fehlermeldung je Zeile zu.

%NOSYMS
Die Anweisung %NOSYMS unterdrückt die Ausgabe der Symboltabelle in die Listing-Datei. Siehe %SYMS.

%NOTRUNC
Die Anweisung %NOTRUNC schneidet zu lange Felder in der Listing-Datei nicht ab. Siehe %BIN, %DEPTH, %LINUM, %TEXT, %TRUNC.

NOWARN [Warnungsklasse]
Die Anweisung NOWARN schaltet alle oder nur die angegebenen Warnungen ab. Warnungen wie bei Option /W (Abschnitt 2.4.1).

ORG Ausdruck
Die Anweisung ORG legt die aktuelle Position im aktuellen Segment fest. Siehe SEGMENT.

%OUT "Text"
Die Anweisung %OUT gibt eine Bildschirmmeldung aus. Siehe DISPLAY.

P186
Die Anweisung P186 aktiviert die Assemblierung der Befehle des Prozessors 80186. Weitere Anweisungen für die entsprechenden Prozessoren; P8086, P8087, P286, P286N (nicht privilegierte Befehle), P287, P386, P386N und P387.
Siehe auch .8086, .286, .286C, .286P, .386, .386C und .386P.

PAGE [Zeilen] [,Spalten]
Die Anweisung PAGE bestimmt die Länge und Breite einer Seite von einer neuen Seite an. Siehe %NEWPAGE, %PAGESIZE.

```
PAGE                          ;Eine neue Seite beginnen
PAGE 10,59                    ;Mindestgrößen (Maxima bei 255)
```

%PAGESIZE [Zeilen] [,Spalten]
Die Anweisung %PAGESIZE bestimmt die Länge und Breite einer Seite.

%PCNT Breite
Die Anweisung %PCNT legt die Spaltenbreite für die Ausgabe des Offsets im aktuellen Segment in der Listing-Datei fest. Siehe %LINUM.

PNO87
Die Anweisung PNO87 verhindert das Assemblieren von 8087-Befehlen.

%POPLCTL
Die Anweisung %POPLCTL setzt die Listing-Steuerung auf den Zustand zurück, in dem sie sich vor der letzten %PUSHLCTL-Anweisung befand.

Name PROC [Distanz] [USES Register,]
[Argument [RETURNS Argument [,Argument]...][,Argument]...]
... Befehle der Prozedur ...
ENDP
Die Anweisung PROC - ENDP definiert eine Prozedur.

- Distanz ist (falls angegeben) FAR bzw. NEAR oder (falls nicht angegeben) die Größe des jeweiligen Speichermodells.
- USES nennt alle in der Prozedur verwendeten Register.
- Argument beschreibt die Parameter, mit denen die Prozedur aufgerufen wird, in folgender Syntax: ArgName[:Distanz] PTR] Typ]. Distanz FAR oder NEAR. Typ WORD (als Default), DWORD, FWORD, PWORD, QWORD, TBYTE bzw. ein Strukturname.
- ENDP ist eine Anweisung an den Assembler. Zur Rückkehr der Prozedur zum rufenden Programm ist der Befehl RET einzugeben.
- Die im PROC-ENDP-Block lokalen Symbole beginnen mit "@@".

Im Ideal-Modus ist PROC Name ... zu schreiben. Siehe ARG, LOCAL, LOCALS und USES.

Beispielprozedur namens Prozl:

```
        call Proz1         ;Aufruf von Prozedur Proz1
        mov ah,4Ch         ;Rückkehradresse nach Prozedurausführung
        int 21h            ;Ende des aufrufenden Programms
Proz1   PROC               ;Anfangsadresse von Prozedur Proz1
        ...                ;hier stehen die Befehle
        ret                ;zum aufrufenden Programm zurück
Proz1   ENDP               ;Ende des Prozedur-Quelltextes
```

PUBLIC [Symbol [Symbol] ...

Die Anweisung PUBLIC vereinbart Symbole (Variablen, Labels und mit EQU definierte Konstante) als global gültig, damit sie in anderen Modulen bekannt sind. Siehe COMM, EXTRN, GLOBAL.

```
        PUBLIC Proz1       ;Unterprogramm Proz1 freigeben
```

PURGE Makroname [,Makroname]

Die Anweisung PURGE entfernt die angegebenen Makros

%PUSHLCTL

Die Anweisung %PUSHLCTL speichert die Einstellungen der Listing-Steuerung auf einen 16-Ebenen-Stack ab. Siehe %POPLCTL.

QUIRKS

Die Anweisung QUIRKS schaltet den Modus mit MASM-Fehler ein.

.RADIX Ausdruck

Die Anweisung .RADIX (andere Schreibweise ist RADIX) gibt 2, 8, 10 oder 16 als Standard-Zahlenbasis für ganzzahlige Werte vor.

```
  .RADIX 8                 ;Zahlenbasis ab jetzt oktal
```

Name RECORD Feldname:BitAnzahl[=Anfangswert] [,...]

Die Anweisung RECORD vereinbart einen Record mit Bitfeldern.
Anzahl der Bits je Feld zwischen 1 und 16.
Das erste Feld belegt die höchstwertigen Bits des Records.
Speicherumfang des Records: ein Byte (Bits <= 8), Wort (8 < Bits < 16) oder vier Byte (sonst).

```
  Rekord1   RECORD  Nummer:2, Typ:4=3  ;Rekord1 mit zwei Feldern
```

REPT Ausdruck
Befehle
ENDM
Die Anweisung REPT - ENDM definiert eine Blockwiederholung, deren Befehle so oft durchlaufen werden, wie im Ausdruck angegeben ist.

```
REPT 3                          ;Dreimalige Wiederholung einer
shl ax,1                        ;Linksverschiebung
ENDM
```

.SALL
Die Anweisung .SALL listet Makro-Erweiterungen nicht auf.

Name SEGMENT [Ausrichtung][Kombination][Verwendung]['Klasse']
... Befehle
ENDS
Die Standard-Segmentanweisung SELECT -ENDS definiert ein Segment. Im Ideal-Modus schreibt man SEGMENT Name ....

Ausrichtung für die Anfangsadresse: BYTE (nächste freie Byteadresse verwenden), WORD, DWORD, PARA (nächste Paragraphen- bzw. 16-Bit-Adresse) oder PAGE (nächste Seiten- bzw. 256-Byte-Adresse).

Kombination der Segmente durch den Linker aus verschiedenen Modulen:
- AT Pargraphenadresse: Segment liegt an absoluter Pagraphenadr.
- COMMON: Segment mit allen Segmenten an die gleiche Adresse.
- MEMORY: Alle Segmente dieses Namens bilden ein Segment (wie PUBLIC). Segmentlänge gleich der Länge des größten Segments.
- PRIVATE: Segment wird mit keinem anderen Segment kombiniert. Sie ist die Voreinstellung für *Kombination.*
- PUBLIC: Alle Segmente dieses Namens bilden ein Segment. Segmentlänge aus der Summe aller Segmente.
- STACK: Alle Segmente dieses Namens bilden ein Segment. SS zeigt auf den Anfang und SP umfaßt die Länge des Segments.

Verwendung gibt die Standardwortgröße (nur beim 80386) an mit USE16 oder USE32.
Klasse legt die Reihenfolge der Segmente beim Linken fest.

```
Daten     SEGMENT                       ;Erstes Segment als Datensegment
          DB 'Ausgabetext',13,10,'$'    ;definiert
Daten     ENDS
Programm  SEGMENT                       ;Zweites Segment als Codesegment
          ... Befehle                   ;definiert
Programm  ENDS
```

.SEQ
Die Anweisung .SEQ übernimmt die Segmente in der Reihenfolge in die Objektdatei, in der sie im Quelltext stehen. Siehe .ALPHA, DOSSEG.

.SFCOND
Die Anweisung .SFCOND nimmt die nicht assemblierten bedingten Blöcke nicht in die Listing-Datei auf. Siehe %CONDS, .LFCOND, NOCONDS.

Name SIZESTR String
Die Anweisung SIZESTR ermittelt die Anzahl von Zeichen im String.

.STACK [Größe]
Die Anweisung .STACK (oder STACK) bestimmt die Anzahl von Bytes, die für den Stack zu reservieren sind. Default ist 1024 Byte.

```
.STACK 100h                         ;Stack mit nur 256 Byte Größe
```

Name STRUC	**STRUC Name**
Felder	**Felder**
[Name] ENDS	**END [Name]**

Die Anweisung STRUC - ENDS vereinbart eine Struktur, wobei für die Felder die Anweisungen DB, DW, DD, ... (auch mit ?) angegeben werden. Schreibweise für MASM-Modus (links) und Ideal-Modus (rechts). Strukturen können geschachtelt sein (weitere STRUC bzw. UNION).

```
Kunde       STRUC                        ;Drei-Felder-Struktur
    Nam     DB 'Tillmann',10,13,'$'      ;String mit CR/LF am Ende
    Extra   DW ?                         ;undefiniertes Feld
    Jahre   DB 65
Kunde       ENDS
```

Name SUBSTR String, Position [,Länge]
Die Anweisung SUBSTR definiert einen neuen String als Teilstring eines Strings (String in <>, Textmakro oder Zahlenstring (mit %)) ab Position.

```
Stadt      SUBSTR <Heidelberg>,4,3       ;ergibt "del"
```

SUBTTL Text
Die Anweisung SUBTTL legt den Untertitel für die Druckdatei fest.

%SUBTTL "Text"
Die Anweisung %SUBTTL entspricht der Anweisung SUBTTL.

%SYMS
Die Anweisung %SYMS fügt eine Symboltabelle an das Ende der Listing-Datei an. Siehe %NOSYMS.

%TABSIZE Breite
Die Anweisung %TABSIZE legt die Tabulatorenbreite in der Listing-Datei fest (Standard ist 8 Spalten). Siehe %BIN, %PAGE, %PCNT, %TEXT.

%TEXT Breite
Die Anweisung %TEXT legt die Spaltenbreite für die Quelltextzeilen im Listing fest. Siehe %BIN, %DEPTH, %PCNT, %NOTRUNC, %TRUNC.

.TFCOND
Die Anweisung .TFCOND nimmt bedingte Assemblierungsblöcke in das Listing auf. Siehe %CONDS, .LFCOND, %NOCONDS, .SFCOND.

TITLE Text
Die Anweisung TITLE bestimmt den Titel für die Listing-Datei. Nur im MASM-Modus.

%TITLE "Text"
Die Anweisung %TITLE entspricht TITLE (auch Ideal-Modus).

%TRUNC
Die Anweisung %TRUNC (Voreinstellung) schneidet zu lange Felder im Listing ab. Siehe %NOTRUNC.

UDATASEG
Die Anweisung UDATASEG bestimmt den Anfang eines nicht initialisierten Datensegments. Siehe .CODE, .CONST, .DATA, .DATA?, .FARDATA, .FARDATA?,, .MODEL, .STACK.

UFARDATA
Die Anweisung UFARDATA bestimmt den Anfang eines nicht initialisierten FAR-Datensegments. Siehe .FARDATA, .FARDATA?.

Name UNION	**UNION Name**
Elemente	**Elemente**
[Name] ENDS	**ENDS [Name]**

Die Anweisung UNION - ENDS definiert eine Variante. Schreibweise im MASM-Modus (links) und im Ideal-Modus (rechts). Die Anweisungen UNION und STRUC entsprechen sich bis auf die Abweichung, daß die Variantenelemente stets am Anfang der Variante liegen, d.h. den Offset Null haben.

USES Register [,Register]
Die Anweisung USES rettet Register (AX, BX, CX, DI, DS, DX, ES, SI) innerhalb einer Prozedur dadurch, daß sie bei PROC auf den Stapel gepushed und bei ENDS wieder heruntergepopt werden.

```
Prog1   PROC                        ;USES ist vor dem ersten Befehl anzugeben
        USES bx,di,si               ;drei Register retten
```

WARN [Warnungsklasse]
Die Anweisung WARN aktiviert angegebene Warnungen. Siehe NOWARN.

.XALL
Die Anweisung .XALL listet nur solche Makroerweiterungen auf, die auch Daten oder Code erzeugen. Nur im MASM-Modus erlaubt.

.XCREF
Die Anweisung .XCREF schaltet die Cross-Referenz ab. Siehe CREF.

.XLIST
Die Anweisung .XLIST schaltet die Ausgabe in die Listing-Datei ab. Siehe %LIST, .LIST, %NOLIST.

2.4.5 Optionen zum Aufrufen des Turbo Linkers

A:\>tlink
Ruft man den Turbo Linker TLINK.EXE ohne Parameter auf, erscheint die folgende Übersicht über die möglichen Parameter:

```
A:\>tlink
Turbo Link  Version 2.0  Copyright (c) 1987, 1988 Borland International
Syntax:  TLINK objfiles, exefile, mapfile, libfiles
@xxxx indicates use response file xxxx
Options: /m = map file with publics
         /x = no map file at all
         /i = initialize all segments
         /l = include source line numbers
         /s = detailed map of segments
         /n = no default libraries
         /d = warn if duplicate symbols in libraries
         /c = lower case significant in symbols
         /3 = enable 32-bit processing
         /v = include full symbolic debug information
         /e = ignore Extended Dictionary
         /t = create COM file
```

Die Reihenfolge der Parameter ist beliebig (/m/c und /c /m identisch).

A:\>tlink /x/m/s
Dies ist die Standardeinstellung von TLINK, in der der Linker eine Datei erzeugt, in der nur die Segmente, die Startadresse und ggf. Fehlermeldungen beim Linklauf tabellarisch wiedergegeben sind.

A:\>tlink /c
Zwischen Groß- und Kleinschreibung bei globalen Symbolen unterscheiden.

A:\>tlink /d
Bei der Redefinition von Bibliotheks-Symbolen warnen. Die mehrfach definierten Symbole werden auch dann angegeben, wenn sie überhaupt nicht verwendet worden sind.

A:\>tlink /e
Den erweiterten Index nicht verwenden. Damit läßt sich Speicherplatz sparen.

A:\>tlink /i
Alle Segmente initialisieren. Damit werden auch unbenutzte Bereiche in der EXE-Datei abgelegt.

A:\>tlink /l
In die Objektdatei Zeilennummern einfügen. Die Objektdatei muß diese Zeilennummern enthalten. /X unterdrückt /L.

A:\>tlink /m
Eine MAP-Datei erstellen, in der neben den Segmentnamen und Segmentadressen auch die Namen der globalen Symbolen (nach ihren Adressen geordnet) angegeben werden.

A:\>tlink /n
Keine Standard-Bibliotheken in den Objektdateien beachten (wenn diese z.B. in anderen Verzeichnissen liegen). Die Option ist nur bei Modulen anzugeben, die von fremden Compilern übersetzt worden sind.

A:\>tlink /s
Eine MAP-Datei mit detaillierten Angaben erstellen (wie /m, aber erweitert). Im Feld ACBP werden die Attribute Ausrichtung und Kombination mit je 4 Bit hexadezimal wie folgt verknüpft:

```
A-Feld    00    Absoluter Segment
A-Feld    20    Anfangsadresse liegt auf der Byte-Grenze (also beliebig)
A-Feld    40    Anfangsadresse kiegt auf der Wortgrenze (geradzahlig)
A-Feld    60    Anfangsadresse liegt auf dem Paragraphen (16-Byte-Grenze)
A-Feld    80    Anfangsadresse liegt auf der Seitengrenze (256-Byte-Grenze)
A-Feld    A0    Absoluter Speicherbereich (ohne Bezeichnung)
C-Feld    00    Segment darf nicht kombiniert werden
C-Feld    08    Segment ist PUBLIC (also kombinierbar)
```

A:\>tlink /t
Eine COM-Datei anstelle einer EXE-Datei erzeugen. Voraussetzung ist das Speichermodell TINY.
Für die COM-Datei gilt: Kleiner als 64 KB, ohne Segmentreferenzen, keinen Stack definieren und Startadresse bei 0:100h.

A:\>tlink /v
Sämtliche Debugger-Informationen linken, damit das Programm mit dem Turbo Debugger auf der Quellcode-Ebene untersucht werden kann.

A:\>tlink /x
Keine MAP-Datei erstellen.

A:\>tlink /3
Die 32-Bit-Verarbeitung aktivieren. Nun wird zum Linken 32-Bit-Code benötigt (Link-Geschwindigkeit sinkt).

3 Programmierkurs mit Turbo Assembler

3.1.1 Ein Programm, das nichts tut

In Turbo Pascal könnte man das folgende "leere" Programm erstellen:

```
BEGIN
END.
```

Wir wollen ein solches Minimalprogramm in Turbo Assembler schreiben und unter dem Namen LeerPro1.ASM speichern. Man geht in drei Schritten vor: 1. eingeben bzw. editieren, 2. übersetzen bzw. assemblieren und 3. einbinden bzw. linken.

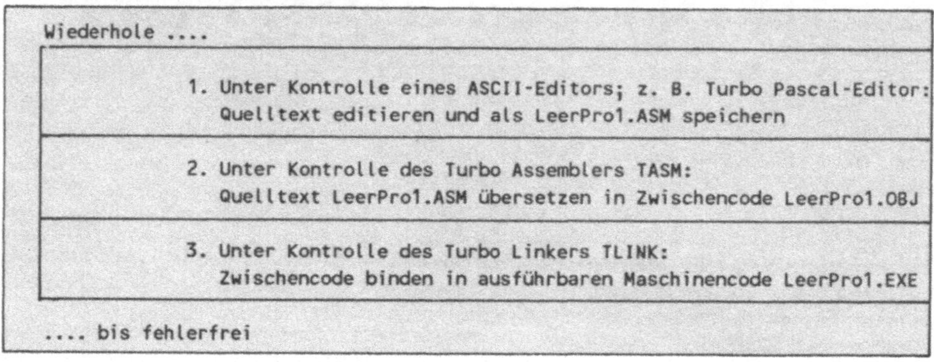

Ablauf der Programmerstellung in drei Schritten

3.1.1.1 Assembler-Quelltext LeerPro1.ASM editieren

Den Quelltext mit einem beliebigen ASCII-Editor eingeben:
Da der Turbo Assembler keinen integrierten Texteditor hat, müssen wir einen anderen ASCII-Editor verwenden, z. B. den Turbo Pascal-Editor. Wir erzeugen eine Datei namens LeerPro1.ASM und speichern sie zum Beispiel im Verzeichnis A:\PRO1 ab. In der DOS-Ebene kann man sich den Quelltext mit dem TYPE-Befehl anzeigen lassen:

```
A:\PRO1>type leerpro1.asm
        .CODE                  (wird nicht assembliert)
        END
```

Wird der Quelltext LeerPro1.ASM mit einem Textverarbeitungsprogramm (wie z.B. Word) eingegeben, ist darauf zu achten, daß der Text unformatiert abgespeichert wird.

3.1.1.2 LeerPro1.ASM zur Datei LeerPro1.OBJ assemblieren

Den Turbo Assembler mit TASM starten:
Um ein lauffähiges Programm zu erzeugen, muß man diesen Quellcode mit dem Turbo Assembler TASM.EXE behandeln. Um den Assembler korrekt starten zu können, sind zwei Regeln zu beachten:

1. Man ruft den Turbo Assembler von dem Verzeichnis aus auf, in dem sich der Quellcode befindet, also von A:\PRO1 aus. Damit wird erreicht, daß sich das assemblierte Programm in demselben Verzeichnis befindet.
2. In der Datei Autoexec.BAT muß der Pfad angegeben sein, in dem der Turbo Assembler zu suchen ist. Das folgende Beispiel zeigt C:\SPRACHE\TASM als Suchpfad für den Assembler und C:\SPRACHE\TD als Pfad für den Turbo Debugger (wir brauchen ihn später).

Zwei Regeln zum Starten des Turbo Assemblers

Beispiel zu einer Datei Autoexec.BAT:

```
A:\>type c:\autoexec.bat
@echo off
rem Anpassungsdatei AutoExec.BAT
set comspec=c:\hilfe\dosbef\command.com
path c:\hilfe\dos;c:\hilfe\stapel;c:\sprache\tp;c:\sprache\tasm;c:\sprache\td
prompt $p$g
date
```

TASM mit Programm LeerPro1.ASM aufrufen:
Wenn sich die Datei LeerPro1.ASM im Verzeichnis A:\PRO1 befindet, wechselt man in dieses Verzeichnis, um dann mit TASM LeerPro1 den Assembler aufzurufen:

```
A:\>cd prog1
A:\PRO1>tasm leerpro1
```

Was passiert? Man erhält eine Fehlermeldung, da zu Beginn des Programms das verwendete Speichermodell anzugeben ist. Zumeist nimmt man das Speichermodell SMALL.

TASM mit Programm LeerPro1.ASM nochmals aufrufen: Wir müssen die Datei LeerPro1.ASM nochmals editieren, das MODEL SMALL einfügen und den Quelltext erneut anzeigen lassen.

```
A:\PRO1>type leerpro1.asm
        .MODEL SMALL
        .CODE
        END
A:\PRO1>
```

Dieses Programm wird mit TASM LeerPro1 nun fehlerfrei assembliert. Das Ergebnis der Übersetzung wird im Verzeichnis A:\PRO1 in der Datei LeerPro1.OBJ abgelegt.

```
A:\PRO1>tasm leerpro1
Turbo Assembler  Version 1.0  Copyright (c) 1988 by Borland International

Assembling file:   LEERPRO1.ASM
Error messages:    None
Warning messages:  None
Remaining memory:  355k
```

Der Assembler hat den ASCII-Text der Quelldatei LeerPro1.ASM in Bitfolgen bzw. binäre Entscheidungen umgewandelt und diese in der Zieldatei LeerPro1.OBJ abgelegt. Diese OBJ-Datei ist ein Zwitter zwischen Quelltext und ausführbarem Maschinencode.

3.1.1.3 LeerPro1.OBJ zur Datei LeerPro1.EXE linken

Die Datei LeerPro1.OBJ wird auch als *Objektmodul* bezeichnet und muß noch mit dem Linker behandelt werden, um ein lauffähiges Programm zu erhalten. Der Linker TLINK.EXE bindet ein oder mehrere *Objektmodule* zu einem ausführbarem Code zusammen.

```
A:\PRO1>tlink leerpro1
```

Mit TLINK LeerPro1 wird ein Linklauf durchgeführt, der aus der Datei LeerPro1.OBJ die Datei LeerPro1.EXE und eine Datei namens LeerPro1-.MAP mit dem umseitigen Inhalt erzeugt:

```
A:\PRO1>type leerpro1.map
 Start  Stop   Length Name                  Class

 00000H 00000H 00000H _TEXT                 CODE
 00000H 00000H 00000H _DATA                 DATA

Program entry point at 0000:0000
Warning: no stack
```

Dies besagt, daß die Länge des Codesegments wie auch des Datensegments 0 sind und daß kein Stacksegment vorhanden ist.

- Program entry point at 0000:0000 bedeutet, daß das Programm bei Offset 0 startet.
- Die im Programm LeerPro1.ASM angegebenen *Anweisungen* .CODE und END ergeben keine ausführbaren Befehle, sondern teilen dem Assembler nur mit, wo das Programm beginnt und endet.

Fehlerhafte Ausführung des Maschinenprogramms LeerPro1.EXE:
Leider hängt sich das Programm LeerPro1.EXE auf, wenn man es mit

```
A:\PRO1>leerpro1                     (läuft noch nicht)
```

in der Betriebssystemebene aufruft. Grund: Ein Programm kann nur dann ordnungsgemäß beendet werden, wenn es zwischen .CODE und END Befehle zum Beenden der Ausführung enthält.

Korrektur des Fehlers:
Wir erweitern das Programm LeerPro1.EXE um den Befehl "Programm beenden". Im Gegensatz zu den Hochsprachen wird das Programm nicht automatisch beim Textende beendet; man muß dazu die DOS-Funktion 4Ch und den Interruptbefehl INT 21h explizit angeben. Wir haben somit zwei Ende-Kommandos zu unterscheiden:

- Anweisung END ist ein Kommando an den Assembler und besagt: "Den Quelltext bis zu diesem Kommando übersetzen; ggf. nachfolgende Anweisungen und Befehle nicht mehr assemblieren."

- Befehl INT 21h ist ein Befehl an den Prozessor 80x86 und besagt: "Bei der Ausführung des Maschinenprogramms hier beenden und die Kontrolle wieder an die aufrufende Ebene zurückgeben."

Alter Quelltext:

```
A:\PRO1>type leerpro1.asm
        .MODEL SMALL
        .CODE
        END
A:\PROG1>
```

Korrigierter bzw. erweiterter Quelltext:

```
A:\PRO1>type leerpro1.asm
        .MODEL SMALL
        .CODE
        mov ah,4Ch
        int 21h
        END
A:\PRO1>
```

MOV-Befehl zum Übertragen bzw. Laden:
Die DOS-Funktion 76 wird mit dem Befehl INT 21h aufgerufen, nachdem die Funktionsnummer 4Ch (bzw. 76 dezimal) ins Register AH geladen wurde.

- Der Befehl MOV AH,4Ch (move = verschieben) schreibt die Zahl 4Ch ins Register AH.
- MOV-Befehle haben das folgende Format: *MOV Ziel,Quelle.*
- Man sagt: "Übertrage bzw. kopiere Quelle in Ziel" oder "Lade Ziel mit Quelle".

Das korrigierte Programm LeerPro1.ASM wird nun mit mit TASM LeerPro1.ASM übersetzt und mit TLINK LeerPro1.OBJ zum Maschinenprogramm LeerPro1.EXE gebunden.

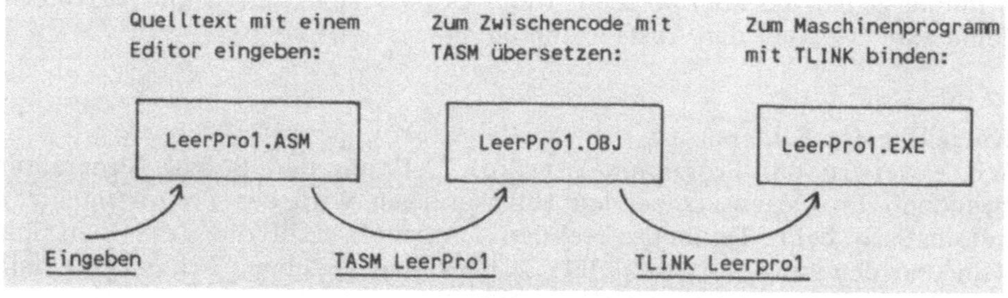

Drei-Schritte-Vorgehen zur Programmerstellung von LeerPro1

3.1.1.4 Listing-Dateien Leerpro1.LST anzeigen

TASM-Option /l für das Listing

Wenn man das Programm LeerPro1 nun mit der Option /l assembliert, erhält man eine Listing-Datei mit dem Dateityp LST. Die LST-Datei kann man sich mit dem TYPE-Befehl anzeigen lassen. Rechts erscheint der Assembler-Quellcode mit den Anweisungen .MODEL, .CODE und END sowie den Befehlen MOV und INT. Links werden die zugehörigen Maschinenbefehle angezeigt, die vom Assembler erzeugt worden sind.

```
A:\PRO1>tasm /l leerpro1
.... der Assembler meldet sich (siehe oben) ....

A:\PRO1>type leerpro1.lst
Turbo Assembler  Version 1.0        27.01.90 12.26.24          Page 1
LEERPRO1.ASM

      1 0000                               .MODEL SMALL
      2 0000                               .CODE
      3 0000  B4 4C                           mov ah,4Ch
      4 0002  CD 21                           int 21h
      5                                    END
```

Der Befehl MOV AH,4Ch erzeugt den Prozessorbefehl B4 4C mit dem Offset 0. Der Befehl INT 21h erzeugt den Maschinenbefehl CD 21 mit dem Offset 2, welcher ebenfalls zwei Byte Speicherplatz belegt.

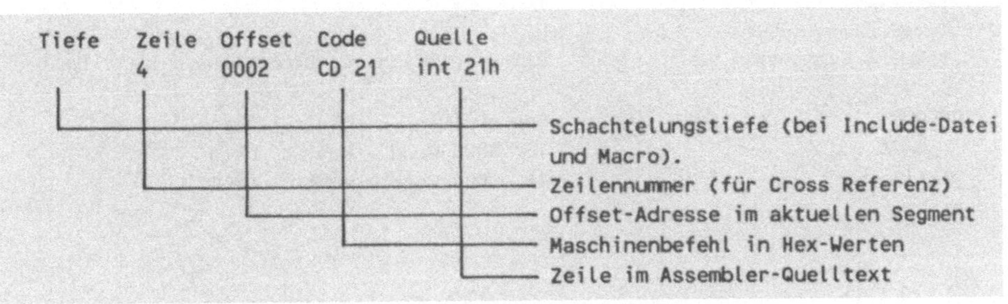

Zeilen der LST-Datei mit 5-Spalten-Format

TASM-Option /la für das erweiterte Listing

Mit der Option /la wird in der LST-Datei zusätzlich eine zweite Bildschirmseite (Page 2) mit Information zu den Symboltabellen wie folgt bereitgestellt:

- Zuerst erscheint die Label-Tabelle mit allen Labels in alphabetischer Ordnung.
- Dann wird die Segment-Tabelle angezeigt.

```
A:\PRO1\tasm /la leerpro1
.... siehe oben ....
```

```
A:\PRO1\type leerpro1.lst
Turbo Assembler  Version 1.0         27.01.90 12.26.24          Page 1
.... Seite 1 siehen oben ....

Turbo Assembler Version 1.0          27.01.90 12.30.50          Page 2
Symbol Table

Symbol Name                         Type    Value

??DATE                              Text    "27.01.90"
??FILENAME                          Text    "LEERPRO1"
??TIME                              Text    "12.50.08"
??VERSION                           Number 0100
@CODE                               Text    _TEXT
@CODESIZE                           Text    0
@CPU                                Text    0101H
@CURSEG                             Text    _TEXT
@DATA                               Text    DGROUP
@DATASIZE                           Text    0
@FILENAME                           Text    LEERPRO1
@WORDSIZE                           Text    2

Groups & Segments                   Bit Size Align  Combine Class

DGROUP                              Group
  _DATA                             16  0000 Word   Public  DATA
_TEXT                               16  0004 Word   Public  CODE
A:\>
```

3.1.1.5 Dateitypen ASM, BAK, EXE, LST, MAK, OBJ

Nach dem Editieren, Assemblieren und Linken sind folgende Dateien zum Programm LeerPro verfügbar:

```
A:\PRO1>dir leerpro1.*
LEERPRO1 BAK    99 06.11.89 21.01  1.1 Sicherungsdatei des Editors
LEERPRO1 ASM    99 27.01.90 12.46  1.2 Quelldatei des Editors

LEERPRO1 OBJ   176 27.01.90 12.50  2.1 Objektdatei des Assemblers (Zwischencode)
LEERPRO1 LST  1329 27.01.90 12.50  2.2 Listingdatei des Assemblers

LEERPRO1 EXE   516 27.01.90 11.57  3.1 Objektdatei des Linkers (ausführbar)
LEERPRO1 MAP   203 27.01.90 11.57  3.2 Mappingdatei des Linkers
        6 Datei(en)      110592 Byte frei
```

3.1.2 Einsatz des Turbo Debuggers

Besitzer des Turbo Debuggers können ihr Programm unter der Kontrolle des Turbo Debuggers testen.

3.1.2.1 Zwei Voraussetzungen

Voraussetzung 1: Wenn Sie das Programm im Quellcode debuggen wollen, müssen Sie es mit der Option /zi assemblieren, damit Informationen für den Debugger in die OBJ-Datei aufgenommen werden.

```
A:\PRO1>tasm /zi leerpro1
Turbo Assembler  Version 1.0  Copyright (c) 1988 by Borland International

Assembling file:   LEERPRO1.ASM
Error messages:    None
Warning messages:  None
Remaining memory:  354k
```

Voraussetzung 2: Anschließend ist das Programm mit /v zu linken, damit diese Informationen in die EXE-Datei aufgenommen werden.

```
A:\PRO1>tlink /v leerpro1
Turbo Link  Version 2.0  Copyright (c) 1987, 1988 Borland International
Warning: no stack
```

3.1.2.2 Debugger aufrufen

Der Aufruf des Turbo Debuggers TD.EXE erfolgt so, daß das zu testende Programm im aktiven Verzeichnis abgelegt ist und in AutoExec.BAT ein Suchpfad auf TD.EXE gesetzt ist:

```
A:\PRO1>td leerpro1
```

Dabei ist also angenommen, daß das Programm LeerPro1 im Verzeichnis A:\PRO1 abgelegt ist, und daß sich der Debugger TD.EXE in einem Verzeichnis befindet, in das ein Suchpfad der Datei AUTOEXEC.BAT weist.

Bildschirm des Debuggers: Ruft man den Debugger TD.EXE auf, dann erhält man folgenden Bildschirm.

```
A:\PRO1>td leerpro1

  File   View   Run   Breakpoints   Data   Window   Options                READY
┌Module: leerpro1 File: leerpro1.asm 3──────────────────────────────────────────1┐
│           .MODEL SMALL                                                         │
│           .CODE                                                                │
│►             mov ah,4Ch                                                        │
│              int 21h                                                           │
│           END                                                                  │
...
│                                                                                │
└────────────────────────────────────────────────────────────────────────────────┘
┌Watches─────────────────────────────────────────────────────────────────────────┐
│                                                                                │
└────────────────────────────────────────────────────────────────────────────────┘
  F1-Help F2-Bkpt F3-Close F4-Here F5-Zoom F6-Next F7-Trace F8-Step F9-Run
```

Bildschirm des CPU-Fensters: Wählt man im View-Menü das CPU-Fenster, so erhält man den folgenden Bildschirm des Debuggers TD.EXE:

```
  File   View   Run   Breakpoints   Data   Window   Options              READY
┌Module: leerpro1  File: leerpro1.asm 3────────────────────────────────────────1┐
│          .MODEL SMALL                                                         │
│          .CODE                                                                │
│►        ┌CPU 80286─────────────────────────────────────────────────────────3┐ │
│         │ cs:0000►B44C        ♦ mov ah,4Ch          │ ax 0000  │c=0│        │ │
│         │ cs:0002 CD21        ♦ int 21h             │ bx 0000  │z=0│        │ │
│         │ cs:0004 FB            sti                 │ cx 0000  │s=0│        │ │
│         │ cs:0005 52            push   dx           │ dx 0000  │o=0│        │ │
│         │ cs:0006 0802          or     [bp+si],al   │ si 0000  │p=0│        │ │
│         │ cs:0008 2300          and    ax,[bx+si]   │ di 0000  │a=0│        │ │
│         │ cs:000A 0000          add    [bx+si],al   │ bp 0000  │i=1│        │ │
│         │ cs:000C 0300          add    ax,[bx+si]   │ sp FFFE  │d=0│        │ │
│         │ cs:000E 1B00          sbb    ax,[bx+si]   │ ds 625F  │   │        │ │
│         │ cs:0010 0000          add    [bx+si],al   │ es 625F  │   │        │ │
│         │ cs:0012 0000          add    [bx+si],al   │ ss 626F  │   │        │ │
│         │ cs:0014 0000          add    [bx+si],al   │ cs 626F  │   │        │ │
│         │ cs:0016 0100          add    [bx+si],ax   │ ip 0000  │   │        │ │
│         ├───────────────────────────────────────────┼────────────────────────┤ │
│         │ ds:0000 CD 20 00 A0 00 9A F0 FE ═ á Ü≡▪   │ ss:0004 52FB           │ │
└─────────│ ds:0008 1D F0 60 03 D1 3B 2D 03 ↔≡`♥╤;-♥  │ ss:0002 21CD           │─┘
┌Watches──│ ds:0010 D1 3B 2F 02 00 41 13 27 ╤;/☻ A‼' │ ss:0000 4CB4           │──2┐
│         │ ds:0018 01 01 01 00 02 FF FF FF ☺☺☺ ☻     │ ss:FFFE►0000           │   │
└─────────└───────────────────────────────────────────┴────────────────────────┘───┘
  F1-Help F2-Bkpt F3-Close F4-Here F5-Zoom F6-Next F7-Trace F8-Step F9-Run
```

Das Programm wird in Maschinensprache und disassembliert in Assemblersprache angezeigt. Zudem erscheinen die Inhalte der CPU-Register AX - IP, die Flags des Statusregisters C - D und ein Dump des Datensegments DS. Mit den Tasten F7 oder F8 kann man das Programm in zwei Schritten abarbeiten.

3.1.3 Aufbau des Assemblerprogramms

3.1.3.1 Unterscheidung von Befehl und Anweisung

Befehle an den Prozessor

Die Befehle richten sich an den 80x86-Prozessor; sie werden vom Assembler in Maschinensprachebefehle des ausführbaren Programms übersetzt. Die Befehle bilden das eigentliche *Programm als Folge von Befehlen.*

- Die Prozessoren 8088, 8086, 80286, 80386 und 80486 haben ihre jeweiligen Befehlssätze.
- "Befehlssatz des Prozessors" und "Assemblersprache des Prozessors" sind Synonyme.
- Alle Prozessoren der iAPx86-Familie verstehen den Code, der für den 8086-Prozessor erstellt worden ist.

Das Programm LeerPro1.ASM enthält die zwei Befehle MOV und INT. Der Assembler übersetzt den Befehl (z.B. INT 21h) in den entsprechenden Maschinensprachebefehl (CD 21) bzw. in die entsprechende Bitfolge. Einerseits ist die Assemblersprache vom Menschen leichter lesbar als die Maschinensprache; andererseits jedoch erfüllen Assembler- und Maschinensprache die gleiche Funktion.

Zwei Bedeutungen des Begriffs "Assembler":

- Der Assembler als Übersetzerprogramm übersetzt Symbolbefehle (INT 21h) in Bitfolgen (CD 21).
- Der Assembler als Programmiersprache stellt einen bestimmten Befehlssatz sowie Anweisungen zur Verfügung.

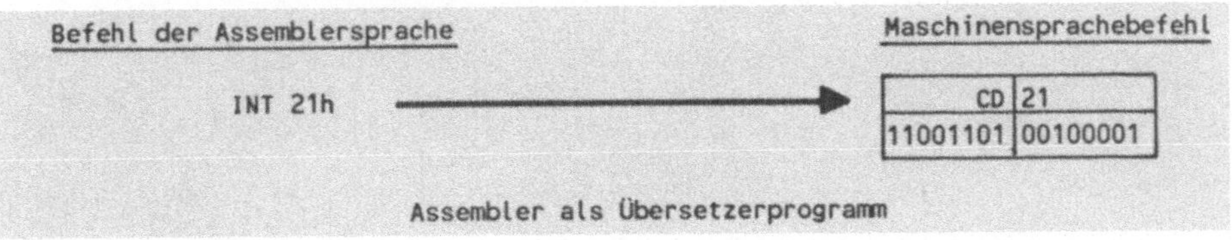

Zweimal Assembler: Assemblersprache und Sprachübersetzer

Anweisungen an den Assembler

Die Anweisungen dienen zur Steuerung des Assemblers und erzeugen überhaupt keinen Code im ausführbaren Programm. Sie ermöglichen es, daß der Benutzer dem Assembler bzw. Übersetzer Direktiven übermitteln kann, die das Programmieren im Assembler komfortabel machen. Das Programm LeerPro1.ASM enthält .MODEL und .CODE als Anweisungen zur Kontrolle der Segmente (Abschnitt 3.1.3.2) und eine END-Anweisung.

```
; Programm LeerPro1.ASM             ; als "Anweisung" für Kommentar
.MODEL SMALL                        ; Segmentanweisung für den Assembler
.CODE                               ; Segmentanweisung
   mov ah,4Ch                       ; Befehl für den 8086-Prozessor
   int 21h                          ; Befehl für den 8086-Prozessor
END                                 ; Anweisung
```

Sechs Kommandos in Programm LeerPro1.ASM: Vier Anweisungen (an den Assembler) und zwei Befehle (an den Prozessor)

3.1.3.2 Segmentanweisungen und Kommentar

Segmentanweisungen:
Diese Anweisungen teilen dem Assembler mit, in welchem Segment die Daten (DATA) und die Programmbefehle (CODE) liegen sollen. Das Programm LeerPro1.ASM weist zwei solcher Anweisungen aus: .MODEL und .CODE.

Anweisung .MODEL SMALL:
Die .MODEL-Anweisung definiert das Speichermodell einer OBJ-Datei. Beim Speichermodell TINY müssen Code und Daten zusammen in ein 64 KB-Segment passen. Beim Speichermodell SMALL muß der Code in ein 64-KB-Segment passen; dasselbe gilt für die Daten. Die anderen Speichermodelle MEDIUM, COMPACT, LARGE und HUGE werden wenig gebraucht. Für die meisten Assemblerprogramme ist das SMALL-Modell ausreichend, da sie nur selten mehr als 64 KB an Code bzw. Daten umfassen.

Anweisung .CODE:
Mit dieser Anweisung wird dem Assembler mitgeteilt, in welches Codesegment die auf die .CODE-Anweisung folgenden Befehle gehören. Diese Anweisung ist besonders dann wichtig, wenn man dem Assembler mehrere Codesegmente vorgibt.

Erweiterung von LeerPro1.ASM zu LeerPro2.ASM

Das Programm Leerpro1.ASM soll mit den Anweisungen .STACK und .DATA sowie mit Kommentar zu einem Programm LeerPro2.ASM erweitert werden.

Anweisung .STACK:
Mit der Anweisung .STACK reserviert man Speicherplatz für den Stack. Der Stack ist eine Datenstruktur, auf dem Information temporär nach der LIFO-Zugriffsregel "Last In- Firt Out: Die Daten auslesen, die zuletzt geschrieben wurden". Um vom Assembler nicht mehr die Warnung "no stack" zu erhalten, definieren wir für LeerPro2.ASM einen Stack der Größe 100h.

Anweisung .DATA:
Mit .DATA definiert man den Anfang des Datensegments. Auf Besonderheiten (wie @DATA) wird später eingegangen.

Kommentar mit ";":
Zur besseren Überschaubarkeit des Programms empfiehlt es sich, Kommentare einzufügen. Kommentare kann man nach einem ";" am Zeilenende oder am Zeilenanfang einfügen. Nach der END-Anweisung kann man schreiben, was man will (Text nach END wird vom Assembler ignoriert). Das Beispielprogramm LeerPro2.ASM zeigt dies.

```
; Programm LeerPro2.ASM
;
; Definition des Stacksegments, des Datensegments
; und Verwendung von Kommentaren.
;
        .MODEL SMALL        ;Speichermodell SMALL

        .STACK 100h         ;256 Bytes Speicherplatz für den Stack

        .DATA               ;Beginn des Datensegments
                            ;Das Segment enthält keine Daten

        .CODE               ;Beginn des Codesegments
```

```
    mov ah,4Ch          ;DOS-Funktionsnummer 4Ch ins Register AH
    int 21h             ;Befehlsaufruf zur Beendigung des Programms
END                     ;Ende des Codesegments bzw. Programms
Diese Textzeile wird vom Assembler ignoriert, da hinter END
```

3.1.3.3 Aufbau der Programmzeile

Der Quelltext eines Assemblerprogramms wird zeilenweise abgearbeitet. Jede Zeile muß mindestens eines der Komponenten *Label*, *Befehl* oder *Anweisung*, *Operand(en)* bzw. *Kommentar* aufweisen.

```
Label    Befehl / Anweisung    Operand(en)    ;Kommentartext
```

Vier Beispiele für Programmzeilen im Assembler-Quelltext:

```
        mov ah,4Ch                          Zeile mit einem Befehl
        ;                                   Leerzeile mit Kommentarzeichen
        .CODE             ;Codesegment      Zeile mit Anweisung, Kommentar
Anfang:                                     Zeile mit Label Anfang
```

Labels als Namen in der Programzeile:
Ein Label benennt eine Speicherstelle, Zahl bzw. einen String im Programm.

- Steht ein Label alleine in einer Zeile, dann erhält er die Adresse des nächsten Befehls bzw. der nächsten Anweisung.
- Im Labelnamen dürfen die Zeichen A-Z,a-z, 0-9, _, @, $ und ? verwendet werden (einzelne $ oder ? sowie 0-9 am Anfang sind nicht erlaubt).
- Der Label muß mit einem ":" abgeschlossen sein. Label als Operand eines Befehls (z.B. JMP Anfang) oder einer Anweisung (z.B. Var1 DB 23) schreibt man ohne ":".

Befehle, Anweisungen und Operanden in der Programmzeile:
Befehle erzeugen Code, Anweisungen hingegen nicht. Die END-Anweisung steht in der letzten Zeile des Quelltextes.
Als Operanden kann man Register (z.B. AX), Konstanten (z.B. 'K' oder 5), Ausdrücke (die zu Konstanten ausgewertet werden) oder Labels (z.B. JMP Anfang oder MOV [Var1],AX) schreiben.

3

Programmierkurs mit Turbo Assembler

3.2.1 Unterbrechung bzw. Interrupt

3.2.1.1 Was ist eine Unterbrechung?

Analogie von Unterbrechung (Interrupt) und Unterprogramm:
Externe Einheiten senden Unterbrechungssignale, die dem Prozessor befehlen, seine derzeitige Verarbeitung zu unterbrechen, um auf das Signal bzw. auf die externe Einheit zu antworten. Beispiel zur Tastatur als externer Einheit: Bei jedem Tastendruck sendet die Tastatur ein Signal an den Prozessor. Dieser unterbricht seine Verarbeitung, bearbeitet die von der Tastatur initiierte Unterbrechung und führt danach seine unterbrochene Verarbeitung fort.

1. Tastatur sendet ein Unterbrechungssignal zum Prozessor
2. Prozessor beendet den gerade in Ausführung befindlichen Befehl.
3. Prozessor sichert die Adresse des zur Verarbeitung anliegenden Folgebefehls auf dem Stack.
4. Prozessor arbeitet die Unterbrechungsroutine als spezielles "Unterprogramm zur Unterbrechungsbehandlung" ab; beim Tastaturbeispiel: eingetipptes Zeichen einlesen und speichern.
5. Prozessor holt die Rückkehradresse vom Stack und setzt die Verarbeitung mit dem Folgebefehl fort.

Bei Programmunterbrechungen bzw. Interrupts handelt es sich also um Unterprogrammaufrufe von Maschinenprogrammen des Betriebssystems.

Assemblerbefehl INT21h:
Zum Aufruf von Prozeduren des Betriebssystems gibt es in Turbo Pascal die zwei gleichwirkenden Software-Interrupts MsDos(R) und Intr($21,R). Dies entspricht dem Assemblerbefehl INT 21h. Man spricht auch vom Aufruf einer DOS-Funktion - Funktion, weil sie ein Ergebnis liefern; formal werden sie aber wie Prozeduren angewandt.

3.2.1.2 DOS-Funktion in zwei Schritten aufrufen

In Programm LeerPro2.ASM wurde die DOS-Funktion 4Ch zum Beenden des Programms aufgerufen (vgl. Abschnitt 3.1.3.2). Ein Programm führt eine DOS-Funktion über einen Softwareinterrupt aus. Über den Interrupt 21h bzw. den Assemblerbefehl INT 21h wird eine DOS-Funktion wie folgt in zwei Schritten aufgerufen:

1. Mit dem MOVE-Befehl die Nummer der gewünschten Funktion in das AH-Register des Akkumulators schreiben.

2. Mit dem Befehl INT 21h die gewünschte Funktion aufrufen.

Drei Beispiele zu den DOS-Funktionen 4Ch, 2 und 1:

Funktion 76: Programm beenden	Funktion 2: Buchstabe 'K' am Bildschirm ausgeben	Funktion 1: Zeichen von Tastatur in AL-Register einlesen

mov ah,4Ch
int 21h
	mov ah,2
	mov dl,'K'
	int 21h
		mov ah,1
		int 21h

3.2.2 Text am Bildschirm ausgeben

In einem Programm namens StrAus1.ASM soll eine Nachricht auf dem Bildschirm ausgegeben werden. Dazu bedienen wir uns der DOS-Funktion 9 des Interrupts 21h.
Die DOS-Funktion 9 fordert im Registerpaar DS:DX die Adresse des Ausgabestrings, in DS die Segmentadresse und in DX den Offset. Der Ausgabestring muß mit einem '$' Zeichen abgeschlossen sein. Vor dem Aufruf von INT 21h muß man ins Register AH die Funktionsnummer 9 schreiben. Das erreichen wir mit MOV AH,9.

```
;Programm StrAus1.ASM
;Ausgabe eines Strings
;
        .MODEL SMALL
        .STACK 100h
        .DATA                           ;Beginn des Datensegments
Text    DB 'Ausgabetext',13,10,'$'      ;Ausgabestring

        .CODE
        mov ax,@data                    ;Laden von DS mit der Segment-
        mov ds,ax                       ;adresse des Datensegments
        mov dx,OFFSET Text              ;Stringoffset nach DX
        mov ah,9                        ;Funktionsnummer nach AH
        int 21h                         ;Aufrufen von DOS über Interrupt 21h
        mov ah,4Ch                      ;Beendigung des Programms
        int 21h                         ;Erneutes Aufrufen von DOS
        END
```

Der OFFSET-Operator liefert den Offset des angegebenen Labels (hier Variablenname TEXT).

3.2.2.1 Speichervariable mit DB definieren

String- bzw. Zeichenkettenvariablen definieren:
Den Speicherplatz für den String 'Ausgabetext' lassen wir uns vom Assembler im Datensegment reservieren mit:

```
Text DB 'Ausgabetext',13,10,'$'
```

Die Anweisung DB (Define Byte) definiert eine Byte-Adresse, ab der 'Ausgabetext' beginnt. Diese Adresse kann mit dem Namen TEXT als Label (Marke) angesprochen werden. 13 und 10 sind die ASCII-Zeichen für Wagenrücklauf und Zeilenvorschub. Daran wird noch das Zeichen $ angehängt. Jedes Zeichen wird als Zahl in einem Byte dargestellt.

- Die DB-Anweisung ist vergleichbar mit der Zuweisungsanweisung *TEXT := 'Ausgabetext';* in Pascal, wobei Text die symbolische Adresse der Speicherstelle darstellt.
- Die DB-Anweisung ist kein Prozessorbefehl, sondern eine Anweisung an den Assembler, um den angegebenen Wert im RAM an der Speicherstelle abzulegen, deren Adresse gerade aktuell ist.
- Neben Bytes (mit DB) lassen sich z.B. auch Wortvariablen (mit DW) und Doppelwortvariablen (mit DD) definieren.

Datentyp:	Definitionsanweisung:	Beispiel:		
8 Bits (1 Byte)	DB	ByteVar	DB	'K'
Wort (2 Bytes)	DW	WortVar	DW	110b
Doppelwort (4 Bytes)	DD	DoppelWortVar	DD	3ADh

Anweisungen DB, DW und DD zur Definition von initialisierten Variablen

Drei Beispiele für Datendefinitionen:

```
Text    DB 'Ausgabetext',13,10,'$'     ;Ausgabestring mit CR/LF-Sequenz
Text    DB 'Ausgabetext',0Dh,0Ah,'$'   ;identischer Ausgabestring
Text1   DB 'Ausgabetext','$'           ;Cursor bleibt am Stringende stehen
Text2   DB 'R','h','e','i','n','$'     ;5-Zeichen-String
```

Array-Variablen definieren:
Für eine Variable lassen sich mehrere Elemente des gleichen Datentyps definieren. Die Zahlen 1, 9, 9 und 0 werden an vier aufeinanderfolgenden Speicherstellen abgelegt und können unter dem Label ARRAY1 angesprochen werden.

```
Array1   DB 1,9,9,0                          ;4-Elemente-Array mit vier Zahlen
Array2   DW 1,2,3,4,5,6,7,8,9,10,11          ;20-Elemente-Array namens Array2 mit
         DW 12,13,14,15,16,17,18,19,20       ;2 Bytes langen Elementeinträgen
Array3   DB 10 DUP(?)                        ;10 Bytes mit unbestimmtem Wert
Array4   DB 10 DUP(0)                        ;10 Bytes mit Wert 0 jeweils
```

Einfache Variablen definieren:
Gibt men ein "?" an, wird zwar ein Byte reserviert, der Inhalt bleibt jedoch zufällig, bis man durch einen Assemblerbefehl einen bestimmten Wert abspeichert.

```
Var1     DB 47                               ;47 an der aktuellen Adresse ablegen
Var2     DB ?                                ;Byte mit unbestimmtem Wert reserviert
```

3.2.2.2 Anfang des Datensegments definieren

Mit den Anweisungen .DATA und .CODE werden das Codesegment und das Datensegment definiert. Beim Datensegment jedoch muß man das DS-Segmentregister mit dem Inhalt von @Data laden; erst danach kann man auf das Datensegment .DATA lesend oder schreibend zugreifen.

- @Data ist eine Konstante, welche die Segmentadresse des Datensegments darstellt.
- Die Segmentregister DS, CS, SS, ES können nicht direkt mit einer Konstanten (also auch nicht mit *@Data*) geladen werden, sondern nur über ein anderes Register bzw. eine Speicherstelle.
- Im Programm StrAus1.ASM verwendet man das Register AX als Hilfsspeicher:

```
mov ax,@Data                 ;Anstelle von AX kann man auch ein
mov ds,ax                    ;anderes Allzweckregister nehmen
```

Aufgabe 3.2.2/1: Warum hätte man statt MOV DX,OFFSET Text nicht MOV DX,Text schreiben können?

Aufgabe 3.2.2/2: Schreiben Sie ein Programm StrAus2.ASM, welches zwei Strings ausgibt. Die Strings sind im Codesegment zu definieren. @Code ist ein Ersatzname für das Codesegment.

Aufgabe 3.2.2/3: Warum wird der Stringinhalt von Programm StrAus2-.ASM nicht als auszuführender Code interpretiert?

3.2.3 Debuggen mit dem DOS-Debugger

Statt mit dem Turbo Debugger kann man ein Programm auch mit dem DOS-Debugger untersuchen. Wir werden das mit dem Programm StrAus1-.EXE tun. Mit DEBUG StrAus1.EXE wird der DOS-Debugger aufgerufen.Er meldet sich mit dem "-" als Bereitschaftszeichen:

```
A:\>debug straus1.exe
-
```

Befehl U: Der Befehl U (unassemble) zeigt das Programm StrAus1.EXE in Maschinencode mit den Adressen (links) und in disassemblierter Form (rechts) an.

```
-u
3FE7:0000 B8E83F        MOV     AX,3FE8
3FE7:0003 8ED8          MOV     DS,AX
3FE7:0005 BA0000        MOV     DX,0000
3FE7:0008 B409          MOV     AH,09
3FE7:000A CD21          INT     21
3FE7:000C B44C          MOV     AH,4C
3FE7:000E CD21          INT     21
```

Befehl D: Ab der Adresse 3FE8:0000 sollte im Datensegment der Ausgabetext stehen. Wir können uns davon mit dem Befehl D Adresse (D für Dump) überzeugen.

```
-d 3FE8:0000
3FE8:0000  41 75 73 67 61 62 65 74-65 78 74 0D 0A 24 AD 00   Ausgabetext..$..
3FE8:0010  FF 36 D9 1B 1E FF 76 FC-B8 1B 0C 50 E8 40 93 59   .6....v....P.@.Y
```

Befehl R: Mit dem Befehl R (Register) wird die momentane Belegung der Register gelesen und angezeigt.

```
-r
AX=0000  BX=0000  CX=001E  DX=0000  SP=0100  BP=0000  SI=0000  DI=0000
DS=3FD7  ES=3FD7  SS=3FE9  CS=3FE7  IP=0000   NV UP EI PL NZ NA PO NC
3FE7:0000 B8E83F        MOV     AX,3FE8
-
```

Befehl P: Der Befehl P (Proceed) führt den nächsten Befehl aus und zeigt die Register und den darauf folgenden Befehl an.

```
-p

AX=3FE8  BX=0000  CX=001E  DX=0000  SP=0100  BP=0000  SI=0000  DI=0000
DS=3FD7  ES=3FD7  SS=3FE9  CS=3FE7  IP=0003   NV UP EI PL NZ NA PO NC
3FE7:0003 8ED8          MOV     DS,AX
-p

AX=3FE8  BX=0000  CX=001E  DX=0000  SP=0100  BP=0000  SI=0000  DI=0000
DS=3FE8  ES=3FD7  SS=3FE9  CS=3FE7  IP=0005   NV UP EI PL NZ NA PO NC
3FE7:0005 BA0000        MOV     DX,0000
-p

AX=3FE8  BX=0000  CX=001E  DX=0000  SP=0100  BP=0000  SI=0000  DI=0000
DS=3FE8  ES=3FD7  SS=3FE9  CS=3FE7  IP=0008   NV UP EI PL NZ NA PO NC
3FE7:0008 B409          MOV     AH,09
-p

AX=09E8  BX=0000  CX=001E  DX=0000  SP=0100  BP=0000  SI=0000  DI=0000
DS=3FE8  ES=3FD7  SS=3FE9  CS=3FE7  IP=000A   NV UP EI PL NZ NA PO NC
3FE7:000A CD21          INT     21
-p
Ausgabetext

AX=0924  BX=0000  CX=001E  DX=0000  SP=0100  BP=0000  SI=0000  DI=0000
DS=3FE8  ES=3FD7  SS=3FE9  CS=3FE7  IP=000C   NV UP EI PL NZ NA PO NC
3FE7:000C B44C          MOV     AH,4C
-p

AX=4C24  BX=0000  CX=001E  DX=0000  SP=0100  BP=0000  SI=0000  DI=0000
DS=3FE8  ES=3FD7  SS=3FE9  CS=3FE7  IP=000E   NV UP EI PL NZ NA PO NC
3FE7:000E CD21          INT     21
-p

Programm normal beendet
-q
```

Mit dem Befehl Q (für Quit) wird der DOS-Debugger verlassen.

3.2.4 Festlegung des Einsprungpunktes

Gelegentlich möchte man, daß das Programm nicht zu Beginn des Codesegments startet. Das erreicht man, indem man nach END einen Label angibt; an dieser Adresse wird das Programm dann starten. Die END-Anweisung hat also zwei Aufgaben:

1. Den Quelltext beenden.

2. Den Startpunkt beim Programmaufruf festlegen.

EXE-Dateien startet man stets über die END-Anweisung *END Label.*

Programm StrAus3.ASM mit Daten am Anfang des Codesegments:
In Programm StrAus3.ASM soll der Ausgabetext an den Beginn des Codesegments gelegt werden. Daran soll sich der auszuführende Code anschließen. Dort definieren wir einen Label START:, welchen wir auch nach END angeben müssen, wenn die Programmausführung hier beginnen soll.

```
;Programm StrAus3.ASM
;Wahl von Start als Einsprungpunkt

            .MODEL SMALL
            .CODE
AusText     DB   'Ausgabetext',13,10,'$'
Start:                                  ;hier soll das Programm starten
            mov ax,@Code                ;Segmentadresse nach DS
            mov ds,ax
            mov dx,OFFSET AusText       ;Offset nach DX
            mov ah,9                    ;Stringausgabe
            int 21h
            mov ah,4Ch                  ;Programmende
            int 21h

            END  Start                  ;Festlegung des Einsprungpunktes
```

Wenn wir uns die Datei StrAus3.MAP anschauen, so sehen wir, daß der Einsprungpunkt den Offset 000E hat.

```
A:\>type straus3.map
 Start  Stop   Length Name               Class

 00000H 0001DH 0001EH _TEXT              CODE
 0001EH 0001EH 00000H _DATA              DATA

Program entry point at 0000:000E
Warning: no stack
```

3.2.5 Sprünge im Programm

Programm StrAus4.ASM mit Daten inmitten des Codesegments:
Wir wollen nun den Ausgabetext im Codesegment mitten im Programm unterbringen. Damit das Programm StrAus4.ASM nicht in den Ausgabetext hineinläuft und diesen als ausführbaren Code interpretiert, müssen wir den Ausgabetext überspringen. Dazu verwenden wir den Befehl JMP

Label, der einen unbedingten Sprung zu der durch Label bezeichneten Adresse ausführt.

```
;Programm StrAus4.ASM
;Demonstration unbedingten eines Sprungbefehls

          .MODEL SMALL                ;Zwei Anweisung an den Assembler
          .CODE
Start:                                ;hier soll das Programm starten
          mov ax,@Code                ;Segmentadresse des Codes nach DS
          mov ds,ax
          mov dx,OFFSET AusText       ;Offset von Label AusText nach DX
          mov ah,9                    ;Stringausgabe über DOS-Funktion 9
          int 21h                     ;von Interrupt 21h aktivieren
          jmp Beenden                 ;Überspringen des Ausgabetextes

AusText   DB 'Ausgabetext',13,10,'$'
Beenden:
          mov ah,4Ch                  ;Programmausführung über DOS-Funktion
          int 21h                     ;4Ch von Interrupt 21h beenden

          END  Start                  ;Festlegung des Einsprungpunktes
```

Testen von Programm StrAus4.EXE:
Führt man das Programm mit einem Debugger aus, so zeigt sich, daß nach Ausführung des Befehls JMP Beenden das IP-Register die Adresse Beenden enthält. Das IP-Register (Instruction Pointer, Befehlszeiger) enthält immer die Adresse des Befehls, welcher als nächster auszuführen ist. Da IP das Register CS als Segment verwendet, enthält CS:IP stets die Adresse des nächsten auszuführenden Befehls im Codesegment.

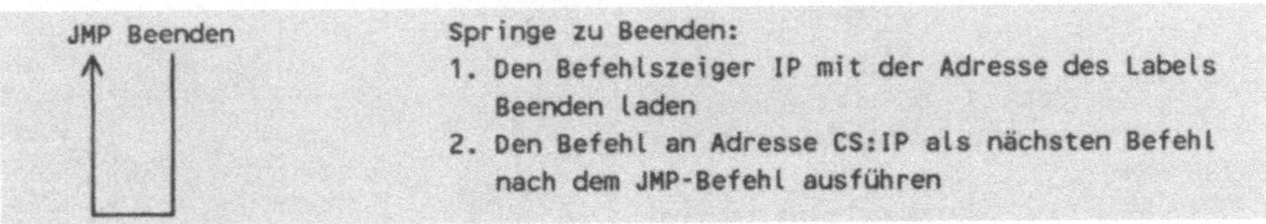

JMP-Befehl: "Springe zu Adresse bedeutet stets "Lade IP mit Adresse"

3.2.6 Ausgabe von einzelnen Zeichen

Die Funktion 9 des INT 21h kann man nicht verwenden, wenn man Dollarzeichen $ ausgeben will. Die Funktion 2 des INT 21h hingegen gibt das

Zeichen in DL auf dem Standardausgabegerät aus. Im Programm CharAus1.ASM werden drei Zeichen $ ausgegeben.

```
;Programm CharAus1.ASM
;Ausgabe von drei Dollarzeichen Über die DOS-Funktion 02h
                .MODEL SMALL
                .STACK 100h
                .DATA
                .CODE
                mov dl,'$'          ;Ausgabe von $ vorbereiten
                mov ah,2            ;DOS-Funktion 2 zwecks Ausgabe
                int 21h             ;Erstes Zeichen $ ausgeben
                int 21h             ;Zweites Zeichen $ daneben ausgeben
                int 21h             ;Drittes Zeichen $ daneben ausgeben
                mov dl,13           ;Wagenrücklauf
                int 21h             ;Cursor nach vorne
                mov dl,10           ;Zeilenvorschub
                int 21h             ;Cursor in die nächste Zeile
                mov ah,4Ch          ;Programmende
                int 21h             ;Ausführng beenden
                END
```

Aufgabe 3.2.6/1: Programm TestXX.ASM prüfen.

a) Was bewirkt das Programm?
b) Was geschieht, wenn Sie bei der Programmausführung einmal die Taste F1 und ein anderes Mal die Esc-Taste drücken?
c) Begründen Sie die Beobachtung.

```
;Programm TestXX.ASM
                .MODEL SMALL
                .CODE
                mov ah,8
                int 21h
                int 21h
                mov ah,4Ch
                int 21h
                END
```

3

Programmierkurs mit Turbo Assembler

3.3.1 Code adressieren

Man muß unterscheiden zwischen der Adressierung von ausführbarem Code und der Adressierung von Daten. Der Offset des nächsten auszuführenden Befehls steht im IP-Register, die Segmentadresse im CS-Register. Beide Register werden beim Programmstart vom Betriebssystem mit der Startadresse des Programms geladen. Wenn Sie mit dem Debugger arbeiten, können Sie beide Register mit dem Befehl R setzen. Dieser Befehl wird dann als nächster ausgeführt.

3.3.1.1 Code NEAR und FAR je nach Speichermodell

Im NEAR-Code erfolgen Verzweigungen und Unterprogrammaufrufe stets nur innerhalb des 64 KB-Segments. Damit muß bei den entsprechenden Befehlen JMP und CALL nur das IP-Register mit dem Programmzeiger verändert werden; die Segmentadresse bleibt unberücksichtigt. Ob NEAR-Code vorliegt, hängt vom gewählten Speichermodell ab, das über die Segmentanweisung .MODEL eingestellt wird.

Im FAR-Code kann über die Segmentgrenzen hinweg verzweigt (JMP) und gerufen (CALL) werden. Da der 64 KB-Bereich überschritten werden kann, muß im Format *Segment:Offset* adressiert werden.

Innerhalb eines Programms kann man die Register CS und IP nur mit JMP- und CALL-Befehlen setzen. Bei einem NEAR JMP oder einem NEAR CALL wird nur der Offset bzw. das IP-Register verändert. Bei einem FAR JMP oder FAR CALL hingegen verändern sich die Register CS wie auch IP.

Speichermodell:	Größe:	Adressierung:
TINY	Code und Daten in 64 KB-Segment	Code wie Daten sind NEAR
SMALL	Code in 64 KB-Segment sowie Daten passen in 64 KB-Segment	Code wie Daten sind NEAR
MEDIUM	Im Gegensatz zu den Daten kann der Code größer als 64 KB sein	Code ist FAR, Daten sind NEAR
COMPACT	Daten > 64 KB und Code < 64 KB	Code ist NEAR, Daten sind FAR
LARGE	Daten wie Code können größer als 64 KB sein	Code wie Daten sind FAR
HUGE	Abweichend zu LARGE darf der einzelne Datenbereich > 64 KB sein	Code wie Daten sind FAR

3.3.1.2 Sprungbefehle

Programm mit sechs Sprungbefehlen: Das Programm Jmp1.ASM dient zur Untersuchung des Verzweigungsbefehls JMP.

```
;Programm Jmp1.ASM
;Untersuchung von JMP-Befehlen

            .MODEL SMALL
            .DATA
            .CODE
Start:      jmp SHORT Lab5          ;Sprung von -128 bis 127
Lab1:       jmp NEAR PTR Lab4       ;Sprung innerhalb des Segments
Lab2:       jmp FAR PTR Lab6        ;Sprung zu einem anderen Segment
Lab3:       mov ah,4Ch              ;Dos-Funktion 4Ch beendet die
            int 21h                 ;Ausführung des Programms
Lab4:       jmp NEAR PTR Lab2
Lab5:       jmp Lab1
            db 100h dup (90h)
Lab6:       jmp Lab3                ;Sprung zu Programmende
            END Start
```

Befehl U unter DEBUG zum Disassemblieren: Mit DEBUG Jmp1.EXE und anschließender Eingabe des U-Befehls (Unassemble) erhält man folgende Anzeige.

```
7EAE:0000 EB0E          JMP     0010
7EAE:0002 EB0A          JMP     000E
7EAE:0004 90            NOP
7EAE:0005 EA1201AE7E    JMP     7EAE:0112
7EAE:000A B44C          MOV     AH,4C
7EAE:000C CD21          INT     21
7EAE:000E EBF5          JMP     0005
7EAE:0010 EBF0          JMP     0002
7EAE:0012 90            NOP
7EAE:0013 90            NOP
................................
7EAE:0110 90            NOP
7EAE:0111 90            NOP
7EAE:0112 E9F5FE        JMP     000A
```

Erklärung an einem Beispiel:

- Label LAB3 hat die Adresse 7EAE:000A erhalten (MOV-Befehl).
- Der Sprungbefehl JMP LAB3 wird somit zu JMP 000A.
- Im Gegensatz zum SHORT-Jump und NEAR-Jump wird beim FAR-Jump über JMP 7EAE:0112 neben dem Offset auch das Segment angegeben.
- Die NOP-Befehle hat der Assembler eingefügt.

Listingdatei: Wird nun mit TASM /L Jmp1.ASM eine LST-Datei erzeugt, dann hat diese das folgende Aussehen.

```
A:\>tasm /l jmp1.asm
Turbo Assembler  Version 1.0        29.01.90 23.20.26        Page 1
JMP1.ASM

      1                           ;Programm jmp1.asm
      2                           ;Untersuchung von jmp Befehlen
      3
      4 0000                                    .MODEL SMALL
      5 0000                                    .DATA
      6 0000                                    .CODE
      7 0000  EB 0E               Start:        jmp SHORT Lab5
      8 0002  EB 0A 90            Lab1:         jmp NEAR PTR Lab4
      9 0005  EA 00000112sr       Lab2:         jmp FAR PTR Lab6
     10 000A  B4 4C               Lab3:         mov ah,4Ch
     11 000C  CD 21                             int 21h
     12 000E  EB F5               Lab4:         jmp NEAR PTR Lab2
     13 0010  EB F0               Lab5:         jmp Lab1
     14 0012  0100*(90)                         db 100h dup (90h)
     15 0112  E9 FEF5             Lab6:         jmp Lab3
     16                                         END Start
```

- Ein SHORT JMP belegt 2 Bytes. Damit sind relative Sprünge von -128 bis +127 möglich.
- Ein NEAR JMP belegt 3 Bytes. Damit lassen sich alle Offsets innerhalb eines Segments erreichen.
- Ein FAR JMP belegt 5 Bytes; er ist erforderlich, um Adressen in einem anderen Segment zu erreichen.
- Ohne spezielle Typangabe nimmt der Turbo Assembler bei Vorwärtsreferenzen den NEAR JMP an.
- Dieser wurde zunächst auch in Zeile 8 mit dem Befehl JMP NEAR PTR Lab4 erzeugt. Als der Assembler bei Lab4 ankam, stellte er fest, daß Lab4 auch mit einem SHORT JMP erreichbar ist; daraufhin wurde der NEAR JMP nachträglich durch einen SHORT JMP ersetzt. Das überzählige Byte wurde durch einen NOP-Befehl gefüllt.

3.3.2 Daten adressieren

Organisation des Bildschirmspeichers:
Anhand des Bildschirmspeichers läßt sich die Adressierung gut veranschaulichen, da man diese direkt beobachten kann. Bevor auf das Beispielprogramm Zeichen0.ASM eingegangen wird, wenden wir uns der Organisation des Bildschirmspeichers zu:

- Startadresse des Bildschirmspeichers: B000h:0 bei Monochromeadapter bzw. Hercules und B800h:0 bei Coloradapter bzw. CGA.
- 25 Zeilen und 80 Spalten mit 25*80=2000 Zeichenpositionen bzw. Adressen, die von 0 bis 1999 durchnumeriert sind.
- Für jedes Zeichen wird hintereinander ein Code-Byte (Wert gemäß ASCII) und ein Attribut-Byte (Werte 00=dunkel, 01=unterstreichen, 07=Normal, 09=hell unterstreichen, 0F=normal hell, 70=invers, 77=hell, 81=blinkend unterstreichen, 87=blinkend normal und F0=blinkend invers) gespeichert.
- Formeln (80*Zeile+Spalte)*2 zur Ermittlung des Code-Bytes und 1+(80*Zeile+Spalte)*2 zur Ermittlung des Attribut-Bytes.

Spalte:	0		1		2		.....	78		79	
Zeile:											
0	0	1	2	3	4	5		156	157	158	159
1	160	161	162	163	164	165		316	317	318	319
2	320	321	322	323							
3	480	481	482	483							
4	640	641	642	643							
5	800	801	802	803							
6	960	961	962	963							
7	1120	1121	1122	1123							
...											
24	3840	3841	3842	3843	3844	3855		3996	3997	3998	3999

Adresse B000h:803 für das Attribut-Byte des Zeichens in Zeile 5 und Spalte 1

Adresse B000h:3996 für das Code-Byte des Zeichens in Zeile 24 und Spalte 78

Bildschirmspeicher im Textmodus mit 25 Zeilen und 80 Spalten (Segmentwert B000h Monochrome/Hercules bzw. B800h Color/CGA)

- Beispiele: B000h:320 adressiert das Code-Byte des Zeichens in Zeile 2 und Spalte 0. B000h:3999 für das Attribut-Byte des letzten Zeichens ganz unten rechts.

3.3.2.1 Direkte/absolute Adressierung und indirekte/relative Adressierung

Programm Zeichen0.ASM zur positionierten Ausgabe eines Zeichens:
Das folgende Programm Zeichen0.ASM gibt ein Zeichen 'K' am Bildschirm in Zeile 2 und Spalte 0 aus:

- Über die Funktion 0 des BIOS-Interrupt 10h wird der Textmodus (25 Zeilen zu 80 Spalten) aktiviert und der Bildschirm gelöscht.
- Dazu überträgt MOV AX,7h den Wert 7h ins AL als Lowbyte und den Wert 00h ins AH als Highbyte. Die Befehle MOV AX,7h und MOV AX,0007h sind somit identisch.
- Der Bildschirmspeicher beginnt bei Adresse B000h:0 (Hercules) bzw. B800h (CGA). Über das Hilfsregister AX wird das Datensegmentregister DS mit dem Wert B000h geladen (das DS kann man nicht direkt mit einer Zahl laden).
- Regel: Da Hexadezimalwerte stets mit einer "richtigen" Zahl anfangen, muß man 0B000h anstelle von B000h schreiben.
- B000h:0 als Zeichencode-Byte und B000h:1 als Attribut-Byte kennzeichnen das Zeichen links oben (Bildschirmzeile 0/Spalte 0). Entsprechend erhält man B000h:160 und B000h:161 für Position (Zeile 1/Spalte 0) sowie B000h:320 und B000h:321 für Position Zeile 2/Spalte 0).
- 4Bh bzw. 75 als Code für das Zeichen 'K' gemäß ASCII.
- 70h bzw. 112 als Code für das Attribut 'inverse Darstellung'.

Direkte Adressierung als absolute Adressierung:
Mit MOV DS:320,4Bh wird der Offset 320 mit dem Wert 4Bh geladen. Man spricht von *direkter Adressierung*, da der Offset mit 320 *direkt* angegeben wird.

```
MOV DS:320,4Bh          Adresse DS:320 mit dem Wert 4Bh bzw. 75 laden
MOV DS:321,70h          Adresse DS:321 mit dem Wert 70h bzw. 112 laden

MOV DS:320,704Bh        Adresse DS:320 (Lowbyte) mit dem Wert 4Bh laden und
                        Adresse DS:321 (Highbyte) mit dem Wert 70h laden
```

Direkte Adressierung von Offset 320 und 321 (zwei Möglichkeiten)

```
;Programm Zeichen0.ASM
;Das Zeichen 'K' am leeren Bildschirm invers in (Zeile 2/Spalte 0) anzeigen
;Hercules-Videomodus (bei CGA: 7h durch 3h sowie 0B000h durch 0B800h ersetzen)
        .MODEL SMALL
        .STACK 100h       ;Stacksegment 100h bzw. 256 Bytes groß
        .CODE             ;Beginn des Codesegments
        mov ax,7h         ;Nummer 07h in das Register AL und 00h in AH bringen
        int 10h           ;Über BIOS-Interrupt 10h bzw. 16 Bildschirm löschen
        mov ax,0B000h     ;Adreßsegment des Bildschirmspeichers über AX
        mov ds,ax         ;in das Register DS bringen
        mov ds:320,4Bh    ;8Bh als Zeichencode für K an Offset 320 bringen
        mov ds:321,70h    ;70h als Attributcode für 'invers' an Offset 321
        mov ah,4Ch        ;Nummer 4Ch bzw. 76 in das Register AH bringen
        int 21h           ;Über Interrupt 21h bzw. 33 die Ausführung beenden
        END               ;Ende des Assembler-Quelltextes
```

Indirekte Adressierung als relative bzw. Register-Adressierung:
Im Gegensatz zur direkten Adressierung wird der Wert des Adreß-Offsets nicht direkt angegeben, sondern er steht in einem Register; zugelassen sind die Register BX, DI, SI und BP. Damit der *Inhalt* des Registers als Adreßangabe genommen wird, muß man das Register in eckige Klammern *[ ]* setzen. Beispiel:

```
mov di,100          Absolut: Bringe 100 in das Register DI.
mov [di],100        Relativ: Bringe 100 an die Speicherstelle, die durch
                    den aktuellen Inhalt von Register DI adressiert wird.
```

Direkte durch indirekte Adressierung ersetzen (Zeichen1.ASM):
In Programm Zeichen1.ASM können die zwei Befehle zur Direktadressierung (links angegeben) durch drei Befehle zur indirekten Adressierung ersetzt werden (rechts angegeben). Entsprechend läßt sich auch die Zuweisung von Adreßworten ersetzen.

Adreßbytes zuweisen:

```
Direkte Adressierung    Indirekte Adressierung
mov ds:320,4Bh          mov bx,320         ;BX mit Adreßoffset laden
mov ds:321,70h          mov [bx],4Bh       ;Adresse 320 mit Zeichencode laden
                        mov [bx+1],70h     ;Adresse 321 mit Attributcode
```

Adreßworte zuweisen:

```
Direkte Adressierung    Indirekte Adressierung
mov ds:320,704Bh        mov bx,320         ;Adresse 320 nach BX
                        mov [bx],704Bh     ;Wort 704Bh zuweisen
```

Zeichen1.ASM: Die direkte durch die indirekte Adressierung ersetzen

3.3.2.2 Lowbyte/Highbyte-Regel beim MOV-Befehl

MOV-Befehl bei direkter/absoluter Adressierung:
Lädt man das Wort 704Bh (vgl. Abschnitt 3.3.2.1, Programm Zeichen0.-ASM) mit dem MOV-Befehl, dann wird zuerst das rechtsstehende Lowbyte 4Bh an die linksstehende kleinere Adresse 320 übertragen; anschließend wird das linksstehende Highbyte 70h an die rechtsstehende größere Adresse 321 kopiert. Dieses "Übertragen über Kreuz" bezeichnet man als *Lowbyte/Highbyte-Regel.*

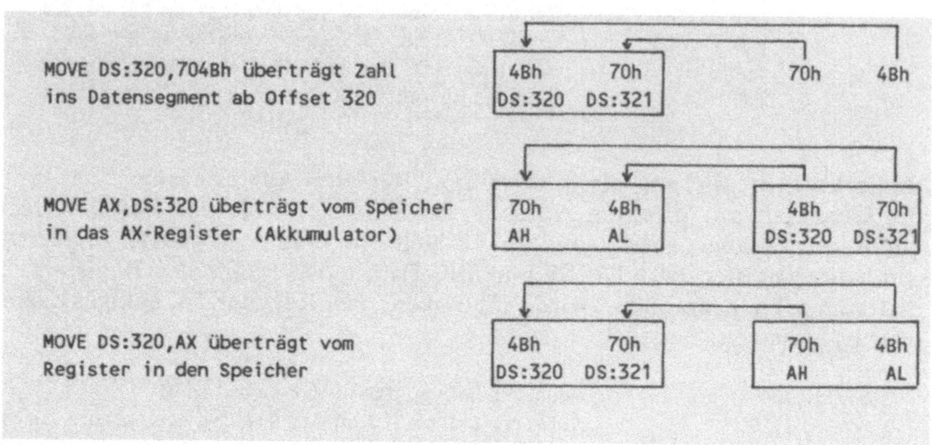

Absolute Adressierung: Lowbyte/Highbyte-Regel an drei Beispielen

Begründung für das scheinbare "Übertragen über Kreuz":

- *Im Register* (wie z.B. AX): Darstellungsreihenfolge AH (Highbyte) und dann AL (Lowbyte).
- *Bei Konstante* (wie z.B. 704B): 70 (Highbyte) und 4B (Lowbyte).
- *Im Hauptspeicher* (wie z.B. Adresse 320): Darstellungsreihenfolge 320 (Lowbyte) und 321 (Highbyte), also **abweichende Reihenfolge**.
- Regel: Höherwertiges Byte in höhere Adresse bzw. niederwertiges Byte in niedrigere Adresse übertragen und umgekehrt.

MOV-Befehl bei indirekter/relativer Adressierung MOV [BX],704Bh:
Zunächst wird das BX-Register mit der Adresse 320 geladen. Dann wird der Wert 704Bh in die Adresse übertragen, die sich aus dem Inhalt des BX-Registers ergibt.

- Der Wert 704Bh wird in das Speicherwort kopiert, dessen Adresse sich aus dem DS-Register (Segment) und aus dem BX-Register (Offset) ergibt.
- Gemäß der Lowbyte/Highbyte-Regel wird zuerst das rechtsstehende Lowbyte (4Bh) an die linksstehende kleinere Adresse (320) übertragen.

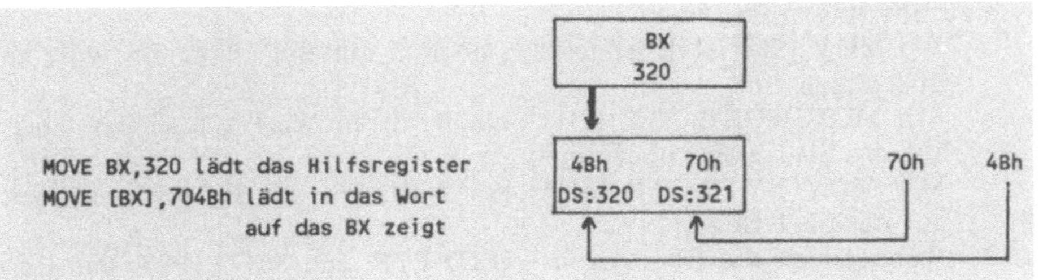

Relative Adressierung: Lowbyte/Highbyte-Regel an einem Beispiel

3.3.2.3 Daten über das DS-Register adressieren

Bei der indirekten bzw. relativen Adressierung steht der Wert des Adreß-Offsets im Register BX, SI, DI oder BP. Dabei wird der Segmentteil der Adresse aus dem Register DS (bei BX, SI, DI) oder aus dem Register SS (bei BP) geholt. Daten im Datensegment werden also relativ zum DS-Register adressiert. Beispiele:

```
mov ax,[bx]          mov [bx],ax
mov ax,[si]          mov [si],ax
mov ax,[di]          mov [di],ax
```

Operatoren WORD PTR und BYTE PTR:
Man kann aber auch beim Adressieren eine Konstante zum Register addieren. Beispiel:

```
mov ax,[di+4]        mov [si+2],4A49h
```

Aus dem letzten MOV-Befehl entsteht

```
mov WORD PTR [si+02],4A49 ,
```

wodurch ein Wort an die Adresse SI+2 geschrieben wird. Wenn man ein Byte dorthin bringen möchte, ist wie folgt zu schreiben:

```
mov BYTE PTR [si+2],49h
```

Die Operatoren WORD PTR und BYTE PTR sind immer dann zu verwenden, wenn für den Assembler unklar ist, ob nun ein Wort oder ein Byte zu übertragen ist:

- Bei MOV [SI+1],49h ist unklar, ob nun ein Byte oder ein Wort zu übertragen sind.
- Mit MOV WORD PTR [SI+1],49h wird der Wert 49h in das Wort, auf das SI+1 zeigt, übertragen.
- Mit MOV BYTE PTR [SI+1],49h wird 49h das Byte gespeichert, auf das SI+1 zeigt.
- Wendet man die Operatoren WORD PTR und BYTE PTR auf Register bzw. Konstanten an, werden sie vom Assembler ignoriert. Grund: Register haben eine feste Größe.

Beispielprogramm Adr1.ASM:
Im Programm Adr1.ASM wird gezeigt, wie man die zur Adressierung verwendeten Register mit dem Befehl

```
OFFSET Daten
```

lädt. Dies ist immer dann sinnvoll, wenn man sich nicht darauf verlassen kann, daß sich Daten am Beginn des Datensegments befinden, obwohl vorher noch kein Speicherplatz reserviert wurde.
Befehle wie z.B. MOV AX,[CX] und MOV AX,[DX] sind nicht erlaubt. Gleichwohl kann DX zur Adressierung bei der DOS-Funktion 9 verwendet werden.

```
;Programm Adr1.ASM
        .MODEL SMALL
        .STACK 100h
        .DATA
Daten   db 'ABCDEF',13,10,'$'
        .CODE
        mov ax,@data             ;Das Datensegment zeigt auf den
        mov ds,ax                ;Anfang der Daten
        mov dx,OFFSET Daten      :DOS-Fkt. 9 erwartet Stringadresse in DX
        mov ah,9                 ;DOS-Funktion 9 zur Ausgabe des
        int 21h                  ;Strings aktivieren

        mov bx,dx
        mov ax,[bx]
```

```
mov [bx],4847h      ;'HG'
mov si,bx
mov ax,[si+2]
mov [si+2],4A49h    ;'JI'
mov di,si
mov ax,[di+4]
mov [di+4],4C4Bh    ;'LK'
mov ah,9                        ;nochmalige Stringausgabe
int 21h
mov ah,4Ch
int 21h
END
```

Betrachtet man den Code Adr1.EXE mit dem DOS-Debugger, dann zeigt sich, daß die Daten direkt an den Code anschließen:

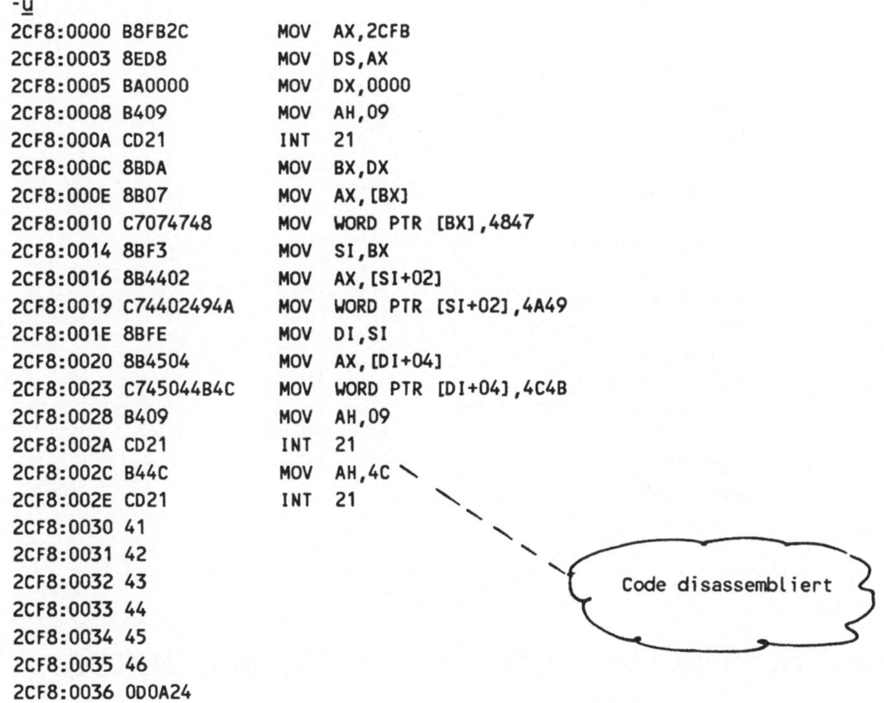

```
-u
2CF8:0000 B8FB2C        MOV  AX,2CFB
2CF8:0003 8ED8          MOV  DS,AX
2CF8:0005 BA0000        MOV  DX,0000
2CF8:0008 B409          MOV  AH,09
2CF8:000A CD21          INT  21
2CF8:000C 8BDA          MOV  BX,DX
2CF8:000E 8B07          MOV  AX,[BX]
2CF8:0010 C7074748      MOV  WORD PTR [BX],4847
2CF8:0014 8BF3          MOV  SI,BX
2CF8:0016 8B4402        MOV  AX,[SI+02]
2CF8:0019 C74402494A    MOV  WORD PTR [SI+02],4A49
2CF8:001E 8BFE          MOV  DI,SI
2CF8:0020 8B4504        MOV  AX,[DI+04]
2CF8:0023 C745044B4C    MOV  WORD PTR [DI+04],4C4B
2CF8:0028 B409          MOV  AH,09
2CF8:002A CD21          INT  21
2CF8:002C B44C          MOV  AH,4C
2CF8:002E CD21          INT  21
2CF8:0030 41
2CF8:0031 42
2CF8:0032 43
2CF8:0033 44
2CF8:0034 45
2CF8:0035 46
2CF8:0036 0D0A24
```


Aufgabe 3.3.2/1: Welche Ausgabe erscheint am Bildschirm, wenn man das Programm Adr1.EXE ausführt?

3.3.2.4 Daten über das ES-Register adressieren

Das ES-Register kann wie das DS-Register zur Adressierung benutzt werden. Es muß dann allerdings gesondert angegeben werden. Außerdem erfolgt der Speicherzugriff langsamer als über das DS-Register. Bei den Stringbefehlen spielt das ES-Register eine große Rolle. Im Programm Extra1.ASM wird das Programm Adr1.ASM (ABschnitt 3.3.2.1) so abgeändert, daß über das ES-Register adressiert wird.

```
;Programm Extra1.ASM
;wie Programm Adr1.ASM, aber über ES (anstelle von DS) adressiert
        .MODEL SMALL
        .STACK 100h
        .DATA
Daten   db 'ABCDEF',13,10,'$'
        .CODE
        mov ax,@data
        mov ds,ax
        mov es,ax
        mov dx,OFFSET Daten
        mov ah,9
        int 21h

        mov bx,dx
        mov ax,[es:bx]
        mov [es:bx],4847h      ;'HG'
        mov si,bx
        mov ax,es:[si+2]
        mov es:[si+2],4A49h    ;'JI'
        mov di,si
        mov ax,[es:di+4]
        mov [es:di+4],4C4Bh    ;'LK'
        mov ah,9
        int 21h
        mov ah,4Ch
        int 21h
        END
```

3.3.3 Schreibweise bei Turbo Assembler und DEBUG

In Abschnitt 3.3.2.1 wurde das Programm Zeichen0.COM mit dem Turbo Assembler eingegeben. Der gleiche Quelltext soll nun mit dem Assembler von DEBUG eingegeben und unter dem Namen ZeichenD.COM gespeichert werden.

3.3.3.1 Abweichende Schreibweise bei DEBUG

Programm mit Turbo Assembler:

```
;Programm Zeichen0.ASM
        .MODEL SMALL
        .STACK 100h
        .CODE
        mov ax,7h
        int 10h
        mov ax,0B000h
        mov ds,ax
        mov ds:320,4Bh
        mov ds:321,70h
        mov ah,4Ch
        int 21h
        END
```

Programm mit DEBUG:

```
2C6B:0100 mov ax,7
2C6B:0103 int 10
2C6B:0105 mov ax,B000
2C6B:0108 mov ds,ax
2C6B:010A mov byte ptr [140],4B
2C6B:010F mov byte ptr [141],70
2C6B:0114 mov ah,4C
2C6B:0116 int 21
2C6B:0118
```

Der sicher wichtigste Unterschied zwischen dem Quelltext mit Turbo Assembler und mit DEBUG besteht darin, daß DEBUG den Offset in [ ] erwartet, wofür dann der Prefix des Segments entfällt.

Turbo Assembler:	Assembler von DEBUG:	
INT 10h	INT 10	Werte werden hexadezimal erwartet (kein h)
0B000h	B000	Bei Zahlen, die mit einem Buchstaben beginnen, muß keine führende Null geschrieben werden.
320	[140]	Offset muß in Klammern gesetzt werden (und als 140 natürlich hexadezimal)
mov	mov byte ptr	DEBUG erwartet einen exakten Ladebefehl

Vier grundlegende Abweichungen in der Schreibweise zur Adressierung

3.3.3.2 Befehlseingabe in fünf Schritten

Um das Assemblerprogramm ZeichenD.ASM unter Kontrolle des Assemblers von DEBUG einzugeben, bietet sich das folgende Fünf-Schritte-Vorgehen an.

Befehl A zur Eingabe der Assemblerbefehle (Schritt 1)

Nach Eingabe des Befehls A bietet DEBUG den Offset 0100h als Startadresse an. Die Befehle werden zeilenweise eingetippt.

```
A:\>debug
-a
2C6B:0100 mov ax,7                      Daten werden hexadezimal ohne h erwartet
2C6B:0103 int 10
2C6B:0105 mov ax,B000                   Führende 0 nicht erforderlich
2C6B:0108 mov ds,ax
2C6B:010A mov [140],4B                  DEBUG weist die Eingabe ab, da unklar,
2C6B:010A mov byte ptr [140],4B
2C6B:010F mov byte ptr [141],70         Adreßoffset muß in [ ] gesetzt werden
2C6B:0114 mov ah,4C
2C6B:0116 int 21
2C6B:0118                               Eingabe von Return-Taste zum Beenden

                                        ob ein Byte oder Wort zu laden ist
-
```

Mit dem Befehl

```
-a 1000:0
```

zum Beispiel könnte man das Programm ab Adresse 0 im Segment 1000h eingeben.

Befehl R zum Speichern der Länge des Programms in CX (Schritt 2):

Das Programm kann später nur dann ausgeführt werden, wenn die Programmlänge im CX-Register gefunden werden kann. Dazu läßt man sich über den R-Befehl den Inhalt des CX-Registers zeigen (hier 0000), um dann 18 als genaue Programmlänge (von Adresse 0100 bis 0118) einzugeben.

```
-r cx
CX 0000
:18
-r
AX=0000  BX=0000  CX=0018  DX=0000  SP=FFEE  BP=0000  SI=0000  DI=0000
DS=2C6B  ES=2C6B  SS=2C6B  CS=2C6B  IP=0100   NV UP EI PL NZ NA PO NC
2C6B:0100 B80700         MOV     AX,0007
-
```

Befehle N und W zum Sicherstellen auf Diskette (Schritt 3)

Die eingetippte Befehlsfolge soll unter dem Namen ZeichenD.COM in Laufwerk A: sichergestellt werden. Dazu wendet man die Befehle N und W wie folgt an:

```
-n a:zeichend.com
-w
Schreiben von 0018 Byte
-
```

Programm in der Betriebssystemebene ausführen (Schritt 4)

Nach dem Verlassen von DEBUG ruft man das Maschinenprogramm ZeichenD.COM auf.

```
-q
A:\>zeichend

......                    Bildschirm wird gelöscht, Zeichen "K" wird angezeigt

A:\>
```

Befehl U zur Kontrolle des Programms (Schritt 5)

Mit dem Unassemble-Befehl U kann man sich das soeben eingegebene Programm nochmals ausgeben lassen.

```
A:\>debug zeichend.com
-u
2C86:0100 B80700        MOV     AX,0007
2C86:0103 CD10          INT     10
2C86:0105 B800B0        MOV     AX,B000
2C86:0108 8ED8          MOV     DS,AX
2C86:010A C60640014B    MOV     BYTE PTR [0140],4B
2C86:010F C606410170    MOV     BYTE PTR [0141],70
2C86:0114 B44C          MOV     AH,4C
2C86:0116 CD21          INT     21
2C86:0118 40            INC     AX
2C86:0119 40            INC     AX
2C86:011A 4B            DEC     BX
2C86:011B BA4000        MOV     DX,0040
2C86:011E 8EC2          MOV     ES,DX
-q
A:\>
```

3.3.4 Stack als LIFO-Datenstruktur

Stack zur temporären Speicherung:
Nach dem Codesegment und dem Datensegment wenden wir uns nun dem Stacksegment zu. Die Segmentadresse befindet sich im Register SS, der Offset im SP-Register. Das SP-Register zeigt immer auf die Spitze des Stack, das ist das zuletzt abgespeicherte Wort. Der Stack wächst von hohen zu niedrigen Adressen. Mit dem Befehl

```
PUSH Register
```

wird der Registerinhalt auf den Stack gebracht und das IP-Register um 2 dekrementiert. Der Befehl

```
POP Register
```

holt das letzte Wort vom Stack in das Register und inkrementiert IP um 2. Der Stack ist ein LIFO-Speicher (Last In - First Out).

- Rücksprungadressen bei Unterprogrammaufrufen werden auf den Stack gepusht und am Ende des Unterprogramms wieder vom Stack entfernt.
- Das SP-Register arbeitet immer relativ zum SS-Register und dient deshalb zum Zugriff auf den Stack.

Buchstaben auf den Stack bringen und wieder abholen:
Das Programm Stack1.ASM pusht die Buchstaben 'G'..'A' auf den Stack und gibt den Stackinhalt dann als String aus. Es ist zu beachten, daß das niederwertige Byte eines Registers auf die niedrigere Adresse gepusht wird. Bei der Ausführung wird ABCDEFG ausgegeben.

```
;Programm Stack1.ASM
            .MODEL SMALL
            .STACK 20h
            .CODE
            mov bp,sp           ;Stackspitze retten
            mov ax,240Ah        ;LF,'$' auf den Stack speichern
            push ax
            mov ax,0D47h        ;'G',CR speichern (0Dh bzw. 13d für CR)
            push ax
            mov ax,4645h        ;'EF' speichern
            push ax
            mov ax,4443h        ;'CD' speichern
```

```
push ax
mov ax,4241h          ;'AB' speichern
push ax

mov ax,ss             ;Stackinhalt als String ausgeben
mov ds,ax             ;Das Registerpaar DS:DX erhält die Adresse
mov dx,sp             ;des Ausgabestrings
mov ah,9              ;DOS-Funktion 9 zur Stringausgabe
int 21h               ;Ausgabe
mov sp,bp             ;Die alte Stackspitze wiederherstellen
mov ah,4Ch
int 21h
END
```

Aufgabe 3.3.4/1: Zu Programm Stack1.ASM.

a) Welchen exakten Bildschirm erhalten Sie bei Ausführung des Programms?

b) Warum speichert man mit MOV AX,4645h den Buchstaben 'F' vor 'E' ab und nicht umgekehrt?

3.3.5 Adressierung über Labels

Programm Adr2.ASM mit fünf Labels:

In Programm Adr2.ASM sind im Datensegment die Labels Daten, Neun, VierC und im Codesegment die Labels Nops und Weiter definiert. Label sind symbolische Adressen, die im Programm verwendet werden können. Wenn Sie Ihr Programm mit dem Debugger ausführen, können Sie folgendes feststellen:

- MOV AH,Neun und MOV AH,[Neun] bewirken dasselbe. Der zweite Befehl bringt aber besser zum Ausdruck, daß der Inhalt einer Speicherstelle und nicht deren Adresse gemeint ist.
- MOV [Daten+3],41h addiert 3 zur Adresse Daten und schreibt in diese Speicherstelle den Buchstaben 'A'. Der Label Weiter wurde in JMP Weiter verwendet; d.h. das Programm soll an der Adresse Weiter fortgesetzt werden.
- Bei der Adresse Nops werden zwei Bytes eingefügt. In diese Adresse schreibt der Befehl MOV WORD PTR [Nops],21CDh die Ziffern CD21, was einem INT 21h entspricht.
- Der Befehl db 0CDh,21h schreibt den Befehl INT 21h direkt im Maschinencode ins Programm.

```
;Programm Adr2.ASM
;Adressierung über drei Labels im Datensegment und zwei Labels im Codesegment
                .MODEL SMALL
                .STACK 100h
                .DATA
Daten           DB 'ABCDEFG',13,10,'$'
Neun            DB 9
VierC           DB 4Ch

                .CODE
                mov ax,SEG Daten
                mov ds,ax                       ;'A' am Anfang des Segments
                jmp Weiter
Nops            DB  2 dup (90h)                 ;2 Bytes einfügen bei Nops
Weiter:         mov dx,OFFSET Daten
                mov ah,[Neun]                   ;[Neun] gleich Neun, aber
                int 21h                         ;besser lesbar
                mov [Daten+3],41h
                mov ah,Neun
                db 0CDh,21h                     ;CD21h <- INT 21h
                mov WORD PTR [Nops],21CDh       ;CDh entspricht dem INT
                mov ah,[VierC]
                int 21h
                END
```

Am Beispiel des Befehls INT 21h wird deutlich: Mit DB kann man Maschinencode in das Programm aufnehmen - also auch solchen Code, der vom Assembler abgelehnt würde.

DEBUG-Listing zu Programm Adr2.ASM:
Unten sehen Sie das DEBUG-Listing nach Ausführung des Programms Adr2.ASM. Der Label Nops entspricht dem Offset 0008. Dort wurde CD21 eingefügt. Am Offset 002F wurde 'A' eingefügt. CS: besagt, daß sich die nachfolgende Adreßangabe auf das CS-Register bezieht.

```
-g
ABCDEFG
ABCAEFG

Programm normal beendet
-r
AX=0000  BX=0000  CX=0038  DX=0000  SP=0100  BP=0000  SI=0000  DI=0000
DS=6BD3  ES=6BD3  SS=6BE7  CS=6BE3  IP=0000   NV UP EI PL NZ NA PO NC
6BE3:0000 B8E56B        MOV   AX,6BE5
-u
6BE3:0000 B8E56B        MOV   AX,6BE5
6BE3:0003 8ED8          MOV   DS,AX
```

```
6BE3:0005 EB03          JMP  000A
6BE3:0007 90            NOP
6BE3:0008 CD21          INT  21
6BE3:000A BA0C00        MOV  DX,000C
6BE3:000D 8A261600      MOV  AH,[0016]
6BE3:0011 CD21          INT  21
6BE3:0013 C6060F0041    MOV  BYTE PTR [000F],41
6BE3:0018 8A261600      MOV  AH,[0016]
6BE3:001C CD21          INT  21
6BE3:001E 2E            CS:
6BE3:001F C7060800CD21  MOV  WORD PTR [0008],21CD
6BE3:0025 8A261700      MOV  AH,[0017]
6BE3:0029 CD21          INT  21
6BE3:002B 004142        ADD  [BX+DI+42],AL
6BE3:002E 43            INC  BX
6BE3:002F 41            INC  CX
6BE3:0030 45            INC  BP
6BE3:0031 46            INC  SI
6BE3:0032 47            INC  DI
6BE3:0033 0D0A24
6BE3:0036 094C
```

3.3.6 Formen der indirekten Adressierung

16 Formen der indirekten bzw. relativen Adressierung:
Adreßangaben wie [Daten+3] ergeben eine konstante Adresse, weil sich die Adresse von Daten nicht verändert. Die Adresse wird direkt angegeben. Man spricht deshalb von direkter Adressierung.
[BX] bezeichnet eine Speicherstelle, deren Adresse in BX steht. Das nennt man indirekte Adressierung. Die indirekte Adressierung ist flexibler. Man muß nur den Inhalt von BX ändern, und schon wird eine andere Speicherstelle angesprochen. So sind folgende Adreßangaben erlaubt.

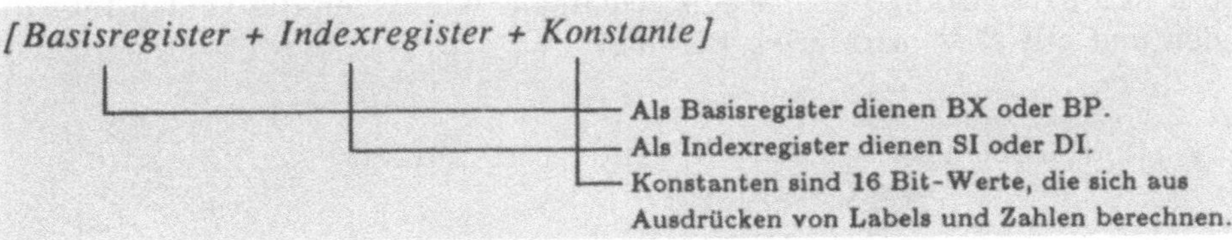

Angaben zur Adressierung

Damit ergeben sich 16 verschiedene Formen der indirekten Adressierung. Jede Form wird durch einen eigenen Maschinencode dargestellt.

Beispiele zur indirekten Adressierung:
Im folgenden Programm Adr3.ASM werden drei Beispiele zur indirekten Adressierung angegeben. Es wird der Text 'FCDX' ausgegeben.

```
;Programm Adr3.ASM
                .MODEL SMALL
                .STACK 20h
                .DATA
Daten           db 'ABCDEFGHIJ'
                .CODE
                mov ax,@data
                mov ds,ax
                mov bx,2
                mov si,3

                mov dl,[bx+si+Daten]    ;auszugebendes Zeichen
                mov ah,2                ;Ausgabefunktion für 1 Zeichen
                int 21h
                mov dl,[bx+Daten]       ;auszugebendes Zeichen
                mov ah,2                ;Ausgabefunktion für 1 Zeichen
                int 21h
                mov dl,[si+Daten]       ;auszugebendes Zeichen
                mov ah,2                ;Ausgabefunktion für 1 Zeichen
                int 21h
                mov [bx+si+Daten],'X'
                mov dl,[bx+si+Daten]    ;auszugebendes Zeichen
                mov ah,2                ;Ausgabefunktion für 1 Zeichen
                int 21h
                mov ah,4Ch
                int 21h
                END
```

Aufgabe 3.3.6/1: Indirekte Sprünge werden dadurch möglich, wenn man den Offset eines Sprungziels in ein Register schreibt; zum Beispiel durch den Befehl JMP BP. Vervollständigen Sie das Programm JmpInd1.ASM, das indirekte Sprünge über Register enthält. Wie lauten die beiden fehlenden und mit ???? markierten Befehle?

```
;Programm JmpInd1.ASM
;indirekte Sprünge
                .MODEL SMALL
                .CODE
                mov ax,OFFSET Lab1      ;Sprungadresse in ax
                ????
Lab2:           mov ah,4Ch
                int 21h
Lab1:           mov si,OFFSET Lab2      ;Sprungadresse in si
                ????
                END
```

3

Programmierkurs mit Turbo Assembler

3.4.1 Nicht-abweisende Schleife

Im Programm CharAus2.ASM werden mit der Funktion 2 des INT 21h die Buchstaben des Alphabets ausgeben. Diese werden durch die Zahlen 41h .. 5Ah dargesstellt. Die Zahl muß sich dabei im Register DL befinden. Um zum nächsten Buchstaben zu gelangen, erhöht man die Zahl in DL mit dem Befehl INC DL um 1.
Um dies wiederholt auszuführen, springen wir zum Label Schleife zurück. Es soll aber nur zurückgesprungen werden, solange der Wert des noch nicht ausgegebenen Zeichens kleiner oder gleich 5Ah ist. Um das festzustellen, vergleicht man DL und 5Ah mit dem Befehl CMP DL,'Z' (compare). Dieser Befehl setzt bestimmte Flags so, als hätte man DL - 5Ah gerechnet. Diese Flags können mit bedingten Sprungbefehlen abgefragt werden.
Bedingte Sprungbefehle werden in Abhängigkeit von bestimmten Flags ausgeführt. Als passenden Rücksprungbefehl finden wir JBE (Jump Below or Equal to 0). Wenn die Bedingung nicht erfüllt ist, wird der nächste Befehl ausgeführt.

```
;Programm CharAus2.ASM
;Ausgabe des Alphabets am Bildschirm

                .MODEL SMALL
                .CODE
                mov dl,'A'          ;erstes Zeichen zur Ausgabe vorbereiten
Schleife:
                mov ah,2            ;Ausgabe des Zeichens
                int 21h
                inc dl              ;nächstes Zeichen
                cmp dl,'Z'          ;vergleiche Ausgabezeichen mit 'Z'
                jbe Schleife        ;jump below or equal: Sprung wenn <= 'Z'
Weiter:
                mov ah,4Ch
                int 21h
                END
```

Da die Bedingung zum Verlassen der Schleife am Ende der Schleife geprüft wird, spricht man von einer nicht-abweisenden Schleife; sie wird mindestens einmal ausgeführt.

Aufgabe 3.4.1/1: Ändern Sie das Programm CharAus2.ASM so ab, daß Sie den bedingten Sprung JB (Jump Below, springe wenn kleiner) anwenden können. Nennen Sie das Programm CharAus3.ASM.

Aufgabe 3.4.1/2: Das ausgegebene Zeichen wurde mit dem Nachfolger von 'Z' verglichen. Dazu ist es nicht notwendig, in der ASCII-Tabelle den Nachfolger zu suchen, sondern der Turbo Assembler akzeptiert den Konstantenausdruck 'Z'+1. Ausdrücke mit Konstanten werden bereits beim Assemblieren berechnet und TASM setzt nur das Ergebnis ein. Ändern Sie das Programm CharAus3.ASM so ab, daß Sie den Befehl JAE (Jump Above or Equal: springe wenn größer oder gleich) verwenden. Das Programm heißt CharAus4.ASM.

3.4.2 Abweisende Schleife

In Programm CharAus5 wird zu Beginn der Schleife geprüft, ob die Bedingung zum Verlassen der Schleife gegeben ist. Zur Kontrolle dieser abweisenden Schleife wird der Befehl JA (Jump Above: springe wenn größer) verwendet.

```
;Programm CharAus5.ASM
;Ausgabe des Alphabets am Bildschirm. Befehl JA

         .MODEL SMALL
         .CODE
         mov dl,'A'        ;erstes Zeichen zur Ausgabe vorbereiten
Schleife:
         cmp dl,'Z'        ;vergleiche Ausgabezeichen mit 'Z'
         ja  Weiter        ;wenn > Schleife verlassen
         mov ah,2          ;Ausgabe des Zeichens
         int 21h
         inc dl            ;nächstes Zeichen
         jmp Schleife      ;Schleife erneut durchlaufen
Weiter:
         mov ah,4Ch
         int 21h
         END
```

3.4.3 Einseitige Auswahl

Zeicheneingabe mit Programm CharEin1.ASM:
Die Funktion 07h ermöglicht die Eingabe eines Zeichens vom Standardeingabegerät. Das Zeichen befindet sich anschließend in AL. Bei Zeichen des erweiterten Codes hat AL den Wert 0. Ein erneuter Aufruf der Funktion 07h liefert in AL den erweiterten Code.

Einseitige Auswahlstruktur:
Nach der Eingabe eines Zeichens wird geprüft, ob ein Sonderzeichen vorliegt.

- Wenn ja: Ein zusätzliches Zeichens einlesen.
- Sonst: Tue nichts. Sprungbefehl JNE.

Nach dieser einseitigen Auswahl wird gemeinsam mit der Zeichenausgabe fortgefahren.

```
;Programm CharEin1.ASM
;Funktion 07h
;Eingabe eines Zeichens vom Standardeingabegerät

                .MODEL SMALL
                .CODE

S1              DB 'Bitte eine Taste drücken',13,10,'$'
S2              DB 'Sie haben Eine Sondertaste gedrückt',0Dh,0Ah,'$'

Start:
                mov ax,SEG S1          ;String S1 ausgeben
                mov ds,ax
                mov dx,OFFSET S1       ;S1 nach ds:dx übertragen
                mov ah,9
                int 21h                ;Eingabezeichen in al bereitstellen
                mov ah,7               ;Zeichen eingeben
                int 21h
                cmp al,0               ;prüfen ob Sondertaste
                jne ZeichenAusgabe     ;wenn nein Zeichen ausgeben
SonderTaste:
                mov ax,SEG S2          ;String S2 ausgeben
                mov ds,ax
                mov dx,OFFSET S2       ;S2 nach ds:dx kopieren
                mov ah,9
                int 21h                ;Ausgabezeichen in al
                mov ah,7               ;nochmals Zeichen lesen
                int 21h                ;da Sondertaste gerdückt wurde
ZeichenAusgabe:
                mov ah,2               ;Zeichenausgabe
                mov dl,al
                int 21h
                mov ah,4Ch             ;Programmende
                int 21h

                END Start              ;Einsprungpunkt festlegen
```

Im Programm CharEin1.ASM wird der erweiterte Code als Zeichen ausgegeben. Da manche Zeichen überhaupt nicht auf dem Bildschirm dargestellt werden können, wäre es sinnvoll, den ASCII-Code der gedrückten Taste auszugeben (vgl. Abschnitt 3.5).

3

Programmierkurs mit Turbo Assembler

3.5.1 Parameterübergabe im BX-Register

Unterprogrammaufruf in Programm AscAus1.ASM:
Das Programm AscAus1.ASM soll ein Zeichen im ASCII-Code in hexadezimaler Darstellung ausgeben. Da eine solche Aufgabe öfters vorkommt, wird dafür ein Unterprogramm geschrieben.

- Unterprogramme beginnen mit Label PROC und enden mit ENDP.
- Aufgerufen wird ein Unterprogramm mit CALL Label.
- Beendet wird ein Unterprogramm mit dem Befehl RET. Dadurch wird die Adresse des Befehls ins IP-Register geladen, der auf CALL Label folgt.

Parameterübergabe:
Zumeist müssen Parameter an das Unterprogramm übergeben werden. Hier wurde das auszugebende Zeichen im BX-Register übergeben.

Es wird auch gezeigt, wie man mit der Anweisung EQU Konstanten definieren kann, die vom Assembler eingesetzt werden.
- Das erhöht die Lesbarkeit des Programms.
- Ist eine Konstante zu ändern, muß das nur an einer Stelle vorgenommen werden.

Unterprogramm ByteAus:
Will man ein Zeichen als ASCII-Zeichen darstellen, muß man jedes Halbbyte in ein Byte umwandeln, das das entsprechende Nibble als Zeichen darstellt. Beispiel: 'Z' = 5A --> 35 41. Dies wird im Unterprogramm ByteAus durch SHL,SHR und die Addition ensprechender Konstanten im Register BX vorgenommen. Die Anzahl der Stellen, um die verschoben werden soll, muß sich im CL-Register befinden. Übersicht der zu addierenden Werte:

Zeichen	'0'	'9'	'A'
ASCII Zeichen dezimal	48	57	65
Darzustellender Wert dezimal	0	9	10

	BX
	005A
SHL BX,4	05A0
SHR BL,4	050A
ADD BH,30h	350A
ADD BL,30h	353A
ADD BL,7	3541

```
;Programm AscAus1.ASM

              .MODEL SMALL

AUSGABE_ZEICHEN  EQU 'Z'
ACON1            EQU '0' - 0          ;ergibt 48
ACON2            EQU 'A' - '9' - 1    ;ergibt 7
```

```
                .CODE
                mov bx,AUSGABE_ZEICHEN     ;Registerübergabe des Ausgabezeichens
                                           ;an das Unterprogramm
                call ByteAus               ;Aufruf des Unterprogramms
                mov ah,4Ch                 ;Ende des Hauptprogramms
                int 21h

ByteAus         PROC                       ;übergebenes Register bx

                mov cl,4                   ;Ausgabezeichen in
                shl bx,cl                  ;BH und BL aufbereiten
                shr bl,cl
                add bh,ACON1
                add bl,ACON1
                cmp bh,'9'
                jbe L1
                add bh,ACON2
L1:             cmp bl,'9'
                jbe L2
                add bl,ACON2
L2:             mov dl,bh                  ;Zeichenausgabe bh
                mov ah,2
                int 21h
                mov dl,bl                  ;Zeichenausgabe bl
                mov ah,2
                int 21h
                ret                        ;Ende Unterprogramm ByteAus
                ENDP

                END
```

Mit DEBUG AscAus1.EXE läßt sich die Änderung der Register verfolgen. Mit dem DEBUG-Befehl T (Trace) kann man in das Unterprogramm hinein. P führt das ganze Unterprogramm aus. Den INT 21h sollte man aber mit P ausführen.

Aufgabe 3.5.1/1: Schreiben Sie ein Programm, das den ASCII-Code einer gedrückten Taste ausgibt. Programmname: CharEin2.ASM.

3.5.2 Parameterübergabe in einer Variablen

In den Programmen AscAus1.ASM und CharEin2.ASM (Abschnitt 3.5.1) erfolgte die Parameterübergabe im Register BX. Das geht zwar schnell, aber man muß aufpassen, daß das Register nicht versehentlich verändert wird. Sicherer ist es, zur Parameterübergabe eine Variable im Speicher zu definieren.

Im Programm CharEin3.ASM soll ein Zeichen mit der Funktion 08h eingelesen und in einer Variablen Zeichen an das Unterprogramm ByteAus übergeben werden.

```
;Programm CharEin3.ASM
;Zeichen in einer Variablen übergeben

            .MODEL SMALL
            .STACK 10h
            .CODE

Zeichen     DW ?                        ;Variable für Parameterübergabe

Start:      call TastEin
            call TastAus
            mov ah,4Ch
            int 21h                     ;Ende des Hauptprogramms

TastAus     PROC
            mov bx,[Zeichen]            ;Zeichen nach bx
            cmp bh,0                    ;prüfen, ob Sondertaste
            jne Weiter1
            mov ax,SEG AText            ;Textausgabe
            mov ds,ax
            mov dx,OFFSET AText
            mov ah,9
            int 21h
Weiter1:    mov bh,0
            call ByteAus                ;BX übergeben
            ret
AText       DB 'Sie haben eine Sondertaste gedrückt',0Dh,0Ah,'$'
TastAus     ENDP

ByteAus     PROC                        ;übergebenes Register bx

ACON1       EQU 48
ACON2       EQU  7

            mov cl,4                    ;Ausgabezeichen in
            shl bx,cl                   ;BH und BL aufbereiten
            shr bl,cl
            add bh,ACON1
            add bl,ACON1
            cmp bh,'9'
            jbe L1
```

```
                add bh,ACON2
L1:             cmp bl,'9'
                jbe L2
                add bl,ACON2
L2:             mov dl,bh               ;Zeichenausgabe BH
                mov ah,2
                int 21h
                mov dl,bl               ;Zeichenausgabe BL
                mov ah,2
                int 21h
                ret                     ;Ende Unterprogramm ByteAus
ByteAus         ENDP

TastEin         PROC                    ;aufgerufen vom Hauptprogramm
                Call EinText
                mov ah,8                ;lesen mit Funktion 8
                int 21h                 ;Eingabezeichen in AL
                mov bh,al               ;Taste zwischenspeichern
                cmp al,0                ;wenn 0, dann Sondertaste
                jne Weiter
                mov ah,8                ;Sondertaste nochmal lesen
                int 21h
Weiter:         mov bl,al               ;Taste nach BX
                mov [Zeichen],bx        ;in Variable abspeichern
                ret
TastEin         ENDP                    ;zurück zum Hauptprogramm

EinText         PROC                    ;Ausgabe einer Eingabeaufforderung
                mov AX,SEG EText
                mov DS,AX
                mov DX,OFFSET EText
                mov ah,9
                int 21h
                ret
EText           DB 'Bitte eine Taste drücken',0Dh,0Ah,'$'
EinText         ENDP

                END Start   ;Festlegung des Einsprungpunktes
```

Zum obigen Programm CharEin3.ASM:
Mit DW (Define Word) wird Platz für ein Wort im Speicher reserviert. DW ? besagt, daß der Inhalt dieser Variablen bedeutungslos ist.

MOV [Zeichen],BX überträgt den Inhalt von BX in die Speicherstelle, auf die der Zeiger Zeichen zeigt. Die eckigen Klammern sollen daran erinnern, daß der Inhalt der Speicherstelle gemeint ist. Die Adresse Zeichen selbst wird durch OFFSET Zeichen angegeben.

CALL TastEin setzt den IP auf die Ardesse TastEin und legt die Rückkehradresse auf dem Stack ab. SP wird um 2 erniedrigt.

Verwaltung des Stacks:
RET holt die Rückkehradresse vom Stack in den IP und erhöht den SP um 2. Man erkennt den Zweck des Stacks.

- Führt man das Programm unter der Kontrolle eines Debuggers aus, ist zu beobachten, wie bei jedem CALL der IP mit der Adresse des Unterprogramms geladen wird und wie sich SP um 2 erniedrigt.
- Bei RET wird IP mit der Rückkehradresse geladen und SP erhöht sich um 2.
- Mit D SS:0 kann man sich beim DOS-Debugger den Stack anzeigen lassen.

Was passiert, wenn gar kein Stacksegment definiert worden ist? Es gilt dann: SS = CS und SP = 0000. Wenn 0000 heruntergezählt wird, ergeben sich große Zahlen. Damit ist der Stack am Ende des Codesegments und könnte einmal mit dem Programm zusammenkommen.

3.5.3 Parameterübergabe auf dem Stack

Problem der Rücksprungadresse:
In Hochsprachen werden Parameter auf dem Stack übergeben. Mit PUSH läßt sich bequem ein Wort auf den Stack bringen und mit POP wieder holen. Nur muß man beachten, daß sich nach CALL die Rücksprungadresse auf dem Stack befindet und SP nicht mehr auf den übergebenen Parameter zeigt. Die Rücksprungadresse wird aber bei RET wieder auf dem Stack benötigt.

Unterscheidung von FAR-Call und NEAR-Call:
Bei einem FAR-Call wird eine Segment:Offset-Adresse (4 Bytes) auf den Stack gebracht, während bei einem NEAR-Call nur der Offset (2 Bytes) auf den Stack gebracht wird.

- Bei FAR-Code wie FAR-Daten muß man stets die gesamte *Segment:Offset*-Adresse mit 32 Bits angeben, da weit (FAR) über die Segmentgrenzen hinweg verzweigt werden kann. Es wird mit CS und IP verzweigt.

- Bei NEAR-Code wie bei NEAR-Daten hingegen wird nur die *Offset*-Adresse berücksichtigt; man bleibt im 64 KB-Bereich, nur mit IP wird verzweigt.
- Mit der Segmentanweisung .MODEL wird das Speichermodell festgelegt. FAR setzt eines der Speichermodelle MEDIUM, COMPACT, LARGE bzw. HUGE voraus, während NEAR für die Speichermodelle TINY und SMALL gilt.

Drei Worte auf den Stack schreiben mit PUSH und lesen mit POP:
In Programm STKPAR1 werden drei Worte mit den Werten 'A', 'B' und 'C' in umgekehrter Reihenfolge auf den Stack gebracht. Die Prozedur Ausgabe holt diese Zeichen und gibt sie aus. Die Rücksprungadresse wird mit POP BP ins BP-Register gerettet; damit zeigt SP auf den obersten Parameter. Vor RET muß die Rücksprungadresse wieder auf der Stackspitze sein.

```
;Programm StkPar1.ASM
;Parameterübergabe auf dem Stack

                .MODEL SMALL
                .STACK 100h
                .DATA
A               dw 0041h,0042h,0043h    ;'ABC'
                .CODE
                mov ax,@data
                mov ds,ax
                push [A+4]              ;Ausgabezeichen auf den
                push [A+2]              ;Stack bringen
                push [A]
                call Ausgabe
                call Ausgabe
                call Ausgabe
                mov ah,4Ch
                int 21h
Ausgabe         PROC
                pop bp                  ;Rücksprungadresse retten, SP zurücksetzen
                pop dx                  ;Ausgabezeichen vom Stack nach DL holen
                mov ah,2                ;Zeichenausgabe
                int 21h
                push bp                 ;Rücksprungadresse auf Stack
                ret
Ausgabe         ENDP
                END
```

Programm StkPar1.ASM zu StkPar2.ASM ändern:
In Programm StkPar2 wird in der Prozedur Ausgabe die Rücksprungadresse auf dem Stack belassen. Stattdessen wird das Ausgabezeichen über das BP-Register adressiert. Das BP-Register arbeitet immer zusammen mit dem SS-Register. Nach Ausgabe des Zeichens kann es wieder vom Stack entfernt werden.

```
;Programm StkPar2.ASM
;Parameterübergabe auf dem Stack. Änderung zu Programm StkPar1.ASM

            .MODEL SMALL
            .STACK 100h
            .DATA
A           DW 0041h,0042h,0043h   ;'ABC'
            .CODE
            mov ax,@data
            mov ds,ax
            push [A]               ;1. Ausgabezeichen auf den Stack
            call Ausgabe
            inc sp                 ;Zeichen wieder vom Stack entfernen
            inc sp
            push [A+2]             ;2. Ausgabezeichen auf den Stack
            call Ausgabe
            inc sp
            inc sp
            push [A+4]             ;3. Ausgabezeichen auf den Stack
            call Ausgabe
            inc sp
            inc sp
            mov ah,4Ch
            int 21h
Ausgabe     PROC
            mov bp,sp              ;Stackspitze nach BP
            mov dl,[bp+2]          ;Stack über BP adressieren
            mov ah,2               ;Zeichenausgabe
            int 21h
            ret
Ausgabe     ENDP
            END
```

Aufgabe 3.5.3/1: Rekursiver Unterprogrammaufruf über Rekurs1.ASM. Wenn ein Unterprogramm sich selbst aufruft, nennt man das Rekursion. Bei einen rekursiven Aufruf muß dafür gesorgt werden, daß irgendwann einmal eine Bedingung erfüllt ist, bei der das Unterprogramm beendet wird und sich nicht mehr selbst aufruft. Schreiben Sie ein Programm namens Rekurs1.ASM, das ein Unterprogramm Upro enthält, welches sich 5 mal rekursiv aufruft und dabei die Buchstaben 'A'..'E' ausgibt.

3

Programmierkurs mit Turbo Assembler

3.6.1 Eingabe mit DOS-Funktion 0Ah

In Abschnitt 3.2 wurde ein String über die DOS-Funktion 9 ausgegeben; nun soll ein String über die DOS-Funktion 0Ah eingegeben werden.

Programm StrEin1.ASM zur Stringeingabe:
Die Funktion 0Ah verlangt in DS die Segmentadresse und in DX den Offset eines Eingabepuffers.

- Die Zahl im ersten Byte des Puffers gibt an, wieviele Zeichen weniger 1 maximal eingegeben werden können (mit 10 kann man 9 Zeichen eingeben).
- Im 2. Byte befindet sich nach der Funktionsausführung die Anzahl der eingegebenen Zeichen.
- Der Eingabetext beginnt im 3. Byte.
- Zur Ausgabe des Strings wurde im Unterprogramm Ausgabe ein Wagenrücklauf und ein Zeilenvorschub in die zwei ersten Bytes geschrieben. An das Ende wurde noch ein Zeilenvorschub und ein '$' angehängt.
- MOV BL,[TextLen] überträgt den Inhalt der Speicherstelle, auf die TextLen zeigt, ins Register BL; das ist die Anzahl der eingegebenen Zeichen.
- MOV [BX + String + 3],10 berechnet das Stringende durch den Offset von String + Inhalt von bx + 3 bzw. die Stelle, wo ein Zeilenvorschub hin soll.
- MOV WORD PTR [String],0D0Ah ;Wagenrücklauf,Zeilenvorschub besagt, daß ein Wort (2 Bytes) in die Variable String zu schreiben sind, und nicht etwa nur ein Byte.

```
;Programm StrEin1.ASM
;Eingabe eines Strings mit der Funktion 0Ah

                .MODEL SMALL
                .STACK 10h
                .DATA
String          DB 10,(?),10 DUP (?)    ;Eingabe/Ausgabepuffer
TextLen         = String + 1

                .CODE
                call Eingabe
                call Ausgabe
                mov ah,4Ch
                int 21h
```

```
Eingabe     PROC
            call AusText
            mov ax,SEG String           ;Zeiger auf Datensegment
            mov ds,ax                   ;und Eingabepuffer
            mov dx,OFFSET String        ;vorbereiten
            mov ah,0Ah                  ;String eingeben
            int 21h
            ret
Eingabe     ENDP

Ausgabe     PROC
            and bh,0                    ;BH = 0
            mov bl,[TextLen]            ;BX := Textlänge
            mov [bx + String + 3],10    ;Zeilenvorschub
            mov [bx + String + 4],'$'   ;Stringendezeichen an Stringende
            mov WORD PTR [String],0D0Ah ;Wagenrücklauf,Zeilenvorschub
                                        ;an den Stringanfang
            mov ax,SEG String           ;DS:DX lädt String
            mov ds,ax
            mov dx,OFFSET String
            mov ah,9                    ;Stringausgabe
            int 21h
            ret
Ausgabe     ENDP

AusText     PROC                        ;Eingabeaufforderung
            mov ax,SEG Anzeige
            mov ds,ax
            mov dx,OFFSET Anzeige
            mov ah,9
            int 21h
            ret
Anzeige     DB 'Bitte Einen String eingeben',13,10,'$'
AusText     ENDP

            END
```

Aufgabe 3.6.1/1: Geben Sie einen String mit der Funktion 0Ah ein. Dieser String soll zeichenweise mit der Funktion 02h ausgegeben werden. Übertragen Sie dazu die Anzahl der Zeichen ins Register CX und zählen Sie dieses bis 0 herunter. Wenn Sie den Abstand des Zeichens vom Stringanfang im Register BX haben, können Sie die Zeichen mit [BX+String] adressieren. Nennen Sie das Programm StrEin2.ASM.

3.6.2 Loops und Makros zur Stringeingabe

Zählerschleife und LOOP-Schleife:
Im Programm StrEin2.ASM (Abschnitt 3.6.1) hatten wir eine Zählerschleife verwendet:

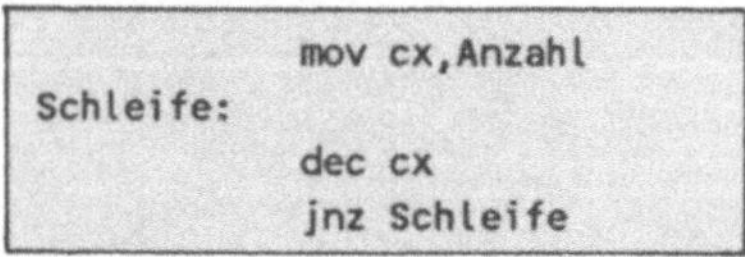

```
             mov cx,Anzahl
Schleife:
             dec cx
             jnz Schleife
```

Die beiden letzten Befehle lassen sich durch eine LOOP-Schleife erzetzen. Im folgenden Programm Loop1.ASM sollen die Buchstaben des Alphabets unter Benutzung des LOOP-Befehls ausgegeben werden.

```
;Programm Loop1.ASM
;Buchstaben des Alphabets mit Loop ausgeben.

Anzahl      = 'Z' - 'A' + 1     ;Anzahl der auszugebenden Zeichen

CHAR_AUS    MACRO               ;Macro zur Zeichenausgabe
            inc dl
            mov ah,2            ;nächstes Zeichen
            int 21h
            ENDM
ENDE        MACRO

            mov ah,4Ch
            int 21h
            ENDM

            .MODEL SMALL
            .CODE
            mov cx,Anzahl
            mov dl,'A' - 1      ;Zeichen vor dem 'A'
Schleife:
            CHAR_AUS            ;Macro zur Zeichenausgabe
            loop Schleife
            ENDE                ;Macro beendet das Programm

            END
```

Makros als Befehlseinheiten:
Das Programm Loop1 demonstriert neben der LOOP-Schleife auch die Verwendung von Makros. Ein Makro ist Text, der zwischen

```
Makroname   MACRO
            ... Makrotext ...
            ENDM
```

steht. Beim Assemblieren wird überall, wo *Makroname* steht, der Makrotext mit seiner Befehlsfolge eingesetzt und anschließend assembliert.

Makros und Unterprogramme:
Makros sind etwas schneller als Unterprogramme, da CALL und RET entfallen. Makros sind auch flexibler einsetzbar als Unterprogramme. Unterprogramme belegen aber weniger Speicherplatz, da der Code nur einmal vorkommt. Makros können geschachtelt sein.

3.6.3 Include-Dateien

Include-Datei und INCLUDE-Anweisung:
Teile des Programms lassen sich in einer separaten Include-Datei ablegen. Überall dort, wo der Name der Include-Datei in einer Include-Anweisung vorkommt, wird der Text der Include-Datei eingesetzt und anschließend assembliert.

- Include-Dateien können geschachtelt sein.
- Es ist sinnvoll, häufig verwendete Makros und Konstanten in einer Include-Datei abzulegen. Nicht benutzte Makros erscheinen nicht im Objektcode.

Makros in einer Include-Datei speichern:
Im folgenden Programm Include1.ASM werden die Makros von Programm Loop1.ASM (Abschnitt 3.6.2) in einer Include-Datei abgelegt.

```
;Programm Include1.ASM
;Buchstaben des Alphabets mit Loop ausgeben.
;Aufnahme einer Include Datei.

INCLUDE    A:MACS1.                ;hier wird die Include-Datei eingefügt

Anzahl     = 'Z' - 'A' + 1         ;Anzahl der auszugebenden Zeichen

           .MODEL SMALL
           .CODE
           mov cx,Anzahl
           mov dl,'A' - 1
```

```
Schleife:
                CHAR_AUS                ;Macro zur Zeichenausgabe
                loop Schleife
                ENDE                    ;Macro beendet das Programm

                END
```

Die Include-Datei MACS1 könnte wie folgt aussehen:

```
;Include-Datei Macs1

CHAR_AUS        MACRO
                inc dl
                mov ah,2
                int 21h
                ENDM

ENDE            MACRO
                mov ah,4Ch
                int 21h
                ENDM
```

Aufgabe 3.6.3/1: Erweiterten Tastaturcode über BIOS-Interrupt 16h einlesen.

Die Funktion 0 des BIOS-Interrupts 16h liefert in AX den Code einer gedrückten Taste. Wenn nach dem Funktionsaufruf AL=0 ist, dann wurde ein erweiterter Tastaturcode eingegeben. In AH befindet sich dann der erweiterte Tastaturcode. Steht nach dem Funktionsaufruf in AL keine 0, dann ist dies der ASCII-Code des Zeichens, und in AH befindet sich der Scancode der Taste.

Schreiben Sie ein Programm StreinXX.ASM, welches mit der Funktion 0 des BIOS-Interrupts 16h einen String zeichenweise eingibt:

- Zeichen des erweiterten Tastaturcodes sollen ignoriert werden.
- Beim Drücken der Return-Taste soll die Stringeingabe beendet werden. Ebenso ist die Stringeingabe zu beenden, wenn MaxLen = 10 Zeichen eingegeben wurden.
- Nach der Stringeingabe soll der eingegebene String auf dem Bildschirm ausgegeben werden.

3

Programmierkurs mit Turbo Assembler

Stringbefehle gehören zu den leistungsfähigsten Befehlen des 8086-Prozessors. Sie dienen nicht nur der Übertragung und dem Vergleich von Zeichenketten, sondern auch von Arrays und sonstigen Speicherbereichen.

- Befehle zum Kopieren von Daten: LODS, STOS, MOVS.
- Befehle zum Suchen: SCAS, CMPS (vgl. Abschnitt 3.8.2).

3.7.1 Befehl LODSB und LODSW

Im Programm Lods1.ASM wird der Befehl LODSB demonstriert. Es wird ein String zeichenweise gelesen und anschließend in umgekehrter Reihenfolge ausgegeben.

- Der Befehl LODSB lädt ein Byte vom Speicher in das Register AL.

- Adressiert wird mit dem Registerpaar DS:SI. Das SI-Register wird automatisch inkrementiert, wenn das Direction-Flag 0 ist (mit CLD löschen); es wird dekrementiert, wenn das Direction-Flag 1 ist (setzen mit STD).

```
;Programm Lods1.ASM
;Demonstration des Befehls lodsb

            .MODEL SMALL
            .CODE
            mov ax,cs
            mov ds,ax               ;DS:SI -> String
            mov si,OFFSET String
            cld                     ;Direction Flag löschen damit
Schleife:                           ;SI durch lodsb inkrementiert wird
            lodsb                   ;[DS:SI] nach AL und SI inkrementieren
            mov dl,al               ;Ausgabezeichen in DL
            mov ah,2                ;Funktion Zeichenausgabe
            int 21h
            cmp BYTE PTR [si],0     ;0 ist letztes Zeichen
            jne Schleife

            std                     ;Direction Flag = 1, SI wird dekrementiert
Schleife2:                          ;DS:SI als letztes Zeichen
            lodsb
            mov dl,al               ;Ausgabezeichen in DL
            mov ah,2
            int 21h
            cmp si,OFFSET String    ;prüfen, ob 1. Zeichen ausgegeben
            jae Schleife2
```

```
        mov ah,4Ch
        int 21h

String  DB 'Dies ist ein Teststring',13,10,0
        END
```

Aufgabe 3.7.1/1: Der Befehl LODSW macht das entsprechende wie LODSB, nur geschieht dies mit einem Wort. Ein Wort wird aus dem Speicher in AX geladen. Adressierung durch DS:SI. SI wird aber um 2 inkrementiert bzw. dekrementiert. Schreiben Sie ein Programm mit Namen LODS2.ASM, das die Worte 01122h,03344h,...0FF00h mit LODSW aufsteigend und danach absteigend in AX holt.

Aufgabe 3.7.1/2: Testen Sie das Programm Lods2.ASM mit dem DOS-Debugger. Was passiert mit dem SI-Register?

3.7.2 Befehle STOSB und STOSW

Zahlen ins Datensegment schreiben mit STOSB (Stos1.ASM)

STOSB ist das Gegenstück zum Befehl LODSB. Ein Byte wird von AL in die durch ES:DI adressierte Speicherstelle übertragen. DI wird dabei in Abhängigkeit vom Direction-Flag inkrementiert oder dekrementiert.

```
;Programm Stos1.ASM
;Demonstration von Befehl STOSB

        .MODEL SMALL
        .CODE
Start:
        nop
        mov ax,SEG Ende             ;Zieladresse für
        mov es,ax                   ;STOSB vorbereiten
        mov di,OFFSET Ende
        mov cx,3                    ;Zählerstand für LOOP
        mov al,BYTE PTR [Start]     ;zu speicherndes Zeichen
        cld                         ;Direction-Flag löschen
Schleife:                           ;zum Inkrementieren
        stosb
        loop Schleife

        mov ah,4Ch
        int 21h
Ende:
        END
```

Das Programm Stos1.ASM hängt dreimal den Befehl NOP, welcher sich bei Start befindet, an das Programmende an. Testet man das Programm mit DEBUG Stos1.EXE und führt es mit T schrittweise aus, dann zeigt sich: Bei jedem STOSB wird das Register DI inkrementiert. Mit dem Befehl U kann man feststellen, daß sich nach jedem STOSB ein weiterer NOP am Programmende befindet.

Zahlen ins Datensegment schreiben mit Befehl STOSW (Stos3.ASM)

STOSW arbeitet wie STOSB, nur mit Worten anstelle von Bytes. Ein Programm Stos3.ASM soll die Zahlen 1,..10 ins Datensegment schreiben.

```
;Programm Stos3.ASM
;Worte ins Datensegment schreiben

            .MODEL SMALL
            .DATA
Ziel        DW 10 DUP (?)                   ;Platz für 10 Zahlen
            .CODE
            mov ax,SEG Ziel                 ;ES:DI -> Ziel
            mov es,ax
            mov di,OFFSET Ziel
            mov cx,10                       ;Anzahl der Schleifendurchläufe
            cld
            mov ax,1                        ;erste Zahl abspeichern
Schleife:
            stosw
            inc ax
            loop Schleife

            mov ah,4Ch
            int 21h
            END
```

Programmtest von Stos3.ASM mit DEBUG:
Überprüft man beim Debuggen mit d es:0, so stellt man fest, daß sich die Zahlen 1,..10 im Datensegment befinden.

Programmtest von Stos3.ASM mit TASM und TD:
Erzeugt man eine EXE-Datei mit den Befehlseingaben TASM /ZI STOS3 und TLINK /V STOS3, dann läßt sich der Quellcode mit dem Turbo Debugger-Aufruf TD STOS3 debuggen.
Im View-Menü kann man ein Watches-Fenster öffnen und sich z.B. den Ziel-Array und die Register während der Programmausführung mit F7 betrachten.

```
File   View   Run   Breakpoints   Data   Window   Options              READY
┌Module: stos3  File: stos3.asm6──────────────────────────────────────────1┐
|                 mov ax,SEG Ziel                                           |
|                 mov es,ax                                                 |
|                 mov di,OFFSET Ziel                                        |
|                 mov cx,10                                                 |
|                 cld                                                       |
|                 mov ax,1                                                  |
|  Schleife:                                                               |
|                 stosw                                                     |
|                 inc ax                                                    |
|                 loop Schleife                                             |
|                                                                           |
|                 mov ah,4Ch                                                |
|                 int 21h                                                   |
|                 END                                                       |
|                                                                           |
└───────────────────────────────────────────────────────────────────────────┘
┌Watches───────────────────────────────────────────────────────────────────2┐
|cx                            word 8 (8h)                                  |
|di                            word 12 (Ch)                                 |
|ax                            word 3 (3h)                                  |
|Ziel                          word [10] {1,2,0,0,0,0,0,0,0,0}              |
└───────────────────────────────────────────────────────────────────────────┘
F1-Help F2-Bkpt F3-Close F4-Here F5-Zoom F6-Next F7-Trace F8-Step F9-Run
```

Aufgabe 3.7.2/1: Übertragen Sie mit LODSB und STOSB den String von Programm Lods1.ASM in eine Variable im Datensegment. Programmname sei Stos2.ASM.
Führen Sie das Programm Stos2.ASM unter der Kontrolle des DOS-Debuggers aus und verfolgen Sie mit D ES:0 , wie der String nach Ziel zeichenweise übertragen wird.

3.7.3 Befehle MOVSB und MOVSW

Mit dem Befehl MOVSB für Bytes bzw. MOVSW für Worte lassen sich Arrays noch schneller kopieren. MOVS vereint die Befehle LODS und STOS. Das Programm Movs1.ASM überträgt Worte aus einem Wortarray Quelle in einen Wortarray Ziel.

- DS:SI zeigt auf die Quelle, ES:DI auf das Ziel.
- Mit jedem MOVS wird SI und DI inkrementiert bzw dekrementiert gemäß der Vorgabe im Direction-Flag.
- Das Register AX wird dabei nicht beansprucht.

```
;Programm Movs1.ASM
;Kopieren eines Wortarrays mit MOVSW

                .MODEL SMALL
                .DATA
Quelle          DW 1,2,3,4,5,6,7,8,9,10
Ziel            DW 10 DUP (?)
                .CODE
                mov ax,SEG Quelle          ;Adresse des QuellArray
                mov ds,ax                  ;nach DS:SI
                mov si,OFFSET Quelle
                mov ax,SEG Ziel            ;Adresse des ZielArray
                mov es,ax                  ;nach ES:DI
                mov di,OFFSET Ziel
                cld                        ;Durchlaufrichtung aufsteigend
                mov cx,10                  ;Anzahl der Schleifendurchläufe
Schleife:
                movsw                      ;lesen, schreiben, SI und DI erhöhen
                loop Schleife

                mov ah,4Ch
                int 21h

                END
```

3.7.4 Befehl REP

Die Vorsilbe REP vor einem Stringbefehl bewirkt, daß dieser so oft ausgeführt wird, bis CX auf 0 heruntergezählt ist. Wenn CX = 0 ist, so wird der Stringbefehl überhaupt nicht ausgeführt. Der Befehl

```
rep movsb
```

bewirkt dasselbe wie die Befehlsfolge

```
Schleife:   movsb
            loop Schleife
```

,

aber mit größerer Geschwindigkeit und weniger Code.

Im folgenden Programm Rep1.ASM wird mit dem SIZE-Operator die Länge des Strings Quelle ermittelt, was aber nur im Ideal-Modus funktioniert. IDEAL schaltet in den Ideal-Modus um. MASM schaltet wieder in den MASM-Modus zurück.

```
;Programm Rep1.ASM
;Demonstration des Befehls REP

              .MODEL SMALL
              .DATA
Quelle        DB 'Dieser String wird kopiert.'
IDEAL                                     ;in den Ideal-Modus umschalten
Laenge        = SIZE Quelle               ;Länge des Quellstrings bestimmen
MASM                                      ;zurück zum MASM-Modus
Ziel          DB Laenge DUP (?)

              .CODE
              mov ax,@data
              mov ds,ax
              mov es,ax
              mov si,OFFSET Quelle
              mov di,OFFSET Ziel
              mov cx,Laenge               ;Anzahl der Wiederholungen
              rep movsb                   ;wiederhole bis CX = 0

              mov ah,4Ch
              int 21h

              END
```

Ruft man mit DEBUG Rep1.EXE den DOS-Debugger auf, so kann man sich mit dem Befehl D DS:0 nach Ausführung des Programms Rep1.ASM davon überzeugen, daß der String tatsächlich kopiert wurde.

Aufgabe 3.7.4/1: Befehle MOVS und CMPS mit Ziel-/Quellparametern. In den Stringbefehlen MOVSB, MOVSW, STOSB, ... wird explizit angegeben, ob sie sich auf Bytes oder Words beziehen sollen. Es ist auch möglich, den letzten Buchstaben wegzulassen und dem Assembler die Entscheidung zu überlassen, um welchen Datentyp es sich handelt. In diesem Fall müssen aber dem Befehl Ziel- und Quellparameter hinzugefügt werden, an denen der Datentyp erkennbar ist. Damit lassen sich Macros für unterschiedliche Datentypen definieren. Beispiel:

```
movs es:[Ziel],[Quelle]
cmps [Quelle],es:[Ziel]
```

Die Angabe von ES: ist unverzichtbar. Der Stringbefehl CMPS ist der einzige Befehl, bei dem die Quelle vor dem Ziel anzugeben ist. Im Programm StringXX.ASM werden Word- und Bytearrays kopiert und verglichen. Ergänzen Sie die unvollständigen Makros KOPIERE und VERGLEICHE.

```
;Programm StringXX.ASM
;Demonstration zu impliziten Stringbefehlen
                .MODEL SMALL
                .STACK 100h
                .DATA
QuelleBytes     DB 'ABCDEFG'
LenBytes        EQU [$-QuelleBytes]              ;Anzahl der Bytes
QuelleWords     DW 1,2,3,4,5,6,7
LenWords        EQU [$-QuelleWords]/2            ;Anzahl der Words
ZielBytes       DB LenBytes DUP ('X')
ZielWords       DW LenWords DUP (0FFh)
Gleich          DB 'sie sind gleich',13,10,'$'
Versch          DB 'sie sind verschieden',13,10,'$'
                .CODE
                LOCALS                           ;lokale Labels einschalten
KOPIERE         MACRO QUELLE,ZIEL,LEN
AUSGABE         MACRO TXT
                mov dx,OFFSET TXT                ;Ausgabe von TXT
                mov ah,9
                int 21h
                ENDM
VERGLEICHE      MACRO QUELLE,ZIEL,LEN
Start:          mov ax,@data
                mov ds,ax
                mov es,ax
L1:             VERGLEICHE QuelleBytes,ZielBytes,LenBytes
L2:             KOPIERE QuelleBytes,ZielBytes,LenBytes
L3:             VERGLEICHE QuelleBytes,ZielBytes,LenBytes
L4:             KOPIERE QuelleWords,ZielWords,LenWords
L5:             VERGLEICHE QuelleWords,ZielWords,LenWords
                mov ah,4Ch
                int 21h
                END Start
```

3

Programmierkurs mit Turbo Assembler

Die modulare Programmierung wird durch die Anweisungen GLOBAL, PUBLIC und EXTRN unterstützt:

- *Module als Bausteine:* Module sind Programme, die getrennt editiert und assembliert werden. Anschließend werden sie zu einem Gesamtprogramm verbunden bzw. gelinkt.
- *Erster Vorteil:* Mehrere kleinere Programme sind leichter zu überschauen als ein großes Programm.
- *Zweiter Vorteil:* Zur Fehlerkorrektur ist nur die Quelldatei des betreffenden Modules zu editieren und neu zu assemblieren. Es muß also nicht das gesamte Programm neu übersetzt werden.

3.8.1 Anweisung GLOBAL

Programm VideoRam.ASM ohne Modul:
Auf den Aufbau des Bildschirmspeichers wurde bereits eingegangen (vgl. Abschnitt 3.3.2.1, Programm Zeichen0.ASM). Das nachfolgende Programm VideoRam.ASM knüpft daran an und schreibt 20 Zeilen rote Zeichen 'A' auf weißem Hintergrund auf den Bildschirm.

- Das Programm soll in zwei Teilprogramme zerlegt werden.
- Die Teilprogramme sollen als Module separat assembliert und dann zusammengelinkt werden.

```
;Programm VideoRam.ASM
;Schreibt in den Video-RAM

            .MODEL SMALL
            .STACK 100h
VideoRam    EQU 0B800h               ;0B000h für monochromen Bildschirm
ZeichenZahl EQU 80*20
            .CODE
            mov ax,VideoRam
            mov es,ax
            mov di,0
            mov cx,ZeichenZahl
            cld
            mov ax,7441h             ;Hintergrund 7 weiß, Vordergrund 4 rot
            rep stosw                ;wiederhole
            mov ah,4Ch
            int 21h
            END
```

Programm Video1.ASM mit Modul Video1U.ASM:
Im Programm Video1 wird die Bildschirmausgabe in ein Unterprogramm in das Modul Video1U geschrieben. Dieses wird zweimal vom Modul Video1 aufgerufen.
Beim ersten Aufruf werden 10 Zeilen in der Farbe 7 und der Hintergrundfarbe 4 ausgegeben. Die nächsten 10 Zeilen in der Farbe 4 und der Hintergrundfarbe 7 schließen sich daran an, da das Register DI nicht zurückgesetzt wurde.

```
;Programm Video1.ASM
;bindet andere Module ein

            .MODEL SMALL
            .STACK 100h
            GLOBAL VideoRam
VideoRam           EQU 0B800h         ;0B000h für monochromen Bildschirm
            GLOBAL ZeichenZahl
ZeichenZahl EQU 80*10
            .DATA
            GLOBAL Farbe:BYTE         ;globales, in Modul genutztes bzw.
Farbe       DB (?)                    ;definiertes Symbol
            .CODE
            GLOBAL Ausgabe:PROC       ;globales Symbol
Start:
            mov ax,@data
            mov ds,ax
            mov ax,VideoRam
            mov es,ax
            mov di,0
            mov Farbe,47h
            call Ausgabe
            mov Farbe,74h
            call Ausgabe
            mov ah,4Ch
            int 21h
            END  Start
```

Anweisung GLOBAL:
Die Anweisung GLOBAL teilt dem Assembler mit, daß die mit GLOBAL definierten Symbole in einem anderen Modul benützt werden sollen bzw. dort definiert wurden.

- Die Typen der Symbole müssen in beiden Modulen übereinstimmen.
- Der Typ wird im Format *GLOBAL Symbol:Typ* angegeben.

```
ABS        eine absolute Konstante
BYTE       Byte
DATAPTR    vom Speichermodell abhängig NEAR oder FAR Datenzeiger
DWORD      Doppelwort
FAR        FAR-Label CS:IP
FWORD      6 Byte
NEAR       NEAR Label in IP geladen
PROC       Prozedur Label NEAR oder FAR
QWORD      8 Bytes
TBYTE      10 Bytes
UNKNOWN    unbekannt
WORD       2 Bytes
```

Typen für die Anweisung GLOBAL Symbol:Typ

```
;Modul Video1U.ASM
;in Programm Video1 eingebunden

         .MODEL SMALL
         GLOBAL VideoRam:ABS          ;Symbole im Hauptmodul definiert
         GLOBAL ZeichenZahl:ABS
         GLOBAL Farbe:BYTE
         .CODE
         GLOBAL Ausgabe:PROC          ;Prozedur wird in anderem Modul
Ausgabe  PROC                         ;aufgerufen.
         mov cx,ZeichenZahl           ;an anderer Stelle definiert
         cld
         mov ah,Farbe
         mov al,'A'
         rep stosw
         ret
Ausgabe  ENDP
         END
```

Drei-Schritte-Vorgehen bei der Programmentwicklung mit Modulen:

1. Getrenntes Editieren der Module.

2. Die beiden Module Video1 und Video1U werden separat mittels TASM Video1 und TASM Video1U assembliert.

3. Mit TLINK Video1 Video1U werden die beiden Objektdateien zu einem Programm Video1.EXE verbunden.

3.8.2 Anweisungen PUBLIC und EXTRN

PUBLIC und EXTRN ersetzt GLOBAL:
Anstelle von GLOBAL kann man auch PUBLIC und EXTRN verwenden: PUBLIC in dem Modul, in dem die Symbole definiert werden, und EXTRN in dem Modul, in dem sie benutzt werden. Nach dem Linken gibt es *ein* Codesegment, *ein* Datensegment und *ein* Stacksegment.

Beispielprogramm Such1H.ASM mit Modul Such1U.ASM:
Das folgende Programm Such1H.ASM verwendet die Modul-Anweisung PUBLIC und EXTRN sowie die Befehle SCASB bzw. SCASW:

- Die Anweisung PUBLIC macht dem Assembler die hinter dem Anweisungswort genannnten Labels als öffentlich bekannt, damit sie in anderen Modulen verfügbar sind.
- Die Anweisung EXTRN macht PUBLIC-Symbole anderer Module in einem bestimmten Modul verfügbar.
- Die Befehle SCASB und SCASW gehören zu den Stringbefehlen (vgl. Abschnitt 3.7). Der Befehl SCASB vergleicht [ES:DI] mit AL und setzt Flags wie bei CMP. Das DI-Register wird anschließend inkrementiert (wenn das Direction-Flag nicht gesetzt ist) bzw. dekrementiert (wenn das Direction-Flag gesetzt ist).

Zum Programm Such1H.ASM gehört noch das Modul Such1U.ASM.
Die meisten Prozeduren und Variablen, die in Such1H verwendet werden, sind in Such1U definiert. Sie sind in Such1H als EXTRN und in Such1U als PUBLIC deklariert.
Nach dem Assemblieren von Such1H und Such1U wird durch den Linklauf TLINK Such1H Such1U eine Datei Such1H.EXE erzeugt.

```
;Programm Such1H.ASM
;Suchen eines eingegebenen Zeichens in einem eingegebenen String
;mit dem Befehl SCASB

                .MODEL SMALL
                .STACK 100h
                .DATA
EXTRN  MaxBufLen:BYTE,BufLen:BYTE,EinString:BYTE,Zeichen:BYTE,Gefunden:BYTE

                .CODE
EXTRN  StrEin:PROC, ZeichenEingabe:PROC, Antwort:PROC
```

```
Start:          mov ax,@data
                mov ds,ax
                call StrEin             ;Eingabeprozedur in anderem Modul def.
                call ZeichenEingabe     ;in anderem Modul definiert
                call Suchen
                call Antwort            ;in anderem Modul definiert
                mov ah,4Ch
                int 21h

Suchen          PROC
                mov ax,@data            ;ES:DI -> EinString
                mov es,ax
                mov di,OFFSET EinString ;in anderem Modul definiert
                mov al,[Zeichen]        ;zu vergleichendes Zeichen
                mov cl,[Buflen]         ;Anzahl der Wiederholungen -> CX
                mov ch,0
                cld                     ;vorwärts suchen
Schleife:       scasb
                je Abbruch              ;[AL] = [ES:DI]
                loop Schleife
                mov [Gefunden],0        ;nicht gefunden 0
                ret
Abbruch:        mov [Gefunden],1        ;gefunden 1
                ret
                ENDP

                END  Start
```

Modul Such1U.ASM mit Makro:
Im Modul Such1U ist das Makro AUSGABE mit dem Makroparameter TXT definiert. Mit AUSGABE Text wird TXT durch die Adresse Text ersetzt. Damit kann man mit dem Makro AUSGABE beliebige Strings ausgeben.

```
;Modul Such1U.ASM
;wird in Such1H.asm eingebunden

AUSGABE         MACRO TXT               ;Makro mit einem Parameter
                mov dx,OFFSET TXT
                mov ah,9
                int 21h
                ENDM

                .MODEL SMALL
                .DATA
                PUBLIC MaxBufLen,BufLen,EinString,Zeichen,Gefunden
MaxBufLen       DB 100 - 4
BufLen          DB (?)                  ;enthält nach der Eingabe die Anzahl
EinString       DB 100 DUP (?)          ;der eingegebenen Zeichen
```

```
Zeichen         DB (?)
Gefunden        DB (?)
Text1           DB 'Bitte Einen String eingeben ',10,13,'$'
Text2           DB 10,13,'Welches Zeichen soll gesucht werden ? ',10,13,'$'
Text3           DB 10,13,'Zeichen wurde gefunden',10,13,'$'
Text4           DB 10,13,'Zeichen wurde nicht gefunden',10,13,'$'
                .CODE
                PUBLIC StrEin
                PUBLIC ZeichenEingabe
                PUBLIC Antwort

StrEin          PROC
                AUSGABE Text1              ;Makroaufruf
                mov dx,OFFSET MaxBufLen    ;Stringeingabe
                mov ah,0Ah
                int 21h
                ret
StrEin          ENDP

ZeichenEingabe  PROC
                AUSGABE Text2              ;Makroaufruf
                mov ah,1                   ;Zeichen lesen
                int 21h
                mov [Zeichen],al           ;Zeichen speichern
                ret
ZeichenEingabe  ENDP

Antwort         PROC
                cmp Gefunden,0
                je  NichtGefunden
                AUSGABE Text3
                ret
NichtGefunden:  AUSGABE Text4
                ret
Antwort         ENDP

                END
```

Aufgabe 3.8.2/1: Ein Programm in Module zerlegen.
Das folgende Programm MTestX.ASM soll in mehrere Module und Include-Dateien zerlegt werden. Benutzen Sie dabei die Anweisungen PUBLIC, GLOBAL und EXTRN.

- Das Hauptprogramm soll den Namen MTest.ASM erhalten.
- Das Makro AUSGABE ist in eine Include-Datei M1X.ASM zu schreiben, die Konstante EndeText soll eine Include-Datei M11X.ASM aufnehmen.
- EndTxt, Txtl und Txt2 sollen in einem Modul M2X.ASM, die Prozeduren U1 und U3 in einem Modul M3X.ASM und die Prozedur U2 in einem Modul M4X.ASm definiert sein.

```
;Programm MTestX.ASM
;Dieses Programm soll in mehrere Module aufgeteilt werden.

AUSGABE MACRO TXT
        mov dx,OFFSET TXT
        mov ah,9
        int 21h
        ENDM

EndeText EQU <'Das Programm ist zu Ende',13,10,'$'>

                .MODEL SMALL
                .STACK 100h
                .DATA
EndTxt          DB EndeText
Txt1            DB 'Dies ist der erste Text.',13,10,'$'
Txt2            DB 'Dies ist der zweite Text.',13,10,'$'

                .CODE

U1              PROC  NEAR
                AUSGABE Txt1
                ret
                ENDP

U2              PROC  FAR
                AUSGABE Txt2
                call U1
                ret
                ENDP

U3              PROC
                call U2
                AUSGABE EndTxt
                ret
                ENDP

Start:          mov ax,@data
                mov ds,ax
                call U1
                call U2
                call U3
                mov ah,4Ch
                int 21h
                END Start
```

Sie assemblieren mit

```
tasm mtest
tasm m2x
tasm m3x
tasm m4x
```

und linken mit

```
tlink mtest+m2x+m3x+m4x .
```

Die Programmausführung erfolgt dann mit der Eingabe

```
MTEST
```

3

Programmierkurs mit Turbo Assembler

3.9.1 Anweisung STRUC

Programm Stru1.ASM mit KundTyp als Struktur:
Mit der Anweisung STRUC läßt sich ein Strukturtyp definieren, der verschiedenartige Datentypen vereinigt. Im Programm Stru1.ASM ist ein Strukturtyp KundTyp definiert, der einen String Nam und zwei Bytes Alter und Verh enthält.

- Die Definition des Strukturtyps belegt zunächst noch keinen Speicherplatz.
- Erst mit Kunde KundTyp < > wird eine Variable Kunde vom KundTyp erzeugt. Mit den Angaben in < > wird die Struktur initialisiert. Die Strukturelemente sind durch Komma getrennt.
- <> ergibt eine leere Struktur; mit Kunde KundTyp <,,0> würde nur das Byte Verh den Wert 0 erhalten.
- Man kann bei der Definition des Strukturtyps auch Vorgaben machen, die dann automatisch in die Struktur übernommen werden.
- Die Elemente der Struktur lassen sich bequem mit dem Punktoperator angeben. Beispiel: MOV [Kunde.Alter],30 setzt das Feld Alter in der Struktur Kunde auf 30.
- Strukturelemente sind Labels und lassen sich wie solche behandeln; das Makro KOPIERE zeigt dies.

```
;Programm Stru1.ASM
;KundTyp als Strukturtyp definiert

KOPIERE MACRO QUELLE,ZIEL,LAENGE                 ;Makro mit drei Parametern
        mov si,OFFSET QUELLE.Nam
        mov ax,SEG ZIEL
        mov es,ax
        mov di,OFFSET ZIEL
        mov cx,LAENGE
        cld
        rep movsb
        ENDM

KundTyp        STRUC                             ;Beginn der Struktur-Definition
  Nam            db '                    '
  Alter          db ?
  Verh           db ?
KundTyp        ENDS                              ;Ende der Struktur-Definition

               .MODEL SMALL
               .STACK 200h
               .DATA
Kunde          KundTyp <'Kleinhuber Alois',65,1>
Buf            DB 40 dup (?)
```

```
Vh             DB 'ist verheiratet',10,13,'$'
Nvh            DB 'ist nicht verheiratet',10,13,'$'
IstAlt         DB 'ist alt',10,13,'$'
IstJung        DB 'ist jung',10,13,'$'

               .CODE
               mov ax,@data
               mov ds,ax
               KOPIERE Kunde.Nam,Buf,Kunde.Alter-Kunde.Nam     ;Makroaufruf
               mov ax,0A0Dh            ;LF CR                  ;Kunde.Nam -> Buf
               stosw
               mov al,'$'              ;String-Ende-Zeichen
               stosb
               mov dx,OFFSET Buf       ;Ausgabe von Buf
               mov ah,9                ;Stringausgabe
               int 21h
               cmp [Kunde.Alter],60    ;prüfen, ob Kunden.Alter < 60 ist
               jb  Jung
               mov dx,OFFSET IstAlt
               jmp Ausgabe
Jung:          mov dx,OFFSET IstJung
Ausgabe:       mov ah,9
               int 21h
               cmp [Kunde.Verh],1
               je  Verheiratet
               mov dx,OFFSET Nvh
               jmp Aus
Verheiratet:   mov dx,OFFSET Vh
Aus:           mov ah,9
               int 21h

               mov ah,4Ch
               int 21h
               END
```

Im Progamm Stru1.ASM wird [Kunde.Name] über das Makro KOPIERE nach Buf kopiert und Buf als String ausgegeben. Anschließend werden [Kunde.Alter] und [Kunde.Verh] geprüft.

3.9.2 Geschachtelte Strukturtypen

Das Programm Stru2.ASM zeigt einen Strukturtyp KundTyp, der einen weiteren Strukturtyp GebdatTyp enthält. Man sieht, daß bei der Strukturtypdefinition Vorgaben für die Anfangswerte gemacht wurden, die bei der Definition der Strukturvariablen Kunde übernommen werden. Beispiel für den Zugriff auf die Elemente der Struktur: `mov al,Kunde.Gebdat.Tag`

Im Unterprogramm ByteAusgabe wird ein Byte als Dezimalzahl ausgegeben. Das Byte wird in AX geschrieben. Die Division durch 10 ergibt in AL die Zehnerziffer und in AH die Einerziffer, zu denen vor der Ausgabe noch '0' addiert wird.

```
;Programm Stru2.ASM
;KundTyp als geschachtelter Strukturtyp

PUNKT MACRO
      mov dl,'.'
      mov ah,2
      int 21h
      ENDM

GebdatTyp STRUC                               ;Drei-Elemente-Struktur als Verbund
  Jahr    DB 65
  Monat   DB 11
  Tag     DB 20
GebdatTyp ENDS

KundTyp   STRUC                               ;Zwei-Elemente-Struktur
  Nam     DB 'Wurzelhuber Alois          ',10,13,'$'
  Gebdat  GebdatTyp <>
KundTyp   ENDS

                .MODEL SMALL
                .STACK 100h
                .DATA
Kunde           KundTyp <>

                .CODE
Start:          mov ax,@data
                mov ds,ax
                mov dx,OFFSET Kunde.Nam
                mov ah,9
                int 21h
                mov al,Kunde.Gebdat.Tag
                call ByteAusgabe
                PUNKT
                mov al,Kunde.Gebdat.Monat
                call ByteAusgabe
                PUNKT
                mov al,Kunde.Gebdat.Jahr
                call ByteAusgabe
                mov ah,4Ch
                int 21h

ByteAusgabe     PROC
                xor ah,ah
                mov bl,10
                div bl
                mov dx,ax
                add dl,'0'
                mov ah,2
                int 21h
                mov dl,dh
                add dl,'0'
                int 21h
                ret
ByteAusgabe     ENDP

                END  Start
```

Aufgabe 3.9.2/1: Erstellen Sie ein Programm Stru3.ASM, das Nummer, Name, Vorname über das nebenstehende Makro KUNDAUSGABE ausgibt.

```
MACRO NUMMER,NAME,VORNAME,ALTER
AUSGABE NUMMER
AUSGABE NAME
AUSGABE VORNAME
AUSGABE ALTER
ENDM
```

3

Programmierkurs mit Turbo Assembler

3.10.1 Standard-Segmentanweisungen

Vereinfache und standardisierte Segmentanweisungen:
Bisher haben wir die *vereinfachten Segmentanweisungen* verwendet und dem Turbo Assembler die Zuordnung der Segmente gemäß den Speichermodellen TINY, SMALL, MEDIUM, COMPACT, LARGE, HUGE und TPASCAL überlassen.
Schreibt man größere Programme mit mehreren Segmenten und gemischten Speichermodellen mit NEAR- und FAR-Zugriffen, dann werden *Standard-Segmentanweisungen* verwendet.

Programm Straus1.ASM mit Standard-Segmentanweisungen

Zunächst soll das Programm Straus1.ASM (Abschnitt 3.2.1) so umgeschrieben werden, daß die Standard-Segmentanweisungen zur Anwendung kommen.

```
;Programm StrAusS1.ASM
;Standard-Segmentanweisungen anstelle von vereinfachten Sehmentanweisungen

Daten    SEGMENT                              ;1. Segment anlegen
Text     DB 'Ausgabetext',13,10,'$'
Daten    ENDS

Programm SEGMENT                              ;2. Segment anlegen
         ASSUME CS:Programm, DS:Daten         ;Segmentregister festlegen
Start:   mov ax,Daten
         mov ds,ax
         mov dx,OFFSET Text
         mov ah,9
         int 21h
         mov ah,4Ch
         int 21h
Programm ENDS
         END  Start
```

Zunächst: Auf die Angabe des Einsprungpunktes Start kann nicht verzichtet werden.
Dann werden zwei Segmente angelegt; man verwendet dazu die Anweisungspaare SEGMENT ... ENDS.
Die Anweisung ASSUME teilt dem Turbo Assembler mit, welche Segmentregister zur Adressierung der Segmente verwendet werden sollen.

Name SEGMENT [Ausrichtung][Kombination][Verwendung]['Klasse']

- Name gibt die Bezeichnung des Segments an.
- Ausrichtung legt die Ausrichtung der Anfangsadresse des Segments fest: BYTE, WORD, DWORD, PARA oder PAGE. Die Standardausrichtung ist PARA, d.h. ein Vielfaches von 16.
- Kombination legt den Kombinationstyp AT, COMMON, MEMORY, PRIVATE, PUBLIC bzw. STACK fest. Die Standardvorgabe ist PRIVATE, d.h. dieses Segment wird mit keinem anderen kombiniert.
- Verwendung (nur für den 80386-Prozessor) mit der Standardwortgröße 32 oder 16 Bit.
- Klasse, muß in Anführungszeichen stehen. Segmente derselben Klasse werden hintereinander geladen.

Format der Anweisung SEGMENT im MASM-Modus

Programm StrCopS1.ASM mit zwei Datensegmenten

In Programm StrCopSl sind zwei Datensegmente Datal und Data2 und ein Codesegment Code definiert. Die Segmente beginnen an einer Wortadresse.

- Die Klasse 'DAT' bewirkt, daß die Datensegmente beim Linken hintereinander geladen werden.
- ASSUME DS:Data2 besagt, daß von jetzt an das Segment Data2 über das DS-Register adressiert werden soll.
- Es wird ein String von Datal in das Segment Data2 kopiert und von Data2 aus dann mit der Funktion 9 ausgegeben.

```
;Programm StrCopS1.ASM
;Zwei Datensegmente und ein Codesegment mit Standard-Segmentanweisungen

Data1   SEGMENT WORD 'DAT'
Anzahl  DW 33
Quelle  DB '123456789012345678901234567890',13,10,'$'
Data1   ENDS

Data2   SEGMENT WORD 'DAT'
Ziel    DB 40 dup (0)
Data2   ENDS

Code    SEGMENT WORD
        ASSUME CS:Code,DS:Data1,ES:Data2
Start:  mov ax,Data1
        mov ds,ax
        mov si,OFFSET Quelle      ;Adresse von Quelle nach DS:DI
        mov ax,Data2
```

```
            mov es,ax
            mov di,OFFSET Ziel          ;Adresse von Ziel nach ES:DI
            mov cx,[Anzahl]
            cld
            rep movsb                   ;String nach Ziel kopieren
            ASSUME DS:Data2             ;ab jetzt adressiert DS Data2
            mov ax,Data2
            mov ds,ax
            mov dx,OFFSET Ziel          ;Adresse von Ziel nach DS:DX
            mov ah,9
            int 21h
            mov ah,4Ch
            int 21h
Code        ENDS
            END Start
```

Programm VideoRam.ASM zu VidRamS1.ASM ändern

Das folgende Programm VidRamS1.ASM entspricht dem Programm VideoRam.ASM (vgl. Abschnitt 3.8.1), welches 20 Zeilen roter 'A' auf weißem Hintergrund ausgibt. Abweichend werden Standard-Segmentanweisungen verwendet, wobei SEGMENT AT 0B800h als Segment definiert wird.

```
;Programm VidRamS1.ASM
;Schreibt in den Video-RAM. Standard-Segmentanweisungen

VideoRam    SEGMENT AT 0B800h            ;Segment beginnt bei 0B800h
SegAnfang   LABEL BYTE
VideoRam    ENDS

ZeichenZahl EQU 80*20

CSeg        SEGMENT                      ;CSeg über Cseg und VideoRam über
            ASSUME CS:CSeg,ES:VideoRam   ;ES Adressiert
Start:      mov ax,VideoRam
            mov es,ax                    ;Segmentadresse nach ES
            mov di,OFFSET SegAnfang      ;Offset 0
            mov cx,ZeichenZahl
            cld
            mov ax,7441h                 ;Hintergrund 7 weiß, Vordergrund 4 rot
            rep stosw
            mov ah,4Ch
            int 21h
CSeg        ENDS
            END  Start
```

3.10.2 Mehrere Datensegmente und Codesegmente

Das folgende Programm MultSeg1.ASM verwendet zwei Codesegmente, zwei Datensegmente und ein Stacksegment. In der Prozedur Summe wird das Byte Zahl1 aus dem Segment Dat1 und das Byte Zahl2 aus dem Segment Dat2 addiert. Die Prozedur Ausgabe gibt die Summe aus AX aus. Die Umwandlung in eine Dezimalzahl erfolgt nach dem Divisions-Rest-Verfahren. Es wird laufend durch 10 geteilt und die Reste werden in umgekehrter Reihenfolge ausgegeben.

```
;Programm MultSeg1.ASM
;Verwendung mehrerer Code- und Datensegmente

StackSeg  SEGMENT STACK
          DB 100h dup (?)
Stackseg  ENDS

Dat1      SEGMENT
Zahl1     DB 0FFh
Dat1      ENDS

Dat2      SEGMENT
Zahl2     DB 1
Dat2      ENDS
;-------------------------------------
Upros     SEGMENT 'CODE'        ;Segment für Unterprogramme
          ASSUME CS:Upros
Summe     PROC FAR
          mov ax,Dat1
          mov ds,ax
          ASSUME DS:Dat1
          mov bl,[Zahl1]        ;Zahl1 nach BX
          xor bh,bh
          mov ax,Dat2
          mov ds,ax
          ASSUME DS:Dat2
          mov al,[Zahl2]        ;Zahl2 nach AX
          xor ah,ah
          add ax,bx             ;AX := AX + BX
          ret
Summe     ENDP

Ausgabe   PROC FAR              ;erwartet auszugebende Zahl in AX
          mov cl,10             ;Division durch 10
          div cl                ;Quotient in al, Rest in ah
          push ax
          xor ah,ah
          div cl                ;erneute Division des Quotienten durch 10
          push ax               ;Quotient in AL, Rest in AH
```

```
        add al,'0'          ;Umwandlung des Quotienten in Ausgabeziffer
        mov dl,al
        mov ah,2            ;letzten Quotienten (Rest) ausgeben
        int 21h
        pop ax
        add ah,'0'          ;Umwandlung des zweiten Restes in Ausgabeziffer
        mov dl,ah           ;und Ausgabe
        mov ah,2
        int 21h
        pop ax
        add ah,'0'          ;Umwandlung des ersten Restes in Ausgabeziffer
        mov dl,ah           ;und Ausgabe
        mov ah,2
        int 21h
        ret
Ausgabe ENDP
Upros   ENDS
;-------------------------------------
Code    SEGMENT 'CODE'      ;Segment für Hauptprogramm
        ASSUME CS:Code,SS:StackSeg
Start:  call Summe
        call Ausgabe
        mov ah,4Ch
        int 21h
Code    ENDS
        END  Start
```

Das Segment mit den Unterprogrammen wurde vor dem Hauptprogramm angesiedelt, damit Vorwärtsreferenzen auf FAR-Prozeduren vermieden werden. Andernfalls müssten die Unterprogramme mit CALL FAR PTR aufgerufen werden.

3.10.3 Mehrere Segmente in mehreren Modulen

Wir wollen nun das Programm MultSeg1.ASM (Abschnitt 3.10.2) in drei Modulen schreiben, die getrennt assembliert und dann zusammengelinkt werden.

- MS1H.ASM enthält das Hauptprogramm
- MS1U.ASM enthält die Unterprogramme
- MS1D.ASM enthält die Datensegmente

Hauptprogramm MS1H.ASM:

```
;Programm MS1H.ASM
;Hauptprogramm
```

```
StackSeg  SEGMENT STACK                    ;Stacksegment
          db 100h dup (?)
Stackseg  ENDS

Code      SEGMENT 'CODE'                   ;Segment für Hauptprogramm
          ASSUME CS:Code,SS:StackSeg
          EXTRN Summe:FAR,Ausgabe:FAR      ;nicht in diesem Programm definiert
Start:    call Summe
          call Ausgabe
          mov ah,4Ch
          int 21h
Code      ENDS
          END  Start
```

StackSeg muß zumindest als leeres Segment vereinbart werden, da darauf Bezug genommen wird. Die Prozeduren Summe und Ausgabe sind als EXTRN angegeben, da sie woanders definiert sind.

Modul MS1U.ASM mit den Unterprogrammen für das Hauptprogramm MS1H.ASM:

```
;Modul MS1U.ASM
;Sammlung der Unterprogramme für MS1H.ASM

Dat1      SEGMENT
          EXTRN Zahl1:BYTE
Dat1      ENDS

Dat2      SEGMENT
          EXTRN Zahl2:BYTE
Dat2      ENDS

Upros     SEGMENT 'CODE'               ;Beschreibung siehe MultSeg1.ASM
          PUBLIC Summe,Ausgabe         ;in Abschnitt 3.10.2
          ASSUME CS:Upros
Summe     PROC FAR
          mov ax,Dat1
          mov ds,ax
          ASSUME DS:Dat1
          mov bl,[Zahl1]
          xor bh,bh
          mov ax,Dat2
          mov ds,ax
          ASSUME DS:Dat2
          mov al,[Zahl2]
          xor ah,ah
          add ax,bx
```

```
        ret
Summe   ENDP

Ausgabe PROC FAR
        mov cl,10
        div cl
        push ax
        xor ah,ah
        div cl
        push ax
        add al,'0'
        mov dl,al
        mov ah,2
        int 21h
        pop ax
        add ah,'0'
        mov dl,ah
        mov ah,2
        int 21h
        pop ax
        add ah,'0'
        mov dl,ah
        mov ah,2
        int 21h
        ret
Ausgabe ENDP
Upros   ENDS
        END
```

Modul MS1D.ASM mit den Datensegmenten für das Hauptprogramm MS1H.ASM:

Dat1 und Dat2 mußten dem Assembler bekannt gemacht werden. Ebenfalls mußten Zahl1 und Zahl2 als EXTRN angegeben werden.

```
;Modul MS1D.ASM
;Sammlung der Datensegmente für MS1H.ASM

Dat1    SEGMENT
        PUBLIC Zahl1
Zahl1   db 0FFh
Dat1    ENDS

Dat2    SEGMENT
        PUBLIC Zahl2
Zahl2   db 1
Dat2    ENDS
        END
```

Da auf Zahl1 und Zahl2 in einem anderen Modul zugegriffen wird, werden sie hier als PUBLIC vereinbart. Jedes Modul wird zusätzlich mit END abgeschlossen.

Die Objektdateien erzeugt man mit den folgenden Aufrufen von TASM:

```
A:\>tasm ms1h
A:\>tasm ms1u
A:\>tasm ms1d
```

Zur Erzeugung der EXE-Datei ruft man dann den Linker wie folgt auf:

```
A:\>tlink ms1h ms1u ms1d
```

Man erhält eine Datei namens MS1H.EXE, die der Datei MultSeg1.EXE entspricht.

Aufgabe 3.10.3/1: Programm SegTestX.ASM.
Die Anweisung

```
Video SEGMENT AT 0B800h
```

definiert den Video-RAM als Segment mit der Segmentadresse 0B800h. Definieren Sie ein weiteres Segment Namens Temp. Im Programm SegTestX soll zunächst der Bildschirmspeicher in das Segment Temp kopiert und dann der Bildschirmspeicher mit 0 gefüllt werden. Nach dem Drükken einer Taste soll der Inhalt von Temp wieder in das Segment Video übertragen werden.

Aufgabe 3.10.3/2:
Wenn Sie sich im Programm SegTestX (Aufgabe 3.10.3/1) die Unterprogramme VideoToTemp und TempToVideo anschauen, werden Sie feststellen, daß in ihnen lediglich Quelle und Ziel vertauscht sind. In so einem Fall ist es sinnvoll, beide Unterprogramme in einem Makro

```
KOPIERE QUELLE,ZIEL
```

zusammenzufassen. Ändern Sie das Programm SegTestX.ASM ensprechend zu einem Programm namens SegTestY.ASM ab.

Aufgabe 3.10.3/3: Unterprogramm in gesondertem Codesegment ablegen. Ändern Sie das Programm SegTestY.ASM von Aufgabe 3.10.3/2 so ab, daß sich das Unterprogramm Loesche in einem eigenen Codesegment Code1 befindet. Das Segment Code1 muß dieselbe Klasse 'CODE' wie das durch .CODE im Speichermodell SMALL erzeugte Codesegment _TEXT haben. Nennen Sie das Programm SegTestZ.ASM.

Aufgabe 3.10.3/4:
Schreiben Sie das Programm SegTestZ.ASM von Aufgabe 3.10.3/3 so um, daß nur Standard-Segmentanweisungen verwendet werden. Nennen Sie das Programm SegTest.ASM.
Schreiben Sie an den Beginn des Codes die Anweisung DOSSEG, welche dafür sorgt, daß die Segmente im Microsoft-Standard angeordnet werden.

Aufgabe 3.10.3/5: Segmente zu einer Gruppe zusammenfassen.
Mit der Anweisung

```
DatGroup GROUP Dat1,Dat2
```

geben Sie an, daß die beiden Segmente Dat1 und Dat2 zu einer Gruppe namens DatGroup zusammengefaßt werden sollen. Die Anweisung

```
ASSUME ds:DatGroup
```

bewirkt dann, daß Sie die Variablen der Segmente Dat1 und Dat2 mit dem Register DS ansprechen können. Schreiben Sie ein Programm Group1.ASM mit zwei Datensegmenten Dat1 und Dat2. Z1 in Dat1 habe den Wert 'A' und Z2 in Dat2 habe den Wert 'B'. Beide Zeichen sind auszugeben.

Aufgabe 3.10.3/6: Unterprogramm in eigenes Segment setzen mit der Anweisung GROUP.
Ändern Sie das Programm Group1.ASM von Aufgabe 3.10.3/6 so ab, daß sich das Unterprogramm Ausgabe in einem eigenen Segment UproSeg befindet. Nennen Sie das Programm Group2.ASM.

3

Programmierkurs mit Turbo Assembler

3.11.1 Assemblermodule in Pascalprogramme einbinden

Es ist möglich, Assemblermodule in Pascalprogramme einzubinden. Dazu erzeugen Sie mit TASM aus Ihrem Assemblermodul eine OBJ-Datei. Die EXE-Datei hingegen muß vom Turbo Pascal-Compiler erzeugt werden. Die aufzunehmende OBJ-Datei muß im Compilerbefehl {$L ...} angegeben sein.

3.11.1.1 Modul einbinden mit Compilerbefehl $L

Der Compilerbefehl {$L AsmInP1.OBJ} sorgt dafür, daß das im Assembler erstellte Programm AsmInP1.OBJ als Modul in das Pascalprogramm eingebunden wird.

```
PROGRAM AsmTest1.PAS;
  {$L AsmInP1.OBJ}                    {Assemblermodul soll eingelinkt werden}

CONST
  Text1: STRING = #10#13'wird im Assemblermodul ausgegeben'#10#13'$';
  Text2: STRING = #10#13'mit einer FAR Prozedur im Assemblermodul '+
                  'ausgegeben'#10#13'$';

VAR A: Byte;

PROCEDURE AsmAusgabe; EXTERNAL;      {Assemblerprozedur als EXTERNAL vereinbart}
  {$F+}

PROCEDURE AsmFarAusgabe; EXTERNAL; {Assemblerprozedur als EXTERNAL vereinbart}
  {$F-}

BEGIN
  A := 65;
  AsmAusgabe;
  AsmFarAusgabe;
END.
```

Das Programm AsmTest1.PAS bindet mit {$L AsmInP1.OBJ} das Assemblermodul AsmInP1.OBJ ein.

- Die aufgerufenen Assemblerprozeduren müssen im Pascal-Programm als EXTERNAL deklariert sein.
- Prozeduren werden in einem Pascal Programm standardmäßig NEAR adressiert. Ist eine Assemblerprozedur als FAR vereinbart, muß sie im Pascalprogramm mit der Option {$F+} compiliert wer-

den. {$F-} bewirkt wieder die Compilierung von NEAR Prozeduren.
- Es gibt nur ein gemeinsames Code- und Datensegment.

```
;Modul AsmInP1.ASM
;wird in ein Turbo Pascal-Programm eingebunden

AUSGABE         MACRO TXT                   ;Makro zur Textausgabe
                mov dx,OFFSET TXT
                mov ah,9
                int 21h
                ENDM

                .MODEL TPASCAL
                .DATA
EXTRN    A:BYTE,Text1:BYTE,Text2:Byte

                .CODE
                PUBLIC AsmFarAusgabe
AsmFarAusgabe   PROC FAR                    ;Ausgabe von Text2
                AUSGABE Text2+1
                ret
AsmFarAusgabe   ENDP

                PUBLIC AsmAusgabe
AsmAusgabe      PROC NEAR
                AUSGABE Text1+1             ;Ausgabe von Text1
                mov ah,2
                mov dl,[A]
                int 21h                     ;Ausgabe der Variablen A
                ret
AsmAusgabe      ENDP

                END
```

Speichermodell TPASCAL:

Es gibt beim Turbo-Assembler das Speichermodell TPASCAL, das dafür sorgt, daß der Objectcode mit Turbo-Pascal verträglich ist.

- Werte des Pascalprogramms, die im Assemblerprogramm angesprochen werden, müssen im Assemblerprogramm als EXTRN zusammen mit :Datentyp angegeben werden.
- Ein Pascalstring enthält im ersten Byte die Länge des Strings. Der eigentliche Text1 beginnt an der Adresse Text1+1. Das DS und CS braucht im Assemblerprogramm nicht geladen zu werden, da das im Pascalprogramm geschieht.
- Prozeduren, die im Pascalprogramm aufgerufen werden, müssen im Assemblerprogramm als PUBLIC erklärt sein.

Aufgabe 3.11.1/1: In einem Pascalprogamm AP1.PAS werden die Byte-Variablen A,B definiert. In einem Assemblermodul AP1.OBJ soll A nach B übertragen werden. Die neuen Werte von A,B sollen im Pascalprogramm angezeigt werden. Erstellen Sie AP1.PAS und AP1.OBJ.

3.11.1.2 Exkurs: Stringbefehle CMPSB und CMPSW

Auf die Stringbefehle LODS, STOS, MOVS, SCAS und CMPS wurde in Abschnitt 3.7 eingegangen.
Der Stringbefehl CMPSB vergleicht das Byte [CS:SI] mit dem Byte [ES:DI] und inkrementiert danach die Register SI und DI. CMPSW macht das entsprechende mit dem Wort-Datentyp.

Programm AsmTest2.PAS und Modul AsmInP2.OBJ:
In einem Pascalprogramm AsmTest2.PAS sind zwei Strings einzugeben. In einem Assemblermodul AsmInP2.OBJ ist dann zu prüfen, ob beide Strings gleich sind.

```
PROGRAM AsmTest2.PAS;
  {$L AsmInP2.OBJ}
VAR Text1,Text2: STRING;
    Gleich: BYTE;

PROCEDURE GleichPruefen; EXTERNAL;

BEGIN
  WriteLn('Bitte den ersten String eingeben.');
  ReadLn(Text1);
  WriteLn('Bitte den zweiten String eingeben.');
  ReadLn(Text2);
  GleichPruefen;
  If Gleich = 0
    THEN WriteLn('Sind nicht gleich.')
    ELSE WriteLn('Sind gleich.');
END.
```

```
;Modul AsmInP2.ASM;
;wird von Pascalprogramm AsmTest2.PAS eingebunden

               .MODEL TPASCAL
               .DATA
```

```
EXTRN   Text1:BYTE, Text2:BYTE, Gleich:BYTE

                .CODE
                PUBLIC GleichPruefen
GleichPruefen   PROC NEAR
                mov si,OFFSET Text1     ;Adresse von Text1 nach DS:SI
                mov ax,SEG Text2
                mov es,ax
                mov di,OFFSET Text2     ;Adresse von Text2 nach ES:DI
                mov cl,[Text1]          ;CL = Stringlänge
                inc cl
                xor ch,ch               ;CH = 0
                cld                     ;Vorwärtsvergleich
                repe cmpsb              ;wiederhole solange gleich
                jne NichtGleich
                mov [Gleich],1          ;Strings sind gleich
                ret
NichtGleich:    mov [Gleich],0
                ret
GleichPruefen   ENDP
                END
```

Der Befehl REPE (REPeat While Equal) wiederholt den Befehl CMPSB so lange, bis CX = 0 ist oder die Bedingung nicht mehr zutrifft. REPE und REPNE (REPeat while Not Equal) lassen sich zusammen mit den Stringbefehlen SCAS und CMPS einsetzen, wobei CX jedesmal dekrementiert wird.

3.11.1.3 Pascalprozedur im Assemblerprogramm aufrufen

Die EXE-Datei kann nur vom Turbo Pascal-Compiler erzeugt werden. Das Assemblerprogramm jedoch muß mit TASM in eine OBJ-Datei umgewandelt werden. Mit {$L ...} wird die OBJ-Datei in das Pascalprogramm eingebunden.
Die Prozeduren, Funktionen, Variablen oder typisierten Konstanten von Pascal müssen in der äußersten Ebene eines Programms oder einer Unit deklariert werden.

Programm AsmText3.PAS und Modul AsmInP3.ASM:
Im folgenden Beispiel arbeitet ein Programm AsmText3.PAS mit den beiden Prozeduren Summe (extern) und Ausgabe (links wiedergegeben).

Die Prozedur Summe ist im Assemblermodul AsmInP3.ASM abgelegt (rechts wiedergegeben). Diese Prozedur ermittelt die Summe C := A + B und ruft dann die Pascalprozedur Ausgabe auf.

```
PROGRAM AsmTest3.PAS;
  {$L AsmInP3.OBJ}
VAR A,B,C: Integer;

PROCEDURE Summe; EXTERNAL;

PROCEDURE Ausgabe;
BEGIN
  WriteLn(A:10, B:10, C:10);
END;

BEGIN
  A := 55;
  B := 33;
  Summe;
END.
```

```
;Modul AsmInP3.ASM
;wird von AsmTest3.pas eingebunden

        .MODEL TPASCAL
        .DATA
        EXTRN A:WORD, B:WORD, C:WORD

        .CODE
        PUBLIC Summe
        EXTRN Ausgabe:NEAR

Summe   PROC NEAR
        mov ax,A
        add ax,B
        mov C,ax
        call Ausgabe
        ret
Summe   ENDP

        END
```

3.11.2 Übergabe von Parametern

3.11.2.1 Parameterübergabe auf dem Stack

Parameter werden in Turbo Pascal auf dem Stack übergeben. Über die Anweisung ARG können die Parameter mit .MODEL TPASCAL im Speichermodell TPASCAL in der gleichen Reihenfolge angegeben werden wie in der Pascalprozedur.

- Die in ARG angegebenen Parameter können über das BP-Register adressiert werden.
- Das BP-Register wird vom Turbo Assembler mit PUSH BP beim Aufruf der Prozedur gerettet; dabei bewirkt MOV BP,SP, daß BP auf die Stackspitze zeigt.
- Vor dem Verlassen der Prozedur stellt der Turbo Assembler mit POP BP das BP-Register wieder her.
- RET bewirkt, daß SP wieder auf die Stelle auf dem Stack zeigt, auf der SP vor dem Prozeduraufruf stand.

Parameter über eine externe Prozedur übergeben:
Das folgende Programm Param1P.PAS zeigt, wie zwei Werteparameter und ein Variablenparameter über die externe Prozedur Summe aus dem Modul Param1A.PBJ übergeben werden.

```
PROGRAM Param1P.PAS;
  {$L Param1A.OBJ}

VAR Z1,Z2,S: Integer;

PROCEDURE Summe(X,Y: Integer; VAR Z:Integer); EXTERNAL;

BEGIN
  Summe(3,4,S);
  WriteLn('Die Summe von 3 und 4 ist ',S);
  Z1 := 20; Z2 := 30;
  Summe(Z1,Z2,S);
  WriteLn('Die Summe von ',Z1,' und ',Z2,' ist ',S);
END.
```

Im Programm Param1P.PAS wird die im Assemblermodul Param1A.ASM definierte Prozedur Summe zweimal aufgerufen. Es werden zwei Werteparameter von Wortlänge und ein Variablenparameter übergeben. Die Parameterübergabe auf dem Stack erfolgt bei den einzelnen Datentypen unterschiedlich.

- Werteparameter von Wortlänge werden direkt auf den Stack gelegt.
- Variablenparameter werden immer als FAR-Zeiger in einem Doppelwort übergeben.
- Nach dem Aufruf Summe(3,4,S); befindet sich die Adresse von S im Doppelwort C des Assemblermoduls. Um die Summe aus dem Register AX nach S zu bringen, wurde die Adresse von S mit LES DI,C ins Registerpaar ES:DI gebracht. MOV [ES:DI],AX schreibt dann den Inhalt von AX in diese Adresse.

```
;Modul Param1A.ASM

            .MODEL TPASCAL
            .DATA
EXTRN S:WORD
            .CODE
            PUBLIC Summe

Summe       PROC NEAR
            ARG A:WORD,B:WORD,C:DWORD
            les di,C                        ;Adresse von C nach ES:DI
            mov ax,A
            add ax,B
```

```
        mov [es:di],ax              ;Adresse von Summe nach [ES:DI]
        ret
        ENDP

        END
```

3.11.2.2 Funktionsergebnisse

Die Art der Rückgabe von Funktionsergebnissen in Turbo Pascal ist vom Funktionstyp abhängig.

- Skalare Typen von einem Byte werden in AL (zwei Bytes in AX, vier Bytes in DX:AX) zurückgegeben.
- Realzahlen (6 Byte) werden in DX:BX:AX und Zeiger in DX:AX zurückgegeben.
- Bei Stringfunktionen legt Turbo Pascal einen FAR-Zeiger vor dem ersten Parameter auf den Stack, der auf einen Speicherbereich zeigt, der den zurückgegebenen String enthält. Der FAR-Zeiger gehört nicht zur Parameterliste und muß auf dem Stack verbleiben.

Externe Funktion mit Funktionstyp Word:
Im Programm Funk1P.PAS wird die Assemblerfunktion Summe mit den formalen Byteargumenten X,Y aufgerufen. Der Funktionstyp ist Word und wird in AX zurückgegeben.

```
PROGRAM Funk1P.PAS;
  {$L Funk1A.OBJ}

FUNCTION Summe(X,Y: Byte): Word; EXTERNAL;

BEGIN
  WriteLn('Die Summe von 255 und 2 ist ', Summe(255,2) );
END.


;Modul Funk1A.ASM

        .MODEL TPASCAL
        .CODE
        PUBLIC Summe
Summe   PROC NEAR
        ARG A:BYTE:2, B:BYTE:2,
        xor ah,ah              ;auf 0 seten
        mov al,[A]
        add al,[B]
```

```
            jc Uebertrag            ;falls Carry-Flag gesetzt
            ret
Uebertrag:  inc ah
            ret
Summe       ENDP

            END
```

Bytes werden in Turbo Pascal in Wortlänge übergeben; dies ist durch die Längenangabe A:BYTE:2 angedeutet.

3.11.2.3 Übergabe von Strings

Bei einem übergebenen String wird von Turbo Pascal ein FAR-Zeiger auf diesen String auf dem Stack abgelegt.
In Programm StrPar1.PAS werden zwei Strings S1 und S an die Prozedur Kopiere übergeben, welche den String S1 in den String S kopiert. Korrekterweise hätte man B als Variablenparameter definieren müssen, denn B wird verändert.

```
PROGRAM StrPar1.PAS;
  {$L StrPar1.OBJ}
TYPE StringTyp = String[20];
CONST
  S1: StringTyp = 'AAAAA';
  S:  StringTyp = '$$$$$$$$$$$$';

PROCEDURE Kopiere(A,B: StringTyp); EXTERNAL;

BEGIN
  WriteLn('Adresse S1 ',Seg(S1),':',Ofs(S1), ' Länge ', ord(S1[0]) );
  WriteLn(S);
  Kopiere(S1,S);
  WriteLn(S);
  WriteLn('Adresse S ',Seg(S),':',Ofs(S),' Länge ', ord(s[0]) );
END.
```

Nach Aufruf der Prozedur Kopiere befinden sich in den Argumenten X und Y die Adressen von S1 und S auf dem Stack .
Das Kopieren erfolgt mit REP MOVSB. Dazu muß DS:SI die Quelladresse, ES:DI die Zieladresse und CX die Anzahl der zu kopierenden Bytes enthalten. Vorsichtshalber werden die veränderten Register gerettet und am Schluß wieder hergestellt.

```
;Modul StrPar1.ASM
;eingebunden in Programm StrPas1.EXE

            .MODEL TPASCAL
            .DATA
            .CODE

            PUBLIC Kopiere
Kopiere     PROC NEAR
            ARG X:DWORD,Y:DWORD
            push ds             ;Register retten
            push si
            push es
            push di

            lds si,X            ;X nach ES:SI
            les di,Y            ;Y nach ES:DI
            xor ch,ch           ;CH = 0
            mov cl,[ds:si]      ;CL = Stringlänge von X
            inc cl
            cld
            rep movsb           ;Y := X

            pop di              ;Register wieder herstellen
            pop es
            pop si
            pop ds
            ret
            ENDP

            END
```

3.11.2.4 Stringfunktionen

Wenn eine Funktion aufgerufen wird, die einen String zurückliefert, so werden vom Turbo Pascal-Compiler vor dem Funktionsaufruf zuerst 256 Bytes für den zurückzugebenden String auf dem Stack reserviert. Daran anschließend wird ein FAR-Zeiger (4 Bytes) auf diesen Stackbereich auf dem Stack abgelegt. Dann erst folgen die übergebenen Parameter. Anschließend wird die Rücksprungadresse (zwei Bytes bei einem NEAR-Aufruf bzw. vier Bytes bei einem FAR-Aufruf) auf den Stack gepusht. Beim Model TPASCAL werden am Anfang der assemblierten Funktion vom Assembler die Befehle PUSH BP und MOV BP,SP eingefügt. Damit enthält BP die aktuelle Stackspitze, und der zurückzugebende String kann über das BP-Register adressiert und manipuliert werden.

Stringfunktion mit Argumenten in Programm StrFunk1.PAS:

```
PROGRAM StrFunk1.PAS;
  {$L StrFunk1.OBJ}

VAR S:STRING;

FUNCTION F(A,B: WORD): STRING; EXTERNAL;

BEGIN
  S := F($AA,$BB);
  WriteLn(S);
END.
```

Die Funktion F liefert einen String mit 255 Zeichen 'A'. Die Parameter A und B werden nur übergeben, um den Stack zu markieren.

```
;Modul StrFunk1.ASM
Len = 0FFh              ;Länge des zurückgegebenen Strings
Count = Len+1           ;Zähler für cx

            .MODEL TPASCAL
            .CODE
            PUBLIC F
F           PROC NEAR
            ARG X:WORD,Y:WORD
            les di,[bp+8]        ;Temporärer String nach ES:DI
            mov cx,Count
            cld
            mov al,Len           ;Stringlänge ins erste Stringbyte
            stosb
            mov al,'A'           ;Rest mit 'A' füllen
            rep stosb
            ret
F           ENDP
            END
```

In der Adresse SS:[BP+8] befindet ein FAR-Zeiger auf den temporären Ergebnisstring. Dieser wird mit LES DI,[BP+8] in ES:DI geschrieben. STOSB schreibt damit in den Ergebnisstring, und zwar zuerst die Stringlänge und dann 255 mal 'A'.

Programm StrFunk1.EXE mit dem Debugger betrachten:

```
2CF8:0000 9A0000FF2C      CALL  2CFF:0000
2CF8:0005 55              PUSH  BP
```

```
2CF8:0006 89E5          MOV   BP,SP
2CF8:0008 81EC0001      SUB   SP,0100
2CF8:000C 8DBE00FF      LEA   DI,[BP+FF00]
2CF8:0010 16            PUSH  SS
2CF8:0011 57            PUSH  DI
2CF8:0012 B8AA00        MOV   AX,00AA
2CF8:0015 50            PUSH  AX
2CF8:0016 B8BB00        MOV   AX,00BB
2CF8:0019 50            PUSH  AX
2CF8:001A E83400        CALL  0051
.......................
2CF8:0051 55            PUSH  BP
2CF8:0052 8BEC          MOV   BP,SP
2CF8:0054 C47E08        LES   DI,[BP+08]
2CF8:0057 B90001        MOV   CX,0100
2CF8:005A FC            CLD
2CF8:005B B0FF          MOV   AL,FF
2CF8:005D AA            STOSB
2CF8:005E B041          MOV   AL,41
2CF8:0060 F3            REPZ
2CF8:0061 AA            STOSB
2CF8:0062 5D            POP   BP
2CF8:0063 C20400        RET   0004
```

Beim Offset 0008 wird mit SUB SP,100 Platz für den Ergebnisstring auf dem Stack reserviert (256 Bytes).
Beim Offset 10 und 11 wird ein FAR-Zeiger auf den Ergebnisstring auf den Stack gepusht.
Beim Offset 12..19 werden die übergebenen Parameter auf den Stack gepusht.
Beim Offset 1A wird mit CALL 0051 unsere Funktion F aufgerufen und die Rückkehradresse 001D auf den Stack gepusht.
Die Funktion F beginnt ab dem Offset 0051. Dort wurde PUSH BP und MOV BP,SP eingefügt. In [BP+8] befindet sich ein FAR-Zeiger auf den Ergebnisstring.
Am Ende der Funktion F wird der alte Wert von BP mit POP BP wiederhergestellt und SP zurückgesetzt.
RET 0004 gibt die Rücksprungadresse und 4 Bytes für die übergebenen Parameter zurück, so daß sich auf der Stackspitze der FAR-Zeiger auf den temporären Ergebnisstring befindet. Er wird von Turbo Pascal für die Übergabe des Ergebnisstrings benötigt.

```
-r
AX=0000  BX=0000  CX=0DA5  DX=0000  SP=4000  BP=0000  SI=0000  DI=0000
DS=3FD7  ES=3FD7  SS=40AE  CS=3FE7  IP=0000   NV UP EI PL NZ NA PO NC
3FE7:0000 9A0000EE3F     CALL 3FEE:0000
-g1d
AX=0041  BX=0000  CX=0000  DX=0003  SP=3EFA  BP=3FFE  SI=0207  DI=3FFF
```

```
DS=4075  ES=40AE  SS=40AE  CS=3FE7  IP=001D   NV UP EI PL NZ NA PO NC
3FE7:001D BF3E00          MOV DI,003E
-dSS:3EF0
40AE:3EF0  1A 00 FE 3F 1D 00 E7 3F-77 3A FE 3E AE 40 FF 41   ...?...?w:.>.@.A
40AE:3F00  41 41 41 41 41 41 41 41-41 41 41 41 41 41 41 41   AAAAAAAAAAAAAAAA
40AE:3F10  41 41 41 41 41 41 41 41-41 41 41 41 41 41 41 41   AAAAAAAAAAAAAAAA
40AE:3F20  41 41 41 41 41 41 41 41-41 41 41 41 41 41 41 41   AAAAAAAAAAAAAAAA
40AE:3F30  41 41 41 41 41 41 41 41-41 41 41 41 41 41 41 41   AAAAAAAAAAAAAAAA
40AE:3F40  41 41 41 41 41 41 41 41-41 41 41 41 41 41 41 41   AAAAAAAAAAAAAAAA
40AE:3F50  41 41 41 41 41 41 41 41-41 41 41 41 41 41 41 41   AAAAAAAAAAAAAAAA
40AE:3F60  41 41 41 41 41 41 41 41-41 41 41 41 41 41 41 41   AAAAAAAAAAAAAAAA
```

Betrachtet man mit dSS:3EF0 nach Ausführung der Funktion F den Stack, so erkennt man am Offset 3EFA einen Zeiger 3EFE auf FF - das ist die Länge des Strings; daran schließen sich 255 'A' an.

Stringfunktion ohne Argumente in Programm StrFu1.PAS

Im Gegensatz zum obigen Programm StrFunk1.PAS ist im folgenden Programm StrFu1.PAS eine Stringfunktion vereinbart, die keine Argumente aufweist.
Problemstellung: Im Programm StrFu1.PAS sei ein String 'XXX...XXX' gegeben. Dieser Quellstring soll mit einer Funktion Funk ohne Argumente in einem Assemblermodul in den Zielstring 'ABC...XYZ' umgewandelt werden.

```
PROGRAM StrFu1.PAS;
  {$L StrFu1.obj}
VAR S:STRING;

FUNCTION Funk: STRING; EXTERNAL;

BEGIN
  S := 'XXXXXXXXXXXXXXXXXXXXXXXXXX';
  WriteLn('Länge S = ', Ord(S[0]) );
  WriteLn(S);
  S := Funk;
  WriteLn('Länge S = ', Ord(S[0]) );
  WriteLn(S);
END.
```

```
;Modul StrFu1.ASM

            .MODEL TPASCAL
            .DATA
            EXTRN S:BYTE          ;da String aus Bytes besteht
            .CODE

            PUBLIC Funk
Funk        PROC NEAR
            les di,[bp+4]         ;Zeiger bei bp+4 nach  ES:DI
            mov cl,S              ;Länge von S nach CX
            xor ch,ch
            mov [es:di],cl        ;Stringlänge nach [ES:DI]
            inc di                ;zeigt auf erstes Zeichen
            mov al,'A'            ;erstes Zeichen
Sch:        stosb                 ;abspeichern
            inc al                ;nächstes Zeichen
            loop Sch
            ret
            ENDP

            END
```

Beim Aufruf von Funk wird automatisch ein FAR-Zeiger auf einen temporären Ergebnisstring auf den Stack gepusht. Am Beginn der Assemblerfunktion fügt der Turbo Pascal-Compiler PUSH BP und MOV BP,SP ein. Damit befindet sich der Zeiger auf dem temporären Ergebnisstring in Adresse [BP+4]:

```
 --------------------------------------------
  SEG    Zeiger auf Ergebnisstring  2 Bytes
  OFFSET Zeiger auf Ergebnisstring  2 Bytes
 --------------------------------------------      <-- BP+4
  Rücksprungadresse  2 (bzw. 4) Bytes
 --------------------------------------------      <-- BP+2
  Alter BP
 --------------------------------------------      <-- BP
```

Aufgabe 3.11.2/1: An eine Stringfunktion Umkehr mit einem Stringargument soll ein String übergeben werden, der umgedreht wird. Erstellen Sie zum Programm StrFu2.PAS das Assemblermodul StrFu2.ASM.

```
PROGRAM StrFu2.PAS;
  {$L StrFu2.OBJ}
VAR S:STRING;

FUNCTION Umkehr( A:STRING ): STRING; EXTERNAL;
```

```
BEGIN
  S := '123456789';
  S := Umkehr(S);
  WriteLn(S);
END.
```

3.11.3 Suchen von Strings

Assemblerprogramm Entferne.ASM entfernt einen String

Als Vorübung zum Programm StrFunk2.PAS wollen wir ein Assemblerprogramm namens Entferne.ASM schreiben, das einen String X aus einem String Y entfernt. Das Ergebnis wird in einen String Z geschrieben.

- Wenn X länger als Y ist, wird ganz Y nach Z kopiert. Das Kopieren wird mit MOVSB ausgeführt. DS:SI zeigt auf Y, ES:DI zeigt auf Z.
- Wenn X kürzer oder gleichlang Y ist, muß X in Y gesucht werden. Das Suchen erfolgt in der Prozedur Suche. Wenn X in Y gefunden wurde, wird das Byte Gefunden auf 1 gesetzt. Beginnend mit dem ersten Zeichen von Y wird in der Prozedur Suche geprüft, ob die nächsten Zeichen mit X übereinstimmen.
- Wenn nein, wird das Zeichen von Y nach Z übertragen, dann wird mit dem nächsten Zeichen von Y ebenso verfahren, bis zur Position Länge Y - Länge X.
- Wurde X in Y gefunden, werden die nächsten Länge X Zeichen von Y nicht übertragen. Das erreicht man, indem man SI um Länge X erhöht. Dann müssen Länge X Zeichen weniger übertragen werden. Man verkleinert CX um die Länge X.
- Das Suchen geschieht mit CMPSB. CMPSB erfordert aber die Register DS:SI, ES:DI und CX, welche schon in der äußeren Schleife verwendet werden. Deshalb werden SI, DI und CX gepusht und am Ende der Prozedur wiederhergestellt.

```
;Programm Entferne.ASM
;Prüfen, ob ein String X in einem String Y enthalten ist.
;Den String X im String Y entfernen. Das Ergebnis in einen String Z
;schreiben. Die Strings liegen im Pascal-Format vor, d.h. das erste Byte
;enhält die Stringlänge.

MOVCX MACRO WERT
      mov cl,WERT
      xor ch,ch
```

```
        ENDM

                .MODEL SMALL
                .STACK 100h
                .DATA
X               DB  3,'und'                          ;String ist zu entfernen
Y               DB 17,'Vater und Sohn',13,10,'$'     ;in Y entfernen
Z               DB 20 dup (?)                        ;Zielstring
Gefunden        DB (0)                               ;nicht gefunden

                .CODE
                mov ax,@data
                mov ds,ax
                mov es,ax
                lea si,Y+1            ;MOV SI,OFFSET Y+1 bewirkt dasselbe
                lea di,Z+1
                MOVCX [Y]             ;Anzahl der zu kopierenden Zeichen
                                      ;wenn X in Y nicht gefunden
                cmp cl,[X]            ;wenn Länge Y < Länge X
                jb  Sch2              ;Y übertragen
Sch:
                call suche
                cmp Gefunden,1
                je Gef
                movsb                 ;wenn nicht gefunden Zeichen übertragen
                loop Sch
                jcxz Fertig           ;wenn CX = 0 Ende
Gef:
                mov al,[X]            ;wenn gefunden, dann SI um
                xor ah,ah             ;Länge von X erhöhen
                add si,ax
                sub cl,[X]            ;und Länge X Zeichen weniger übertragen
Sch2:
                movsb                 ;und Rest von Y übertragen
                loop Sch2
Fertig:
                mov dx,OFFSET Z+1     ;Ergebnisstring ausgeben
                mov ah,9
                int 21h
                mov ah,4Ch
                int 21h

Suche           PROC
                push di               ;Register retten
                push si
                push cx               ;Länge X nach CX
                MOVCX [X]
                lea di,X+1            ;X nach ES:DI
                repe cmpsb            ;X mit Teilstring vergleichen
                jne Raus
```

```
                    mov [Gefunden],1
Raus:               pop cx              ;Register wiederherstellen
                    pop si
                    pop di
                    ret
Suche               ENDP

                    END
```

Programm StrFunk2.PAS ruft StrFunk2,OBJ mit Funktion Entferne

Das oben erstellte Assemblerprogramm Entferne.ASM soll nun als Funktion von einem Pascalprogramm aufgerufen werden.
- Programm StrFunk2.PAS ruft das Modul StrFunk2.OBJ auf.
- Im Modul StrFunk2.OBJ wird Entferne als Funktion bereitgestellt.

```
PROGRAM StrFunk2.PAS;
  {$L Strfunk2.OBJ}
CONST
  S1:STRING = 'und';
  S2:STRING = 'Vater und Sohn';
VAR S:STRING;
    Gefunden:BYTE;
    Lenx,Leny:BYTE;

FUNCTION Entferne(A,B:STRING):STRING; EXTERNAL;

BEGIN
  S := Entferne(S1,S2);
  WriteLn('Lenx = ',Lenx:5,' Leny = ',Leny:5,' LenS = ', Ord(S[0]):3 );
  WriteLn('Gefunden = ',Gefunden);
  WriteLn(S);
END.
```

Entferne wird als Schleife eingefügt, da im .MODEL TPASCAL in Unterprogrammen PUSH BP und MOV BP,SP eingefügt werden, womit BP auf andere Stellen zeigen würde. LES und LDS können die Register ES und DS verändern; deshalb wurden sie zuvor gepusht und nach Benutzung wieder gepoppt.

```
;Modul StrFunk2.ASM
;enthält Entferne

PtrZ  EQU [bp+12]
PtrX  EQU [bp+8]
PtrY  EQU [bp+4]
```

```
                .MODEL TPASCAL
                .DATA
                EXTRN Gefunden:BYTE
                EXTRN Lenx:BYTE,Leny:BYTE
                .CODE

                PUBLIC Entferne
Entferne        PROC NEAR
                ARG X:DWORD,Y:DWORD
                mov Gefunden,0
                les di,PtrZ             ;Ergebnisstring nach ES:DI
                lds si,PtrY             ;Y nach DS:SI
                mov cl,[si]
                mov lenY,cl             ;CX nach LenY
                xor ch,ch
                mov [es:di],cl          ;Länge falls nicht gefunden
                inc si
                inc di
                cld
                push ds
                lds bx,PtrX             ;LenX ergibt sich aus Länge von X
                mov dl,[bx]
                mov Lenx,dl
                pop ds
                cmp cl,dl               ;Prüfen, ob LenY > LenX
                jb  Sch2                ;wenn nein, Ergebnisstring nach Y
Schleife:
                push di                 ;Suche Anfang
                push si
                push cx
                mov cl,Lenx             ;Länge von X nach CX
                xor ch,ch
                push es
                les di,PtrX             ;X nach ES:DI
                inc di
                repe cmpsb              ;X mit Teilstring vergleichen
                pop es
                jne Raus
                mov [Gefunden],1
Raus:           pop cx
                pop si
                pop di                  ;Suche Ende

                cmp Gefunden,1
                je  Gef
                movsb                   ;wenn nicht gefunden: Zeichen übertragen
                loop Schleife           ;ab nächstem Zeichen erneut vergleichen
                jcxz Fertig
Gef:
```

```
                mov al,Lenx             ;wenn gefunden, nächste LenX Zeichen
                xor ah,ah               ;nicht übertragen
                add si,ax
                sub cl,Lenx             ;noch zu übertragende Zeichen
                push es
                les bx,PtrZ
                mov al,Leny             ;neue Ergebnisstringlänge berechnen
                sub al,Lenx
                mov [es:bx],al          ;und in den Ergebnisstring bringen
                pop es
                jcxz Fertig
Sch2:
                movsb
                loop Sch2
Fertig:
                ret
Entferne        ENDP

                END
```

3.11.4 Lokale statische Variablen

Modul StrFunk3.ASM von Programm StrFunk3.PAS aufrufen:
Das Modul StrFunk2.ASM (Abschnitt 3.11.3) soll so zu einem Modul StrFunk3.ASM abgeändert werden, daß das Suchen in einer Prozedur Suche erfolgt. Da im .MODEL TPASCAL bei einem Funktionsaufruf PUSH BP und MOV BP,SP eingefügt wird, stimmt die Adressierung der Parameter X und Y, die sich auf dem Stack befinden, nicht mehr. Mit

```
PtrX  DD ?
```

wird Platz für ein Doppelwort im globalen Datensegment reserviert. Die Variable PtrX kann nur im Assemblermodul angesprochen werden, es handelt sich also um eine *lokale statische Variable*. In die Variable PtrX wird mit der Befehlsfolge

```
lds bx,[X]
mov WORD PTR [PtrX],bx
mov WORD PTR [Ptrx+2],ds
```

die FAR-Adresse in X abgespeichert; sie bleibt von Änderungen des Stack unberührt. Lokale Variablen können nicht initialisiert werden.

```
;Modul StrFunk3.ASM
;Demonstration zu lokalen statischen Variablen

            .MODEL TPASCAL
            .DATA
Gefunden    DB ?                ;lokale statische Variablen
LenX        DB ?
LenY        DB ?
PtrZ        DD ?
PtrX        DD ?
PtrY        DD ?

            .CODE

            PUBLIC Entferne
Entferne    PROC NEAR
            ARG X:DWORD,Y:DWORD
            mov [Gefunden],0
            les di,[bp+12]              ;Adresse des Zielstrings Z
            mov WORD PTR [PtrZ],di      ;Adresse von Z speichern
            mov WORD PTR [PtrZ+2],es
            lds si,[Y]
            mov WORD PTR [PtrY],si      ;Adresse von Y speichen
            mov WORD PTR [PtrY+2],ds
            mov cl,[si]                 ;Länge von S2
            mov [lenY],cl
            xor ch,ch
            mov [es:di],cl              ;Länge Z falls nicht gefunden
            inc si
            inc di
            cld
            push ds
            lds bx,[X]                  ;Adresse in X
            mov WORD PTR [PtrX],bx      ;Adresse von S1 speichern
            mov WORD PTR [Ptrx+2],ds
            mov dl,[bx]
            mov [LenX],dl               ;Länge von S1
            pop ds
            cmp cl,dl                   ;Wenn Länge S2 < Länge S1
            jb  Sch2                    ;dann S2 -> S
Schleife:
            call Suche
            cmp [Gefunden],1
            je  Gef
            movsb
            loop Schleife
            jcxz Fertig
Gef:
            mov al,[LenX]
            xor ah,ah
```

```
                add si,ax
                sub cl,[LenX]           ;noch zu übertragende Zeichen
                push es
                les bx,[PtrZ]
                mov al,[LenY]           ;neue Ergebnisstringlänge berechnen
                sub al,[LenX]
                mov [es:bx],al          ;und in den Ergebnisstring bringen
                pop es
                jcxz Fertig
Sch2:
                movsb
                loop Sch2
Fertig:
                ret
Entferne        ENDP

Suche           PROC NEAR
                push di
                push si
                push cx
                mov cl,[LenX]
                xor ch,ch
                push es
                les di,[PtrX]         ;ES:DI mit Adresse von X laden
                inc di
                repe cmpsb
                pop es
                jne Raus
                mov [Gefunden],1
Raus:           pop cx
                pop si
                pop di
                ret
Suche           ENDP

                END
```

Programm StrFunk3.PAS ruft Modul StrFunk3.ASM auf:

```
PROGRAM StrFunk3.PAS;
  {$L StrFunk3.OBJ}
VAR S,S1,S2: STRING;

FUNCTION Entferne(A,B:STRING):STRING; EXTERNAL;

BEGIN
  WriteLn('Welchen String entfernen ?');
  ReadLn(S1);
```

```
  WriteLn('Aus welchem String entfernen ?');
  ReadLn(S2);
  S := Entferne(S1,S2);
  WriteLn('Länge von S = ', Ord(s[0]):3 );
  WriteLn(S);
END.
```

3.11.5 Assemblermodule in Units einbinden

Wir wollen nun die Assemblerfunktion Entferne (Abschnitt 3.11.4) in eine Unit einbinden, die wie folgt in das Pascalprogramm StrFu4.PAS aufgenommen wird.

```
PROGRAM StrFu4.PAS;
USES StrFu4U;

VAR S,S1,S2: STRING;

BEGIN
  WriteLn('Welchen String entfernen ?');
  ReadLn(S1);
  WriteLn('Aus welchem String entfernen ?');
  ReadLn(S2);
  S := Entferne(S1,S2);
  WriteLn('Länge von S = ', Ord(s[0]):3 );
  WriteLn(S);
END.
```

Unit StrFu4U mit der Assemblerfunktion Entferne:

```
UNIT StrFu4U;
INTERFACE

  {$F+}
  FUNCTION Entferne(A,B:STRING):STRING;
  {$L Strfu4.obj}
  {$F-}

IMPLEMENTATION
  FUNCTION Entferne; EXTERNAL;

END.
```

Modul StrFu4.ASM Entferne als FAR-Prozedur:
Assemblerprozeduren, die im Interface-Teil einer Unit vereinbart sind, müssen als FAR-Prozeduren assembliert werden. Wie muß man nun das Assemblermodul StrFunk2.ASM abändern, damit es den neuen Bedingungen genügt? Das Modul StrFu4.ASM zeigt dies.

```
;Modul StrFu4.ASM

PtrZ  EQU [bp+12+2]              ;um 2 Höhere Adreßangaben
PtrX  EQU [bp+8+2]               ;wegen des FAR Aufrufs
PtrY  EQU [bp+4+2]

              .MODEL TPASCAL
              .DATA
Gefunden      db ?
LenX          db ?
LenY          db ?
              .CODE

              PUBLIC Entferne
Entferne      PROC FAR
              ARG X:DWORD,Y:DWORD
              mov Gefunden,0
              les di,PtrZ
         ...............
```

Drei lokale Variablen in StrFu4.ASM:
Da die Funktion Entferne jetzt FAR ist, wird bei ihrem Aufruf ein FAR-Zeiger auf den Stack gepuscht, wodurch BP einen um 2 niedrigeren Wert erhält. Entsprechend müssen Zugriffe über BP eine um 2 höhere Adresse angeben. Die Variablen Gefunden, LenX, LenY haben wir als lokal definiert, da sie im Pascal Programm nicht erscheinen.

3.11.6 Zugriff auf den PSP

Der Programmsegmentvorsatz PSP (Program Segment Prefix) ist eine Struktur von 256 Bytes, die beim Laden eines EXE-Programms dem Programm vorangestellt wird.

- In Turbo Pascal befindet sich der PSP nicht im Code-Segment, aber die Variable PrefixSeg enthält die Segmentadresse des PSP, so daß der PSP an der Adresse [[PrefixSeg]:0] beginnt.
- In den Positionen 81h..FFh des PSP befinden sich die Argumente, die beim Aufruf eines EXE-Programms nach dem Programmnamen angegeben wurden.

- In der Position 80h des PSP befindet sich die Anzahl der nach dem Programmnamen getippten Zeichen.

Das folgende Pascalprogramm PSP1 zeigt die Zeichen der Argumentenliste als Zahlen. Der Array

```
Mem[Segmentadresse:Offsetadresse]
```

ist ein in Turbo Pascal vordefinierter Array of Byte, der einen Zugriff auf Speicherstellen ermöglicht.

```
PROGRAM PSP1.PAS;
VAR I:Integer;

BEGIN
  WriteLn('Anzahl der Zeichen = ', Mem[PrefixSeg:$80] );
  FOR I := $81 TO $FF DO
    Write( Mem[PrefixSeg:I],' ');
END.
```

Aufgabe 3.11.6/1: Programm PSP2.

a) Schreiben Sie ein Assemblermodul namens PSP2.ASM, welches die Argumentenliste eines Pascalprogramms anzeigt. Das Modul werde vom Pascalprogramm PSP2.PAS eingebunden:

```
PROGRAM PSP2.PAS;
  {$L PSP2.obj}

PROCEDURE ArgAus; EXTERNAL;

BEGIN
  ArgAus;
END.
```

b) Erzeugt man OBJ-Datei, um anschließend das Pascalprogramm zu compilieren, so erhält man das Programm PSP2.EXE. Welche Bildschirmausgabe liefert der Aufruf PSP2 AA BB ?

Aufgabe 3.11.6/2: Unmittelbar nach dem Programmstart befindet sich in DS die Segmentadresse des PSP. Schreiben Sie ein Assemblerprogramm namens PSP3.ASM, welches die Kommandozeilenparameter ausgibt. Beim Aufruf des zugehörigen EXE-Programm PSP3.PAS mit PSP3 AA BB erhalte man die Ausgabe AA BB.

3

Programmierkurs mit Turbo Assembler

3.12.1 Ausgabe und Eingabe

Handles sind eine von Unix übernommene Konzeption, um auf Dateien und Ein/Ausgabegeräte zuzugreifen. Beim Eröffnen wird einer Datei ein Handle zugewiesen; das ist eine Nummer bzw. ein Wort, über das die Datei erreicht werden kann. Standardmäßig sind bereits folgende Geräte eröffnet.

```
Standard-Eingabegerät (CON)              mit Handle 0
Standard-Ausgabegerät (CON)              mit Handle 1
Standard-Fehler-Ausgabe-Gerät (CON)      mit Handle 2
Serielle Schnittstelle (AUX)             mit Handle 3
Standard-Drucker (PRN)                   mit Handle 4
Die nächste eröffnete Datei bekommt      den Handle 5 ...
```

3.12.1.1 Standardausgabe über Handle 1

Im Programm HandAus1 wird ein Text auf dem Standard-Ausgabegerät ausgegeben. Dazu wird die Funktion 40h verwendet, die in BX den Handle, in CX die Länge des Ausgabetextes und in DS:DX einen Zeiger auf den Ausgabetext erfordert. Mit dem Operator SIZE läßt sich im Ideal-Modus die Länge eines Strings bestimmen.

```
;Programm HandAus1.ASM
;Ausgabe auf dem Standardausgabegerät mit dem Handle

            .MODEL SMALL
            .STACK 100h

            .DATA
AusText     DB 'dieser Text wird ausgegegeben.'
            IDEAL                    ;umschalten in den Ideal-Modus
            Len  = SIZE AusText      ;liefert die Länge von AusText
            MASM                     ;zurück zum MASM-Modus

            .CODE
            AusDatei = 1             ;Handle der Ausgabedatei Standardausgabe
Start:      mov ax,@data
            mov ds,ax
            mov ah,40h               ;Handlefunktion zur Ausgabe auf Datei
            mov bx,AusDatei          ;Handle der Ausgabedatei
            mov cx,Len               ;Anzahl der zu schreibenden Bytes
            mov dx,OFFSET AusText    ;ds:dx -> Ausgabepuffer
            int 21h
```

```
mov ah,4Ch
int 21h
END Start
```

In Programm HandEin1 wird ein Text über die Standardeingabe eingegeben und über die Standardausgabe ausgegeben. Eventuell erfolgt eine Fehlermeldung über die Standard-Fehlerausgabe. Die Eingabe erfolgt über die Funktion 3Fh.
Nach der Ausführung von 3Fh befindet sich bei gelöschtem Carry-Flag in AX die Anzahl der gelesenen Zeichen. Die Ausgabe erfolgt über die Funktion 40h.

3.12.1.2 Standardeingabe über Handle 0

Umlenkung von Eingabe und Ausgabe:
Die Eingabe und die Ausgabe läßt sich umlenken. Mit der Eingabe von

```
A:\>handein1 < handein1.asm
```

wird ein Teil des Quellcodes von Programm HandEin1.ASM auf dem Bildschirm ausgegeben. Mit der Befehlseingabe von

```
A:\>handein1 < handein1.asm > test
```

hingegen wird in die Datei TEST geschrieben.

Werden bei der Tastatureingabe mehr als LenEin Zeichen getippt, liegen beim nächsten Aufruf von Programm HandEin1.ASM die nächsten Zeichen bereits vor und werden ausgegeben. Betrachtet man den Eingabepuffer mit dem Debugger, stellt man fest, daß sich nach dem Drücken der Returntaste ein Wagenrücklauf und ein Zeilenvorschub im Eingabepuffer befinden.

```
;Programm HandEin1.ASM
;Eingabe vom Standard-Eingabegerät mit dem Handle
;Ausgabe auf dem Standard-Ausgabegerät mit dem Handle

                .MODEL SMALL
                .STACK 100h

                .DATA
                AusDatei = 1            ;Handle der Ausgabedatei als Standard
                EinDatei = 0            ;Handle der Standard-Eingabedatei
AusPuffer       DW 0A0Dh                ;Wagenrücklauf Zeilenvorschub
EinPuffer       DB 100h dup ('A')
```

```
LenAus          DW (?)
                LenEin = SIZE EinPuffer   ;liefert die Länge des Puffers
FehlerText      DB 'Ein Fehler ist aufgetreten.',10,13

                .CODE
FehlerAusgabe   PROC
                mov ah,40h                ;Handlefunktion zur Ausgabe
                mov bx,2                  ;Handle für Standard-Fehler-Ausgabe
                mov cx,29                 ;Länge von FehlerText
                mov dx,OFFSET FehlerText  ;DS:DX lädt den FehlerText
                int 21h
                ret
FehlerAusgabe   ENDP

Eingabe         PROC
                mov ah,3Fh                ;Handlefunktion zur Eingabe von Datei
                mov bx,EinDatei           ;Handle der Eingabedatei
                mov cx,LenEin             ;Anzahl der zu lesenden Bytes
                mov dx,OFFSET EinPuffer   ;DS:DX lädt EingabePuffer
                int 21h
                jnc ok
                call FehlerAusgabe
                ret
ok:             mov [LenAus],ax           ;Anzahl der gelesenen Zeichen
                ret
Eingabe         ENDP

Ausgabe         PROC
                mov ah,40h                ;Handlefunktion zur Ausgabe auf Datei
                mov bx,AusDatei           ;Handle der Ausgabedatei
                mov cx,LenAus             ;Anzahl der zu schreibenden Bytes
                inc cx                    ;zwei Zeichen mehr ausgeben
                inc cx
                mov dx,OFFSET AusPuffer   ;DS:DX lädt Ausgabepuffer
                int 21h
                jnc ok1
                call FehlerAusgabe
ok1:            ret
Ausgabe         ENDP

Start:          mov ax,@data
                mov ds,ax
                call Eingabe
                call Ausgabe
                mov ah,4Ch
                int 21h
                END Start
```

3.12.1.3 Ausgabe des eigenen Programmtextes

Das folgende Programm Hand1.ASM gibt seinen eigenen Quellcode auf dem Bildschirm aus. Mit HAND1 > TEST könnte die Ausgabe auch in die Datei TEST umgelenkt werden.

- Ändert man in der Variablen Datei den Dateinamen und läßt das Programm mit dem Debugger laufen, dann zeigt sich, daß derselbe Handle 5 beim Eröffnen erzeugt wird; anders formuliert: der alte Handle wird bei Programmende geschlossen und freigegeben.
- Die Eingabedatei wird mit der Funktion 3Dh eröffnet. Diese Funktion liefert beim Carry-Flag 0 in AX den Handle zurück. In DS:DX muß sich dabei ein Zeiger auf den Dateinamen befinden. Der Dateiname ist ein ASCIIZ-String, d.h. der String wird mit 0 beendet.

Lesen aus der Datei als Eingabe:
Das Lesen erfolgt mit der Funktion 3Fh. Wenn erfolgreich gelesen wurde (CF=0), steht in AX die Anzahl der gelesenen Zeichen. Wenn AX = 0 ist, war die Datei schon vor dem Funktinsaufruf zu Ende. Für AX < CX konnten nicht so viele Zeichen gelesen werden wie in CX angegeben, weil das Dateiende erreicht wurde.

Schreiben in die Datei als Ausgabe:
Die Ausgabe mit der Funktion 40h und dem Handle 1 ist bereits bekannt (vgl Abschnitt 3.12.1.1).

```
;Programm Hand1.ASM
;Das Demonstrationsprogramm gibt seinen eigenen Quellcode aus

FEHLERAUS       MACRO FEHLERTEXT,LAENGE
                mov ah,40h
                mov bx,2
                mov cx,LAENGE
                mov dx,OFFSET FEHLERTEXT
                int 21h
                ENDM

                .MODEL SMALL
                .STACK 100h
                .DATA
Handle          DW ?
PufferLen       = 100h
Puffer          DB PufferLen DUP (?)        ;Eingabepuffer
Datei           DB 'HAND1.ASM',0            ;ASCIIZ String mit Dateiname
Fehler1         DB 'Fehler beim Eröffnen der Datei.'
                IDEAL
```

```
                Len1 = SIZE Fehler1
AusFehler       DB 'Fehler bei der Ausgabe.'
                LenA = SIZE AusFehler
EinFehler       DB 'Fehler beim Lesen.'
                LenE = SIZE EinFehler
                MASM

                .CODE

Eroeffnen       PROC
                mov ah,3Dh                  ;Datei eröffnen
                mov al,0                    ;Zugriffsmodus "nur lesen"
                mov dx,OFFSET Datei         ;DS:DX lädt den Dateinamen
                int 21h
                jnc ok                      ;CF = 0: erfolgreich eröffnet
                                            ;AX = Handle
                FEHLERAUS Fehler1 Len1
ok:             mov [Handle],ax             ;Handle in AX
                ret
Eroeffnen       ENDP

Lesen           PROC
                mov ah,3Fh                  ;Lesen mit Funktion 3Fh
                mov bx,[Handle]             ;Handle vom eröffnen
                mov cx,PufferLen            ;Anzahl zu lesender Bytes
                mov dx,OFFSET Puffer        ;DS:DX lädt den Puffer
                int 21h
                jnc okL
                FEHLERAUS EinFehler LenE
okL:            ret
Lesen           ENDP

Ausgabe         PROC
                mov ah,40h                  ;Ausgabefunktion
                mov bx,1                    ;Standardausgabegerät
                int 21h
                jnc okA
                FEHLERAUS AusFehler LenA
okA:            ret
Ausgabe         ENDP

Start:          mov ax,@data
                mov ds,ax
                call Eroeffnen
                jc Ende                     ;wenn CF = 1, dann Eröffnungsfehler
Sch:            call Lesen
                jc Ende                     ;wenn CF = 1, dann Lesefehler
                and ax,ax                   ;AX = 0 ? Dateiende
                jz Ende
                mov cx,ax                   ;CX lädt Anzahl gelesener Zeichen
```

```
                call Ausgabe
                jmp Sch
Ende:           mov ah,4Ch
                int 21h
                END Start
```

3.12.2 Datei im Direktzugriff verarbeiten

In Programm Hand1.ASM (Abschnitt 3.12.1.3) wurde eine Datei sequentiell gelesen und ausgegeben. Das folgende Programm Hand2.ASM soll den Direktzugriff auf einen Datensatz einer Datei demonstrieren.

- Das Hauptprogramm ist am Ende des Quelltextes angesiedelt. Grund: dem Compiler können dadurch Vorwärtsreferenzen erspart werden.
- Zu Beginn des Codes wird die Anweisung LOCALS angegeben, um lokale Labels wie @@ok zu ermöglichen (die beiden Affen-A "@@" dienen zur Kennzeichnung lokaler Größen). Der Geltungsbereich lokaler Labels wird von zwei globalen Labels begrenzt.

```
;Programm Hand2.ASM
;Den Direktzugriff auf Datensätze demonstrieren

TEXTAUS  MACRO X
         mov ah,9                       ;Funktion Stringausgabe
         mov dx,OFFSET X                ;DS:DX -> String
         int 21h
         ENDM

            .MODEL SMALL
            .STACK 100h
            .DATA
Datei       DB 'Datei',0                ;Dateiname
Handle      DW ?
Attribut    DW 0                        ;Lesen und Schreiben
A           DB 'Fehler beim Eröffnen der Datei.',13,10,'$'
B           DB 'Fehler beim Schreiben auf die Datei.',13,10,'$'
C           DB 'Fehler beim Lesen von der Datei.',13,10,'$'
D           DB 'Fehler beim Schließen der Datei.',13,10,'$'
E           DB 'Fehler beim Dateuzugriff.',13,10,'$'
SatzZahl    DB 4                        ;Anzahl der Datensätze
Z           DB ?                        ;dient zum Zählen
SatzLen     = 20
Satz        DB SatzLen DUP ('A')        ;Puffer zum Schreiben und Lesen
            DB 13,10,'$'                ;für Ausgabe mit Funktion 9
```

```
;------------------------------------
            .CODE
            LOCALS                    ;Freigabe von lokalen Labels
NeuDatei    PROC                      ;erzeugt eine neue Datei
            mov dx,OFFSET Datei       ;DS:DX -> Dateiname
            mov ah,3Ch                ;Funktion Datei erzeugen
            mov cx,Attribut
            int 21h
            jnc @@ok
            TEXTAUS A
@@ok:       mov Handle,ax
            ret
NeuDatei    ENDP
;------------------------------------
SchreibSatz PROC                      ;schreibt einen Satz auf die Datei
            mov dx,OFFSET Satz        ;DS:DX -> Satz
            mov cx,SatzLen            ;Länge des Satzes
            mov bx,Handle
            mov ah,40h                ;Funktion Datei schreiben
            int 21h
            jnc @@ok
            TEXTAUS B
@@ok:       ret
SchreibSatz ENDP
;------------------------------------
Close       PROC                      ;Datei schließen
            mov ah,3Eh
            mov bx,Handle
            int 21h
            jnc @@ok
            TEXTAUS D
@@ok:       ret
Close       ENDP
;------------------------------------
Open        PROC
            mov ah,3Dh
            mov al,2                  ;Zugriffsmodus lesen oder schreiben
            mov dx,OFFSET Datei       ;DS:DX -> Dateiname
            int 21h
            jnc @@ok
            TEXTAUS A
@@ok:       ret
Open        ENDP
;------------------------------------
DateiAnfang PROC
            mov ah,42h                ;Dateizeiger bewegen
            mov al,0                  ;relativ zum Dateianfang
            mov bx,Handle
            mov cx,0                  ;Hi-Word des Offsets
            mov dx,0                  ;1.Satz; Lo-Word des Offsets
```

```
                int 21h
                jnc @@ok
                TEXTAUS E
@@ok:           ret
DateiAnfang     ENDP

SeqAus          PROC
                call DateiAnfang        ;Dateizeiger auf Dateianfang
Sch2:           mov ah,3Fh              ;Satz lesen
                mov bx,Handle
                mov cx,SatzLen
                mov dx,OFFSET Satz      ;DS:DX -> Eingabepuffer
                int 21h
                jnc @@ok
                TEXTAUS C
@@ok:           and ax,ax               ;AX = 0 ?
                jz DateiEnde
                mov ah,9                ;Satz-Ausgabe
                int 21h
                jmp Sch2
DateiEnde:      ret
SeqAus          ENDP
;-------------------------------------
Direkt          PROC
                mov ah,42h              ;Dateizeiger bewegen
                mov al,0                ;relativ zum Dateianfang
                mov bx,Handle
                mov cx,0                ;Hi-Word des Offsets
                mov dx,2*SatzLen        ;3.Satz; Lo-Word des Offsets
                int 21h
                jnc @@ok
                TEXTAUS E
                ret
@@ok:           mov [Satz],'x'          ;Ausgabepuffer abändern
                mov ah,40h              ;schreiben auf Datei
                mov cx,SatzLen          ;Anzahl zu schreibender Bytes
                mov dx,OFFSET Satz      ;DS:DX -> Puffer
                int 21h
                jnc @@ok1
                TEXTAUS B
@@ok1:          ret
Direkt          ENDP
;------------------------------------- Hauptprogramm
Start:          mov ax,@data
                mov ds,ax
                call NeuDatei           ;Erzeugen einer Neuen Datei
                mov al,SatzZahl         ;Z := SatzZahl
                mov Z,al
@@Sch:          call SchreibSatz        ;Z Leersätze auf Datei schreiben
                inc Satz                ;ersten Buchstaben von Satz erhöhen
```

```
dec Z
jnz @@Sch
call Close          ;Datei schließen
call Open           ;Datei Öffnen
call SeqAus         ;Datei sequentiell ausgeben
call Direkt         ;direktes Schreiben auf Datei
call SeqAus
call Close          ;Datei schließen
mov ah,4Ch
int 21h
END Start           ;Programmende Hand2.ASM
```

Zu Programm Hand2.ASM:

- In der Prozedur NeuDatei wird mit der Funktion 3Ch eine neue Datei erzeugt bzw. eine vorhandene auf die Länge 0 gesetzt. Die Funktion liefert in AX den Handle zurück. Das Attribut 0 ermöglicht das Lesen von der Datei und das Schreiben auf die Datei.
- Die Prozedur SchreibSatz schreibt einen Satz mit der Funktion 40h auf die Datei. Der Dateizeiger wird automatisch um die Satzlänge weitergerückt. SchreibSatz wird Z mal aufgerufen. Um nicht lauter gleiche Sätze auf die Datei zu schreiben, wird vor jedem Schreiben der erste Buchstabe des Datensatzes inkrementiert.
- Mit der Funktion 3Eh wird die Datei geschlossen und mit 3Dh wieder geöffnet.
- Die Prozedur SeqAus liest Satz für Satz mit der Funktion 3Fh und gibt den jeweiligen Satz mit der Funktion 9 aus. Zu Beginn wird der Dateizeiger mit der Funktion 42h auf den Dateianfang gesetzt.
- Die Funktion 42h ermöglicht den wahlfreien Dateizugriff. In CX:DX wird dazu ein 32-Bit-Offset übergeben, das sich auf den Dateianfang, das Dateiende oder auf die aktuelle Position des Dateizeigers beziehen kann; dies wird in AL festgelegt. AL = 0 heißt "Offset relativ zum Dateianfang", AL = 1 bedeutet "Offset relativ zur aktuellen Position" und AL = 2 bewirkt "Offset relativ zum Dateiende".
- In der Prozedur Direkt wird der Dateizeiger mit der Funktion 42h auf den dritten Satz gesetzt. Der dritte Satz hat den Offset 2*Satzlänge, da die Datei beim Offset 0 beginnt. Die Funktion 40h schreibt dann einen Satz an diese Position. Zuvor wurde der Satz mit 'x' markiert. Die sequentielle Ausgabe bestätigt, daß der dritte Satz tatsächlich mit 'x' beginnt.

3.12.3 Einen Datensatz aus der Datei direkt lesen

Anhand des Programmes Hand3.ASM soll das direkte Lesen eines Satzes erklärt werden.
Zunächst wird im UnterProgamm LeerDatei eine Datei NAMDAT.DAT mit 9 Sätzen erzeugt. Sie können sich diese Datei mit TYPE NAMDAT-.DAT anschauen.
Im Unterprogramm Ausgabe wird diese Datei dann in umgekehrter Reihenfolge ausgegeben. Dazu wird die Position des Dateizeigers mit *SatzNummer * SatzLänge* berechnet. Der erste Satz hat dabei die Nummer 0, da das erste Byte den Dateioffset 0 aufweist.

```
;Programm Hand3.ASM
;direktes Lesen von einer Datei demonstrieren

FEHLERAUSGABE   MACRO
                mov ah,40h              ;Schreiben mit Handle
                mov cx,19               ;Anzahl zu schreibender Bytes
                mov dx,OFFSET Fehler
                mov bx,2                ;Handle Standard Fehler-Ausgabe
                int 21h
                ENDM

                .MODEL SMALL
                .STACK 100h
                .DATA
Datei           DB 'NAMDAT.DAT',0       ;Name der Datei
Handle          DW ?
Z               = 9                     ;Anzahl de Datensätze
NamLen          = 19
SatzLen         = NamLen+1
N               DB (?)                  ;aktuelle Satznummer
BytePos         DW (?)                  ;Position des DateiZeigers
Satz            LABEL BYTE
Nr              DB '1'
Nam             DB NamLen-2 DUP ('x'),10,13
Fehler          DB 'Fehler aufgetreten.'

                .CODE
LeerDatei       PROC
                mov ah,3Ch              ;Datei erzeugen
                mov cx,0                ;lesen und schreiben
                mov dx,OFFSET Datei     ;DS:DX -> Dateiname
                int 21h
                jnc ok1
                FEHLERAUSGABE
                ret
ok1:            mov [Handle],ax
```

```
                mov bx,Handle
                mov cx,SatzLen          ;Anzahl Bytes zu schreiben
                mov dx,OFFSET Satz      ;Offset des Puffers
Sch:            mov ah,40h              ;Funktion Datei beschreiben
                int 21h
                jnc ok2
                ret
                FEHLERAUSGABE
ok2:            inc Nr
                cmp Nr,Z+'1'            ;um Satznummer höheres Zeichen als '1'?
                jb Sch
                ret
LeerDatei       ENDP

SatzSuchen      PROC
                mov cx,0                ;Hi-Word des Dateioffsets
                mov dx,BytePos          ;Lo-Word des Dateioffsets
                mov al,0                ;Offset relativ zum Dateianfang
                mov bx,Handle
                mov ah,42h              ;Dateizeiger bewegen
                int 21h
                jnc ok3
                FEHLERAUSGABE
ok3:            ret
SatzSuchen      ENDP

SatzLesen       PROC
                mov ah,3Fh              ;Datei lesen
                mov bx,Handle
                mov cx,SatzLen
                mov dx,OFFSET Satz      ;DS:DX -> Eingabepuffer
                int 21h
                jnc ok4
                FEHLERAUSGABE
ok4:            ret
SatzLesen       ENDP

SatzAnzeige     PROC
                mov ah,40h              ;Satz ausgeben
                mov bx,1                ;Hndle der Standardausgabe
                mov cx,SatzLen
                mov dx,OFFSET Satz      ;DS:DX -> Ausgabepuffer
                int 21h
                jnc ok5
                FEHLERAUSGABE
ok5:            ret
SatzAnzeige     ENDP
```

```
Ausgabe         PROC
                mov N,Z
Sch1:           dec N                   ;aktuelle Satznummer
                jl Fertig               ;Sprung wenn Sign Flag verändert
                mov al,SatzLen
                mul N                   ;AX := AL * N
                mov [BytePos],ax        ;Byteposition des Satzes
                call SatzSuchen
                call SatzLesen
                call SatzAnzeige
                jmp Sch1                ;nächsten Satz ausgeben
Fertig:         ret
Ausgabe         ENDP

Start:          mov ax,@data
                mov ds,ax
                call Leerdatei
                call Ausgabe
                mov ah,4Ch
                int 21h
                END Start
```

3

Programmierkurs mit Turbo Assembler

Schreibweise am Beispiel von **Aufgabe 3.2.2/1:**

```
                              └──┬──────── Abschnitt 3.2.2
                                 └──────── 1. Aufgabe
```

Lösung 3.2.2/1: MOV DX,Text hätte den Inhalt der Speicherstelle Text und nicht deren Adresse übertragen.

Lösung 3.2.2/2:

```
;Programm StrAus2.ASM
;Ausgabe zweier Strings im Codesegment

            .MODEL SMALL
            .STACK 100h
            .DATA
            .CODE
            mov ax,@Code              ;Segmentadresse nach DS
            mov ds,ax
            mov dx,OFFSET String1     ;Offset nach DX
            mov ah,9                  ;Stringausgabe
            int 21h
            mov dx,OFFSET String2     ;Offset von String2 nach DX
            mov ah,9                  ;Stringausgabe
            int 21h
            mov ah,4Ch                ;Programmende
            int 21h

String1     DB   'Erster String',13,10,'$'
String2     DB   'Zweiter String',13,10,'$'
            END
```

Lösung 3.2.2/3: Der Stringinhalt wird nicht angezeigt, da das Programm StrAus2.ASM vorher beendet wird.

Lösung 3.2.6/1: Programm TestXX.ASM.

a) Es wird zweimal die Funktion 8 zur Tastatureingabe ohne Echo aufgerufen und anschließend das Programm mit der Funktion 4Ch beendet. Mit dem Programm können Sie testen, ob eine Taste den erweiterten Tastaturcode liefert oder nicht.
b) Ein Tippen der Taste F1 beendet das Programm sofort, während Sie zweimal die Esc-Taste zum Beenden drücken müssen.
c) F1 gehört zum erweiterten Tastaturcode und liefert beim ersten Eingabeaufruf in AL den Wert 0 und beim zweiten Aufruf den

erweiterten Code. Das Tippen der Esc-Taste liefert das normale Zeichen 1Bh.

Lösung 3.3.2/1: Bildschirmausgabe bei Ausführung von Programm Adr1-.EXE:

Lösung 3.3.4/1: Zu Programm Stack1.ASM.

a) ABCDEFG
b) Im Register wird Highbyte/Lowbyte abgelegt und im Speicher in der Reihenfolge Lowbyte/Highbyte

Lösung 3.3.6/1:
Im Programm JmpInd1.ASM fehlen an den mit ???? markierten Stellen die Befehle JMP AX und JMP SI.

Lösung 3.4.1/1:

```
;Programm CharAus3.ASM
;Ausgabe des Alphabets

        .MODEL SMALL
        .CODE
        mov dl,'A'          ;erstes Zeichen zur Ausgabe vorbereiten
Schleife:
        mov ah,2            ;Ausgabe des Zeichens
        int 21h
        inc dl              ;nächstes Zeichen
        cmp dl,'Z'+1        ;vergleiche Ausgabezeichen mit 'Z'+1
        jb Schleife         ;JUMP BELOW - Sprung wenn < 'Z'+1

        mov ah,4Ch
        int 21h
        END
```

Lösung 3.4.1/2:

```
;Programm CharAus4.ASM
;Ausgabe des Alphabets am Bildschirm. Befehl JAE

        .MODEL SMALL
        .CODE
        mov dl,'A'          ;erstes Zeichen zur Ausgabe vorbereiten
```

```
Schleife:
            mov ah,2          ;Ausgabe des Zeichens
            int 21h
            inc dl            ;nächstes Zeichen
            cmp dl,'Z'+1      ;vergleiche Ausgabezeichen mit 'Z'+1
            jae Weiter        ;wenn >= Schleife verlassen
            jmp Schleife
Weiter:
            mov ah,4Ch
            int 21h
            END
```

Lösung 3.5.1/1:

```
;Programm CharEin2.ASM
;Eingabe eines Zeichens und Ausgabe im ASCII Code

            .MODEL SMALL

            .CODE
            ;Zeichen in BX eingeben und an AscAus übergeben

            call Eingabe      ;Eingabe eines Zeichens nach BX
            cmp bh,0
            jne Aus
            mov dl,'!'        ;Zeichen daß Sondertaste
            mov ah,2          ;ausgeben
            int 21h
Aus:        mov bh,0          ;nötig für ByteAus
            mov dl,13         ;Zeilenvorschub ausgeben
            mov ah,2
            int 21h
            mov dl,10         ;Wagenrücklauf ausgeben
            mov ah,2
            int 21h
            call ByteAus      ;Aufruf des Unterprogramms
            mov ah,4Ch        ;Ende des Hauptprogramms
            int 21h

Eingabe     PROC
            ;Eingabe nach BX
            mov bh,0FFh       ;keine Sondertaste
            mov ah,1          ;Zeichen in AL lesen
            int 21h
            cmp al,0          ;Sondertaste ?
            je SonderTaste
            mov bl,al
            ret
SonderTaste:
```

```
                mov ah,1            ;nochmals lesen
                int 21h
                mov bl,al           ;erweiterter Code
                mov bh,0            ;Zeichen daß Sondertaste
                ret

                ENDP  ;Eingabe

ByteAus         PROC
;übergebenes Register bx

ACON1           EQU 48
ACON2           EQU  7

                mov cl,4          ;Ausgabezeichen in
                shl bx,cl         ;BH und BL aufbereiten
                shr bl,cl
                add bh,ACON1
                add bl,ACON1
                cmp bh,'9'
                jbe L1
                add bh,ACON2
L1:             cmp bl,'9'
                jbe L2
                add bl,ACON2
L2:             mov dl,bh         ;Zeichenausgabe BH
                mov ah,2
                int 21h
                mov dl,bl         ;Zeichenausgabe BL
                mov ah,2
                int 21h
                ret               ;Ende Unterprogramm ByteAus
                ENDP

                END
```

Lösung 3.5.3/1: Rekurs1.ASM mit rekursivem Unterprogrammaufruf

```
;Programm Rekurs1.ASM
;Das Unterprogramm Upro ruft sich selbst auf
        .MODEL SMALL
        .STACK 100h
        .CODE

Upro    PROC
        inc dl                  ;auszugebendes Zeichen
        mov ah,2                ;Zeichenausgabe
        int 21h
```

```
            dec cx
            jz Zurueck          ;Abbruchbedingung für Rekursion
            call Upro           ;rekursiver Aufruf
Zurueck:    ret
Upro        ENDP

Start:      mov dl,'A'-1        ;Anfangswert 'A'-1
            mov cx,5            ;5-malige Rekursion
            call Upro
            mov ah,4Ch
            int 21h
            END Start
```

Lösung 3.6.1/1:

```
;Programm StrEin2.ASM
;String einlesen und zeichenweise ausgeben

                    .MODEL SMALL
                    .STACK 100h
                    .DATA
MaxLen              DB 255
Len                 DB (?)
String              DB 255 DUP (?)

                    .CODE
                    call Eingabe
                    call Ausgabe
                    mov ah,4Ch
                    int 21h

Eingabe             PROC
                    mov ax,SEG MaxLen   ;Eingabepuffer nach DS:DX
                    mov ds,ax
                    mov dx,OFFSET Maxlen
                    mov ah,0Ah
                    int 21h             ;Stringeingabe
                    ret
                    ENDP

Ausgabe             PROC                ;zeichenweise Stringausgabe
                    mov dl,10           ;Zeilenvorschub ausgeben
                    mov ah,2
                    int 21h
                    mov cl,[Len]        ;Anzahl der Zeichen
                    mov ch,0
                    mov bx,0            ;Abstand vom Stringanfang
```

```
Schleife:
                    mov ah,2              ;Zeichenausgabe
                    mov dl,[bx+String]
                    int 21h
                    inc bx
                    dec cx                ;Anzahl der Zeichen herunterzählen
                    jnz Schleife
                    ret
Ausgabe             ENDP

                    END
```

Aufgabe 3.6.3/1:

```
;Programm StrEinXX.asm

                  .MODEL SMALL
                  .STACK 100h
                  .DATA
MaxLen            = 10
String            DB MaxLen+3 DUP (?)

                  .CODE
Eingabe           PROC
                  mov di,0                  ;Anzahl der eingegebenen Zeichen
Sch:              mov ah,0                  ;Tastatureingabe in AX
                  int 16h
                  cmp al,13                 ;Return-Taste gedrückt?
                  je Raus
                  cmp al,0                  ;erweiterter Tastaturcode
                  je Sch                    ;wird ignoriert
                  mov [String+di],al        ;Zeichen abspeichern
                  inc di
                  cmp di,MaxLen             ;MaxLen Zeichen eingegeben
                  je Raus
                  jmp Sch                   ;nächstes Zeichen lesen
Raus:             mov [String+di],13        ;Vorbereitung zur
                  inc di                    ;Ausgabe mit
                  mov [String+di],10        ;der DOS-Funktion 9
                  inc di
                  mov [String+di],'$'
                  ret
Eingabe           ENDP

Ausgabe           PROC
                  mov dx,OFFSET String
                  mov ah,9                  ;Stringausgabe
                  int 21h
```

```
                ret
Ausgabe         ENDP

Start:          mov ax,@data
                mov ds,ax
                call Eingabe
                call Ausgabe
                mov ah,4Ch
                int 21h
                END Start
```

Lösung 3.7.1/1:

```
;Programm Lods2.ASM
;Demonstration von LODSW. Programm mit dem Debugger testen

            .MODEL SMALL
            .CODE
Worte       DW 1122h,3344h,5566h,7788h,99AAh,0BBCCh,0DDEEh,0FF00h

Start:
            mov ax,SEG Worte
            mov ds,ax
            mov si,OFFSET Worte
            cld                     ;Direction-Flag löschen für Inkrementierung
Schleife:
            lodsw
            cmp al,0                ;letztes Word
            jne Schleife
            std                     ;Direction Flag setzen für Dekrementierung
Schleife2:
            lodsw
            cmp ax,1122h            ;erstes Wort
            jne Schleife2

            mov ah,4Ch
            int 21h

            END  Start
```

Lösung 3.7.1/2: Testet man das Programm Lods2.ASM mit dem DOS-Debugger, dann sieht man, wie bei jedem LODSW das Register SI um 2 inkrementiert, bzw. dekrementiert wird und das entsprechende Wort in AX geladen wird. Mit STD ändert sich das Direction-Flag von UP in DN (down).

Lösung 3.7.2/1:

```
;Programm Stos2.ASM
;Demonstration der Befehle LODSB und STOSB

            .MODEL SMALL
            .DATA
Ziel        DB 50 DUP (?)
            .CODE
            mov ax,SEG String       ;Quellenadresse nach DS:SI
            mov ds,ax
            mov si,OFFSET String    ;Source Index
            mov ax,SEG Ziel         ;Zieladresse nach ES:DI
            mov es,ax
            mov di,OFFSET Ziel      ;Destination Index
            cld                     ;Direction-Flag zur Inkrementierung
Schleife:
            lodsb
            stosb
            cmp al,0
            jne Schleife

            mov ah,4Ch
            int 21h

String      DB 'Dies ist ein Teststring',13,10,0
            END
```

Lösung 3.7.4/1: Programm StringXX.ASM

```
;Programm StringXX.ASM
;Demonstration zu den impliziten Stringbefehlen

                .MODEL SMALL
                .STACK 100h
                .DATA
QuelleBytes     DB 'ABCDEFG'
LenBytes        EQU [$-QuelleBytes]          ;Anzahl der Bytes
QuelleWords     DW 1,2,3,4,5,6,7
LenWords        EQU [$-QuelleWords]/2        ;Anzahl der Words
ZielBytes       DB LenBytes DUP ('X')
ZielWords       DW LenWords DUP (0FFh)
Gleich          DB 'sie sind gleich',13,10,'$'
Versch          DB 'sie sind verschieden',13,10,'$'

                .CODE
                LOCALS                       ;lokale Labels einschalten
```

```
KOPIERE         MACRO QUELLE,ZIEL,LEN
                mov si,OFFSET QUELLE          ;DS:SI -> QUELLE
                mov di,OFFSET ZIEL            ;ES:DI -> ZIEL
                mov cx,LEN                    ;Anzahl der Elemente in QUELLE
                cld                           ;Vorwärtsrichtung
                rep movs es:[ZIEL],[QUELLE]   ;Kopiereschleife
                ENDM

AUSGABE         MACRO TXT
                mov dx,OFFSET TXT             ;Ausgabe von TXT
                mov ah,9
                int 21h
                ENDM

VERGLEICHE      MACRO QUELLE,ZIEL,LEN
                mov si,OFFSET QUELLE          ;DS:SI -> QUELLE
                mov di,OFFSET ZIEL            ;ES:DI -> ZIEL
                mov cx,LEN                    ;Anzahl der Vergleichswerte
                cld                           ;Vorwärtsrichtung
                rep cmps [QUELLE],es:[ZIEL]   ;Vergleichsschleife
                jne @@Verschieden             ;lokales Label
                AUSGABE Gleich
                jmp @@Ende                    ;lokaler Label (@@ zeigt an)
@@Verschieden:  AUSGABE Versch
@@Ende:
                ENDM

Start:          mov ax,@data
                mov ds,ax
                mov es,ax
L1:             VERGLEICHE QuelleBytes,ZielBytes,LenBytes
L2:             KOPIERE QuelleBytes,ZielBytes,LenBytes
L3:             VERGLEICHE QuelleBytes,ZielBytes,LenBytes
L4:             KOPIERE QuelleWords,ZielWords,LenWords
L5:             VERGLEICHE QuelleWords,ZielWords,LenWords
                mov ah,4Ch
                int 21h
                END Start
```

Im Macro VERGLEICHE wurden lokale Labels @@Ende und @@Verschieden benutzt. Der Geltungsbereich lokaler Labels erstreckt sich zwischen zwei globale Labels. Dazu wurden die globalen Labels L1: .. L5: eingeführt. Im MASM-Modus müssen lokale Labels mit der Anweisung LOCALS eingeschaltet werden.

Lösung 3.8.2/1:

```
;Programm MTest.ASM
;Dieses Programm besteht aus mehreren Modulen.

                .MODEL SMALL
                .STACK 100h
                .DATA

                .CODE
                EXTRN U1:NEAR,U2:FAR
                GLOBAL U3:PROC

Start:          mov ax,@data
                mov ds,ax
                call U1
                call U2
                call U3
                mov ah,4Ch
                int 21h
                END Start
-----------------------------------------
;Include Datei M1X.asm

AUSGABE MACRO TXT
        mov dx,OFFSET TXT
        mov ah,9
        int 21h
        ENDM
-----------------------------------------
;Include Datei M11X.asm

EndeText EQU <'Das Programm ist zu Ende',13,10,'$'>
-----------------------------------------
;Modul M2X.asm

INCLUDE M11X.asm

                .MODEL SMALL
                .DATA
                PUBLIC EndTxt,Txt1
                GLOBAL Txt2
EndTxt          DB EndeText
Txt1            DB 'Dies ist der erste Text.',13,10,'$'
Txt2            DB 'Dies ist der zweite Text.',13,10,'$'
                END
-----------------------------------------
;Modul M3X.asm
INCLUDE M1X.asm
```

```
                .MODEL SMALL
                .DATA
                EXTRN EndTxt:BYTE,Txt1:BYTE

                .CODE
                PUBLIC U1
                GLOBAL U3
                EXTRN U2:FAR

U1              PROC  NEAR
                AUSGABE Txt1
                ret
                ENDP

U3              PROC
                call U2
                AUSGABE EndTxt
                ret
                ENDP
                END
-----------------------------------------
;Modul M4X.asm

INCLUDE M1X.asm

                .MODEL SMALL
                .DATA
                EXTRN Txt2:BYTE

                .CODE
                PUBLIC U2
                EXTRN U1:NEAR

U2              PROC FAR
                AUSGABE Txt2
                call U1
                ret
                ENDP
                END
```

Lösung 3.9.2/1: Makro KUNDAUSGABE von Programm Stru3.ASM:

```
;Programm Stru3.ASM
;Geschachtelte Strukturen

AUSGABE         MACRO TXT
                mov ah,9                ;Textausgabe
                mov dx,OFFSET TXT
                int 21h
                ENDM

KUNDAUSGABE     MACRO NUMMER,NAME,VORNAME,ALTER
                ...
                ...
                ...
                ...
                ENDM

NaTyp           STRUC
Nam             DB '12345678901234567890',13,10,'$'
Vnam            DB 'xxxxxxxxxxxxxxxxxxxx',13,10,'$'
NaTyp           ENDS

KundTyp         STRUC
Nr              DB '000',13,10,'$'
N               NaTyp <>
Alter           DB '99',13,10,'$'
KundTyp         ENDS

                .MODEL SMALL
                .STACK 100h
                .DATA
Kunde           KundTyp <>

                .CODE
                mov ax,@data
                mov ds,ax
                KUNDAUSGABE Kunde.Nr,Kunde.N.Nam,Kunde.N.Vnam,Kunde.Alter
                mov ah,4Ch
                int 21h
                END
```

Lösung 3.10.3/1:

```
;Programm SegTestX.asm

              .MODEL SMALL
              .STACK 100h

Temp          SEGMENT PARA                ;Segment Temp definieren
Temp          ENDS

Video         SEGMENT AT 0B800h           ;Segment Video definieren
Video         ENDS

              .CODE
VideoToTemp   PROC
              ASSUME ds:Video,es:Temp     ;Segmentregister wählen
              mov ax,Video
              mov ds,ax
              mov si,0                    ;DS:SI -> Video
              mov ax,Temp
              mov es,ax
              mov di,0                    ;ES:DI -> Temp
              mov cx,80*25                ;80 Zeilen
              cld
              rep movsw                   ;übertragen
              ret
              ENDP

TempToVideo   PROC
              ASSUME ds:Temp,es:Video     ;Segmentregister wählen
              mov ax,Temp
              mov ds,ax
              mov si,0                    ;DS:SI -> Temp
              mov ax,Video
              mov es,ax
              mov di,0                    ;ES:DI -> Video
              mov cx,80*25                ;80 Zeilen
              cld
              rep movsw                   ;übertragen
              ret
              ENDP

Loesche       PROC
              ASSUME es:Video
              mov ax,Video
              mov es,ax
              mov di,0                    ;ES:DI -> Video
              mov cx,80*25                ;80 Zeilen
              cld
              mov ax,0                    ;mit 0
              rep stosw                   ;füllen
              ret
              ENDP
```

```
Warte           PROC
                mov ah,8                ;Warten auf Tastendruck
                int 21h
                ret
                ENDP

Start:          call VideoToTemp
                call Loesche
                call Warte
                call TempToVideo
                mov ah,4Ch
                int 21h
                END Start
```

Lösung 3.10.3/2:

```
;Programm SegTestY.ASM
;Programm als Änderung zu Programm SegTestX.ASM

                .MODEL SMALL
                .STACK 100h

Temp            SEGMENT PARA
                ENDS

Video           SEGMENT AT 0B800h
                ENDS

                .CODE

KOPIERE         MACRO QUELLE,ZIEL
                ASSUME ds:QUELLE,es:ZIEL
                mov ax,QUELLE
                mov ds,ax
                mov si,0
                mov ax,ZIEL
                mov es,ax
                mov di,0
                mov cx,80*25
                cld
                rep movsw
                ENDM

Loesche         PROC
                ASSUME es:Video
                mov ax,Video
                mov es,ax
                mov cx,80*25
                mov di,0
```

```
               cld
               mov ax,0
               rep stosw
               ret
               ENDP

WARTE          MACRO
               mov ah,8
               int 21h
               ENDM

Start:         KOPIERE Video,Temp
               call Loesche
               WARTE
               KOPIERE Temp,Video
               mov ah,4Ch
               int 21h
               END Start
```

Lösung 3.10.3/3:

```
;Programm SegTestZ.asm

WARTE          MACRO
               mov ah,8
               int 21h
               ENDM

KOPIERE        MACRO QUELLE,ZIEL
               ASSUME ds:QUELLE,es:ZIEL
               mov ax,QUELLE
               mov ds,ax
               mov si,0
               mov ax,ZIEL
               mov es,ax
               mov di,0
               mov cx,80*25
               cld
               rep movsw
               ENDM

               .MODEL SMALL
               .STACK 100h

Video          SEGMENT AT 0B800h
               ENDS

Temp           SEGMENT PARA
               DW 80*25
               ENDS
```

```
Code1           SEGMENT 'CODE'
                ASSUME cs:Code1
Loesche         PROC FAR
                ASSUME es:Video
                mov ax,Video
                mov es,ax
                mov cx,80*25
                mov di,0
                cld
                mov ax,0
                rep stosw
                ret
Loesche         ENDP
Code1           ENDS

                .CODE

Start:          KOPIERE Video,Temp
                call Loesche
                ASSUME cs:_TEXT         ;Name des von .CODE erzeugten Segments
                WARTE
                KOPIERE Temp,Video
                mov ah,4Ch
                int 21h
                END Start
```

Lösung 3.10.3/4:

```
;Programm SegTest.ASM
;Programm mit Standard-Segmentanweisungen

                DOSSEG          ;sorgt für Anordnung der Segmente
                                ;im Microsoft Standard
WARTE           MACRO
                mov ah,8
                int 21h
                ENDM

KOPIERE         MACRO QUELLE,ZIEL
                ASSUME ds:QUELLE,es:ZIEL
                mov ax,QUELLE
                mov ds,ax
                mov si,0
                mov ax,ZIEL
                mov es,ax
                mov di,0
                mov cx,80*25
                cld
```

```
                rep movsw
                ENDM

StackSeg        SEGMENT PARA STACK 'STACK'
                DB 100h DUP (?)
StackSeg        ENDS

Video           SEGMENT AT 0B800h
Video           ENDS

Temp            SEGMENT PARA PRIVATE
                DW 80*25
Temp            ENDS

CodeSeg2        SEGMENT PARA PRIVATE 'CODE'
                ASSUME cs:CodeSeg2
Loesche         PROC FAR
                ASSUME es:Video
                mov ax,Video
                mov es,ax
                mov cx,80*25
                mov di,0
                cld
                mov ax,0
                rep stosw
                ret
Loesche         ENDP
CodeSeg2        ENDS

CodeSeg1        SEGMENT PARA PRIVATE 'CODE'
                ASSUME cs:CodeSeg1,ss:Stackseg,ds:NOTHING,es:NOTHING
Start:          KOPIERE Video,Temp
                call Loesche
                ASSUME cs:CodeSeg1
                WARTE
                KOPIERE Temp,Video
                mov ah,4Ch
                int 21h
CodeSeg1        ENDS
                END Start
```

Lösung 3.10.3/5:

```
;Programm Group1.ASM
;Test der Anweisung GROUP

StackSeg    SEGMENT STACK
            DW 100h  DUP (?)
```

```
StackSeg      ENDS

DatGroup      GROUP Dat1,Dat2

Dat1          SEGMENT PARA
Z1            DB 'A'
Dat1          ENDS

Dat2          SEGMENT PARA
Z2            DB 'B'
Dat2          ENDS

Code          SEGMENT PARA PRIVATE
              ASSUME cs:Code,ss:StackSeg

Ausgabe       PROC NEAR
              mov ah,2
              int 21h
              ret
              ENDP

Start:        mov ax,DatGroup
              mov ds,ax
              ASSUME ds:DatGroup
              mov dl,[Z1]
              call Ausgabe
              mov dl,[Z2]
              call Ausgabe
              mov ah,4Ch
              int 21h
Code          ENDS
              END Start
```

Lösung 3.10.3/6:

```
;Programm Group2.ASM
;Test der Anweisung GROUP

StackSeg      SEGMENT STACK
              DW 100h  DUP (?)
StackSeg      ENDS

DatGroup      GROUP Dat1,Dat2

Dat1          SEGMENT PARA
Z1            DB 'A'
Dat1          ENDS
```

```
Dat2        SEGMENT PARA
Z2          DB 'B'
Dat2        ENDS

UproSeg     SEGMENT
            ASSUME cs:UproSeg
Ausgabe     PROC FAR
            mov ah,2
            int 21h
            ret
            ENDP
UproSeg     ENDS

Code        SEGMENT
            ASSUME cs:Code,ss:StackSeg
Start:      mov ax,DatGroup
            mov ds,ax
            ASSUME ds:DatGroup
            mov dl,[Z1]
            call Ausgabe
            mov dl,[Z2]
            call Ausgabe
            mov ah,4Ch
            int 21h
Code        ENDS
            END Start
```

Lösung 3.11.1/1:

```
PROGRAM AP1.PAS;
  {$L AP1.obj}
VAR A,B:BYTE;

PROCEDURE Pro; EXTERNAL;

BEGIN
  A:=11; B:=22;
  Pro;
  WriteLn(A:3,B:3);
END.
```

```
;Modul AP1.ASM

            .MODEL TPASCAL
            .DATA
            EXTRN A:Byte,B:Byte
            .CODE
            PUBLIC Pro
Pro         PROC NEAR
            mov al,A
            mov B,al
            ret
Pro         ENDP
            END
```

Anmerkung zu Modul AP1.ASM: MOV B,A ist nicht erlaubt, da MOV zwischen zwei Speicheroperanden nicht zugelassen ist.

Lösung 3.11.2/1: Assemblermodul StrFu2.ASM, das vom StrFu1.PAS eingebunden wird.

```
;Modul StrFu2.asm

            .MODEL TPASCAL
            .CODE

            PUBLIC Umkehr
Umkehr      PROC NEAR
            ARG X:DWORD             ;Zeiger auf String
            lds si,[bp+4]           ;Zeiger auf Quellenstring nach DS:SI
            les di,[bp+8]           ;Zeiger auf Zielstring nach ES:DI
            mov cl,[ds:si]          ;Stringlänge nach CX
            xor ch,ch
            mov [es:di],cl          ;Stringlänge nach Zielstring
            add si,cx               ;DS:SI zeigt auf letztes Zeichen
            inc di
Sch:        std                     ;rückwärts lesen
            lodsb
            cld                     ;vorwärts schreiben
            stosb
            loop Sch
            ret
            ENDP

            END
```

Lösung 3.11.6/1 zu Programm PSP2:

a) Assemblermodul PSP2.ASM:

```
;Modul PSP2.ASM

            .MODEL TPASCAL
            .DATA
            EXTRN PrefixSeg:WORD
            .CODE
            PUBLIC ArgAus
ArgAus      PROC NEAR
            mov ax,PrefixSeg        ;Segmentadresse des PSP -> es
            mov es,ax
            mov si,80h              ;[es:si] enthält die Anzahl der
            mov cl,[es:si]          ;getippten Zeichen
            xor ch,ch
            inc si
Sch:
            mov dl,[es:si]          ;Zeichen mit der Funktion 2 ausgeben
            mov ah,2
            int 21h
```

```
          inc si
          loop Sch
          ret
          ENDP
          END
```

b) Die Bildschirmausgabe beim Aufruf von Programm PSP2.EXE mit PSP AA BB ergibt: AA BB.

Lösung 3.11.6/2:

```
;Programm PSP3.ASM

          .MODEL SMALL
          .STACK 100h
          .DATA
          .CODE

          mov si,80h
          mov cl,[si]
          xor ch,ch
          inc si
Sch:
          mov dl,[si]
          mov ah,2
          int 21h
          inc si
          loop Sch
          mov ah,4Ch
          int 21h
          END
```

Programmverzeichnis (nach Abschnitten)

3.7 Stringbefehle

3.8 Programme mit mehreren Moduln

3.9 Strukturtypen

3.10 Segmentanweisungen

3.11 Schnittstelle zu Turbo Pascal

3.12 Dateizugriff über den Handle

Programmverzeichnis (nach Alphabet)

Sachwortverzeichnis